"十二五"普通高等教育本科国家级规划教材配套参考书

PUTONG WULIXUE JIAOCHENG
LIXUE XUEXI ZHIDAOSHU

普通物理学教程
力学学习指导书

管　靖　张　英　杨晓荣

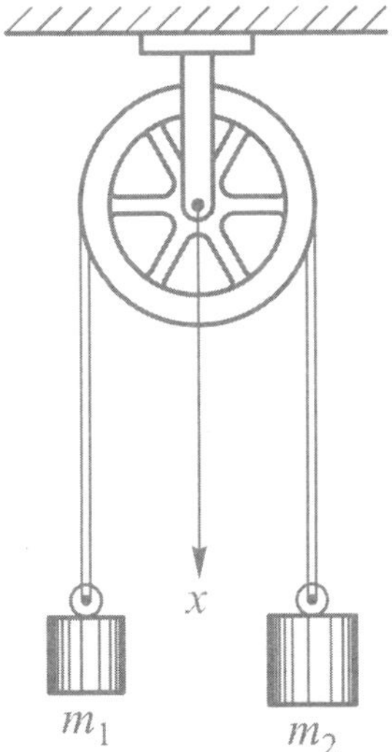

中国教育出版传媒集团
高等教育出版社·北京

内容提要

本书是漆安慎、杜婵英编著的面向21世纪课程教材《普通物理学教程 力学》(第四版)的配套学习指导书。全书基本上按照教材的章节顺序，每章给出“思考题解答或提示”“习题解答或提示”以及结合具体问题进行的“学习指导”。

本书的思考题和习题都附有原题，便于使用不同教材的读者参考。本书可供普通高等学校物理学类专业的师生使用，也可供中学物理教师参考。

图书在版编目(CIP)数据

普通物理学教程.力学.学习指导书/管靖，张英，杨晓荣主编.--北京:高等教育出版社,2023.9(2024.12重印)

ISBN 978-7-04-060887-8

Ⅰ.①普… Ⅱ.①管… ②张… ③杨… Ⅲ.①力学-高等学校-教材 Ⅳ.①O4

中国国家版本馆CIP数据核字(2023)第135860号

策划编辑 陶 铮　　责任编辑 陶 铮　　封面设计 李小璐　　版式设计 杜微言
责任绘图 黄云燕　　责任校对 吕红颖　　责任印制 刁 毅

出版发行	高等教育出版社	网　　址	http://www.hep.edu.cn
社　　址	北京市西城区德外大街4号		http://www.hep.com.cn
邮政编码	100120	网上订购	http://www.hepmall.com.cn
印　　刷	涿州市京南印刷厂		http://www.hepmall.com
开　　本	787mm×1092mm 1/16		http://www.hepmall.cn
印　　张	10.75		
字　　数	240千字	版　　次	2023年9月第1版
购书热线	010-58581118	印　　次	2024年12月第2次印刷
咨询电话	400-810-0598	定　　价	25.80元

物 料 号 60887-00

前　言

普通物理学中的力学是高等学校物理学类专业学生的第一门基础课。这门课讲的是力学，但意义却更为深远，应该理解为“从力学开始学物理”。力学研究物体的机械运动，既形象又直观，而且学生对它也比较熟悉，所以它正是学习物理学最好的切入点。然而，力学这门课程并不简单，可能是学生将要学习的最重要、最困难的一门课程，因为在这门课程中，学生要掌握的新思想、新概念和新方法，可能比在高年级或研究生阶段的任何一门课程中的还要多。在学习力学的过程中，如果学生能够清楚地理解课程中的物理内容，即使还不能在较复杂的情况下运用自如，也已经克服了学习物理学的真正的、大部分的困难，可以有信心地继续学习物理学了。

本书基本上按照《普通物理学教程　力学》（第四版）（以下简称主教材）的章节顺序，每章都给出“思考题解答或提示”“习题解答或提示”和“学习指导”。

读者必须认真学习主教材，这本书不准备，也不可能为读者提供学习的捷径。本书不对主教材进行总结归纳，更不去讨论什么是重点。“学习指导”是结合具体问题进行的，大多是“借题发挥”，给读者一些建议，但不求面面俱到。为便于区分，“学习指导”用宋体大字印刷并多置于[ ]之中（思考题、习题的原题也用宋体大字印刷）。

本书对于较典型或难度较大的习题给出解答，习题解答用楷体大字印刷。习题解答按主教材的教学要求，力求做到思路清晰、逻辑严密、较为详尽，希望对读者的学习有所帮助，并成为读者完成作业的样本。

大部分题目给出提示。所谓提示，是指给出解题的主要步骤和答案，但不完全满足解题要求的格式与步骤。提示用楷体小字印刷。

“学学问，先学问，只会答，非学问。”如何提出问题，是需要逐步学习的，主教材设置思考题就是为初学者做出如何提出问题的范例，所以学生不但要关注思考题的解答，更应关注如何在学习中提出问题。

学习一门课程，学生必须独立完成必要的练习。在大学低年级课程中，为督促学生学习，教师一般会布置作业。读者必须正确利用这本指导书，本书是为那些努力学习但又有困难的读者编写的。思考题、习题必须独立思考，如果遇到困难解决不了，为了不耗费过多的时间，可以参阅一下本书，有了思路后还要尽量独立完成练习，直接阅读本书或抄写答案是没有意义的。

由于主教材已经给出了习题答案，本书又给出了所有习题的解答或提示，所以“把作业写出来让老师看看对不对”已经完全没有意义了！学生是学习过程的主体，通过对思考题、习题的思考和解答，检验学习的效果并获得进一步的提高才是目的。

作业必须遵从课程要求的格式和步骤，实际上这是对学生进行科学表述的训练，这对于初入大学的学生是非常重要的！前面已经说过，本书的习题解答仅是学生完成作业的格式和步骤的样本。

作业（思考题和习题）不可能涵盖课程的所有内容，而且有些最重要的内容，比如对于牛顿力学的理解、物理模型的建立等，作业几乎完全不能体现。大学课程与中学课程不同，课后绝不能只做作业，做完作业也绝不是完成学习的标志，这一点请读者注意。

最后提醒读者，要有意识地逐步清除应试教育下形成的习惯，遇到一个问题可以不会（这时就可以参阅本书了），但不可以乱做，做的每一步都一定要有理由、有根据，作业中还要把这些理由用最简单的文字交代清楚。（这是要经过努力才能学会的！）此外，不必过多关注哪种题该怎么做，更不要死记解题的套路，而应注意总结物理学研究问题、解决问题的思路与方法。

编　者

2023 年 1 月于北京

目　录

数学知识

（1）主教材把这部分内容安排在第十二章之后，但教学中多放在第一章之前或分散于各章中讲授.为便于读者阅读，本书把它放在第一章之前.

（2）因为读者还会在数学课程中细致地学习这些数学知识，而且在教学中可以把这些知识分散开，在需要用到它们之前有针对性地讲授，不一定专门设置数学的习题，所以本书不准备对教材中的习题进行逐题讨论，主要是给出一些指导与建议.

第一部分　微积分初步

学物理的人应该具备良好的数学功底，数学绝不只是工具.在力学课中学数学主要目的是应用，“知其然”就行，不必深究其“所以然”.然而，在数学课上就要学得透彻，要培养自身的素质.微积分的建立是人类思想史上革命性的重大事件，读者能否掌握微积分的思想是科学思维能否“近代化”的关键.先在物理学中学一点微积分，再学数学就会有较好的物理背景，对学好数学也有利；而且还可以体会到“实用型”和“素质型”教育的差异，使你对素质教育有正确的理解.

因为在中学已经学过一些微积分知识，现在学习微积分，只要读懂教材就可以了.在力学中，我们是用“渗透式”的讲法讲微积分，读者可能不习惯“渗透式”而喜欢“透彻式”，这是应该改变的.追求透彻，固然是优点，但是如果不透彻就抗拒，那就是缺点了，这种习惯会使接受新事物的过程变得缓慢.

（一）求导数中的变量变换

教材 P410 习题 1.(4) 求 $y=\sin\sqrt{1+x^2}$ 的导数.

解：

$$y'=\frac{\mathrm{d}y}{\mathrm{d}x}=\cos\ (1+x^2)^{1/2}\cdot\frac{1}{2}(1+x^2)^{-1/2}\cdot 2x=\frac{x\cos\sqrt{1+x^2}}{\sqrt{1+x^2}}$$

［详细做法：令 $w=1+x^2$，$u=\sqrt{w}$，所以

$$y'=\frac{\mathrm{d}y}{\mathrm{d}x}=\frac{\mathrm{d}y}{\mathrm{d}u}\frac{\mathrm{d}u}{\mathrm{d}w}\frac{\mathrm{d}w}{\mathrm{d}x}=\frac{\mathrm{d}(\sin u)}{\mathrm{d}u}\frac{\mathrm{d}(w^{1/2})}{\mathrm{d}w}\frac{\mathrm{d}(1+x^2)}{\mathrm{d}x}$$

$$=\cos u\cdot\frac{1}{2}w^{-1/2}\cdot 2x=\cos\ (1+x^2)^{1/2}\cdot\frac{1}{2}(1+x^2)^{-1/2}\cdot 2x$$

初学时最好一步一步地做,熟练后就可以写得简洁了.]

(二) 微分的运算法则

微分 $dy=y'dx$ 的运算法则与导数相同,比如 $d(y_1+y_2)=dy_1+dy_2$,$d(y_1y_2)=y_2dy_1+y_1dy_2$ 等.证明比较简单,请读者自己思考.

例题 1 求 $y=\sin\sqrt{1+x^2}+x^3$ 的微分 dy.

解:

$$dy=d(\sin\sqrt{1+x^2})+dx^3=\frac{x\cos\sqrt{1+x^2}}{\sqrt{1+x^2}}dx+3x^2dx$$
$$=\left(\frac{x\cos\sqrt{1+x^2}}{\sqrt{1+x^2}}+3x^2\right)dx$$

(三) 积分中的变量变换

教材 P410 习题 3.(9)求不定积分 $\int\sin^2x\cos x dx$.

解:

$$\int\sin^2x\cos x dx=\int\sin^2x d(\sin x)=\frac{1}{3}\sin^3x+C$$

[详细做法:令 $z=\sin x$,$d(\sin x)=\cos x dx$,则

$$\int\sin^2x\cos x dx=\int z^2dz=\frac{1}{3}z^3+C=\frac{1}{3}\sin^3x+C$$

熟练后可以采用简洁的表述方式.]

教材 P410 习题 3.(12)求不定积分 $\int\frac{\ln x}{x}dx$.

解:

$$\int\frac{\ln x}{x}dx=\int\ln x d(\ln x)=\frac{1}{2}(\ln x)^2+C$$

教材 P410 习题 4.(6)求定积分 $\int_{\pi/6}^{\pi/4}\cos 2x dx$.

解法 1: 令 $z=\sin 2x$,$dz=2\cos 2x dx$,则

$$\int_{\pi/6}^{\pi/4}\cos 2x dx=\frac{1}{2}\int_{\pi/6}^{\pi/4}2\cos 2x dx=\frac{1}{2}\int_{\sqrt{3}/2}^{1}dz=\frac{1}{2}z\Big|_{\sqrt{3}/2}^{1}=\frac{1}{2}-\frac{\sqrt{3}}{4}$$

[变量变换 $x\to z=\sin 2x$ 的同时,积分上限 $x=\pi/4\to z=\sin 2x=\sin\frac{\pi}{2}=1$ 和积分下限 $x=\frac{\pi}{6}\to z=\sin 2x=\sin\frac{\pi}{3}=\sqrt{3}/2$ 也要一起作变换.]

解法 2:

$$\int_{\pi/6}^{\pi/4}\cos 2x dx=\int_{\pi/6}^{\pi/4}\frac{1}{2}d(\sin 2x)$$

$$=\frac{1}{2}\sin 2x\Big|_{\pi/6}^{\pi/4}=\frac{1}{2}\left(\sin\frac{\pi}{2}-\sin\frac{\pi}{3}\right)=\frac{2-\sqrt{3}}{4}$$

[解法 2 是常用的解法，$\int_{\pi/6}^{\pi/4}\cos 2x\mathrm{d}x=\int_{\pi/6}^{\pi/4}\frac{1}{2}\mathrm{d}(\sin 2x)$，实际已经完成了变量变换，但因为在表达式中直接出现的变量还是 x，所以积分上、下限还是用 $x=\pi/4$ 和 $x=\pi/6$，这样在下一步 $\frac{1}{2}\sin 2x\Big|_{\pi/6}^{\pi/4}=\frac{1}{2}\left(\sin\frac{\pi}{2}-\sin\frac{\pi}{3}\right)$ 的计算中不易出错.

当然，也可以表示为 $\int_{\pi/6}^{\pi/4}\cos 2x\mathrm{d}x=\int_{\sqrt{3}/2}^{1}\frac{1}{2}\mathrm{d}(\sin 2x)=\frac{1}{2}\sin 2x\Big|_{\sqrt{3}/2}^{1}$，但这时必须记得变量是 $\sin 2x$，否则就出错了.这样写比较严格，但可能反不如 $\int_{\pi/6}^{\pi/4}\cos 2x\mathrm{d}x=\int_{\pi/6}^{\pi/4}\frac{1}{2}\mathrm{d}(\sin 2x)=\frac{1}{2}\sin 2x\Big|_{\pi/6}^{\pi/4}$ 的写法清晰.

两种做法无正误、优劣之分，读者可以按自己的喜好选用.]

教材 P410 习题 4.(8) 求定积分 $\int_0^{\pi/2}(3x+\sin^2x)\mathrm{d}x$.

解：

$$\begin{aligned}\int_0^{\pi/2}(3x+\sin^2x)\mathrm{d}x&=\int_0^{\pi/2}\frac{3}{2}\mathrm{d}(x^2)+\int_0^{\pi/2}\frac{1-\cos 2x}{2}\mathrm{d}x\\&=\frac{3}{2}\int_0^{\pi/2}\mathrm{d}(x^2)+\frac{1}{2}\int_0^{\pi/2}\mathrm{d}x-\frac{1}{4}\int_0^{\pi/2}\mathrm{d}\sin 2x\\&=\frac{3}{2}x^2\Big|_0^{\pi/2}+\frac{1}{2}x\Big|_0^{\pi/2}-\frac{1}{4}\sin 2x\Big|_0^{\pi/2}\\&=\left[\frac{3}{2}\left(\frac{\pi}{2}\right)^2+\frac{\pi}{4}-\frac{1}{4}\sin\pi\right]-0=\frac{3\pi^2+2\pi}{8}\end{aligned}$$

教材 P411 习题 7. 求曲线 $y=x^2+2$，$y=2x$，$x=0$ 和 $x=2$ 诸线所包围的面积.

解： 在 $0\leqslant x\leqslant 2$ 范围内曲线 $y=x^2+2$ 和 $y=2x$ 不相交，所以所求面积为

$$S=\int_0^2(x^2+2)\mathrm{d}x-\int_0^2 2x\mathrm{d}x=\left(\frac{1}{3}x^3+2x\right)\Big|_0^2-x^2\Big|_0^2=\frac{8}{3}$$

第二部分　矢　　量

读者可能觉得微积分比较难，矢量比较容易，但实际并非如此.读者如果觉得微积分难，是因为对它练习还不够充分；但在学习了高等数学后，在力学中使用微积分就容易多了.相比之下，读者想要学好矢量反而很不容易.的确，中学学过矢量，但在中学物理的数学表述中，使用的几乎全是非负的标量表述，比如牛顿第二定律 $F=ma$，弹簧弹性力 $F=kx$，等等.在大学物理中，我们经常要使用矢量或矢量的分量表述，和中学有很大差别，掌握矢量的正确

应用和正确表述,需要读者付出切实的努力.有一些读者由于习惯,喜欢固守中学的写法,以至于一直到力学课程结束,依然不能正确地理解和应用矢量,因此读者必须对矢量的概念和应用加以特别的关注.

(一) 矢量的概念

在印刷体中,矢量用黑斜体表示,比如速度$\boldsymbol{v}$、力$\boldsymbol{F}$等;手写时,则要在表示物理量的符号上方加箭头的方法表示矢量,比如加速度$\vec{a}$,力矩$\vec{M}$,单位矢量$\vec{i}$、$\vec{j}$、$\vec{k}$等.

矢量$\boldsymbol{A}$的大小$A=|\boldsymbol{A}|$称为矢量的模,矢量的模是非负标量(几何量).比如速率$v=|\boldsymbol{v}|$就是速度矢量$\boldsymbol{v}$的模.对于力,$\boldsymbol{F}$和F两个符号意义不同,手写矢量$\vec{F}$时上方的箭头是万万不可遗漏的.

在直角坐标系$Oxyz$中,矢量$\boldsymbol{F}$的正交分解式为$\boldsymbol{F}=F_x\boldsymbol{i}+F_y\boldsymbol{j}+F_z\boldsymbol{k}$.力的分量$F_x$、$F_y$和$F_z$是可正可负的标量(代数量),与矢量$\boldsymbol{F}$和矢量的模$F$都不相同,读者应该区分清楚.

教材 P411 习题

9. 判断下列表述的正误:

(1) 位移$\boldsymbol{s}$和速度$\boldsymbol{v}$都是矢量,对匀速直线运动,有$\dfrac{\boldsymbol{s}}{\boldsymbol{v}}=t$;

(2) 力为矢量,某力$\boldsymbol{F}=5\ \mathrm{N}$;

(3) $\boldsymbol{F}_1$、$\boldsymbol{F}_2$为$\boldsymbol{F}$的分力,则$F=F_1+F_2$;

(4) 力$\boldsymbol{F}$在x和y轴上的分力为$\boldsymbol{F}_x=F\cos\alpha$,$\boldsymbol{F}_y=F\sin\alpha$.

解:(1) 矢量的乘法有多种,但没有矢量除法的定义,因此$\dfrac{\boldsymbol{s}}{\boldsymbol{v}}=t$是错误的;

(2) 矢量和标量是两种不同的量,无法进行比较.因为矢量不可能等于标量,所以$\boldsymbol{F}=5\ \mathrm{N}$是错误的(可以是$F=5\ \mathrm{N}$.但$F=-5\ \mathrm{N}$也是错误的,因为矢量的模不可以取负值);

(3) $\boldsymbol{F}_1$和$\boldsymbol{F}_2$是$\boldsymbol{F}$的分力,则$\boldsymbol{F}=\boldsymbol{F}_1+\boldsymbol{F}_2$,但一般$F\neq F_1+F_2$;

(4) 表述错误.设力$\boldsymbol{F}$在Oxy平面内,与x轴方向夹角为α,则$\boldsymbol{F}$沿x轴方向的分量为$F_x=F\cos\alpha$,沿x轴方向的分力为$\boldsymbol{F}_x=F\cos\alpha\cdot\boldsymbol{i}$;沿$y$轴方向的分力为$\boldsymbol{F}_y=F\sin\alpha\cdot\boldsymbol{j}$.

例题 2 判断以下表述是否正确:

(1) 如例题 2 图(a)所示,$\Delta\boldsymbol{r}\cos\alpha=\boldsymbol{r}_2\cos\alpha_2-\boldsymbol{r}_1\cos\alpha_1$;

(2) 如例题 2 图(a)所示,$\Delta r\cos\alpha=r_2\cos\alpha_2-r_1\cos\alpha_1$;

(3) 设$\boldsymbol{r}$为质点位置矢量,则质点速率$v=\dfrac{\mathrm{d}r}{\mathrm{d}t}$;

(4) 如例题 2 图(b)所示,质点在重力场中做自由落体运动,加速度为$\boldsymbol{a}$,则:① $a=g$,② $a=-g$,③ $a_x=g$,④ $a_x=-g$.

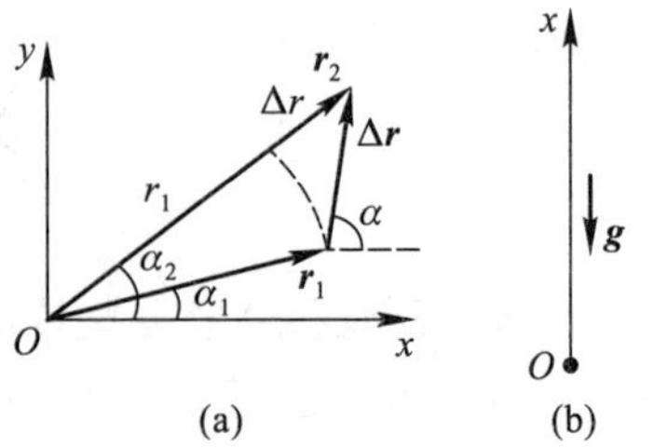

例题 2 图

解:(1) 由图可见$\Delta\boldsymbol{r}=\boldsymbol{r}_2-\boldsymbol{r}_1$.$\Delta\boldsymbol{r}$、$\boldsymbol{r}_1$和$\boldsymbol{r}_2$的方向不同,$\alpha$、$\alpha_1$和$\alpha_2$大小不同,所以$\Delta\boldsymbol{r}\cos\alpha\neq\boldsymbol{r}_2\cos\alpha_2-\boldsymbol{r}_1\cos\alpha_1$;

（2）由于 $\Delta x=|\Delta\boldsymbol{r}|\cos\alpha, x_1=r_1\cos\alpha_1$ 和 $x_2=r_2\cos\alpha_2$，且 $\Delta x=x_2-x_1$，所以

$$|\Delta\boldsymbol{r}|\cos\alpha=r_2\cos\alpha_2-r_1\cos\alpha_1$$

$|\Delta\boldsymbol{r}|$ 是位移矢量 $\Delta\boldsymbol{r}$ 的大小；Δr 是位置矢量 $\boldsymbol{r}_2$ 的大小 r_2 和 $\boldsymbol{r}_1$ 的大小 r_1 之间的差值，见例题 2 图(a)；可见一般情况下 $|\Delta\boldsymbol{r}|\neq\Delta r$. 所以 $\Delta r\cos\alpha\neq r_2\cos\alpha_2-r_1\cos\alpha_1$；

（3）

$$v=|\boldsymbol{v}|=\left|\lim_{\Delta t\to 0}\frac{\Delta\boldsymbol{r}}{\Delta t}\right|=\lim_{\Delta t\to 0}\frac{|\Delta\boldsymbol{r}|}{\Delta t}$$

$$\frac{\mathrm{d}r}{\mathrm{d}t}=\lim_{\Delta t\to 0}\frac{\Delta r}{\Delta t}$$

由于一般情况下 $|\Delta\boldsymbol{r}|\neq\Delta r$，所以 $v\neq\dfrac{\mathrm{d}r}{\mathrm{d}t}$；

（4）加速度是矢量，$\boldsymbol{a}=\boldsymbol{g}$. 由于加速度 $\boldsymbol{a}$ 的方向沿 x 轴负方向，g 为正值常量，所以 $a_x=-g$. a 是加速度 $\boldsymbol{a}$ 的大小，因此 $a=g$.

因为 a 不可以取负值，所以 $a=-g$ 错误.

由于 $\boldsymbol{a}$ 沿 x 轴负方向，a_x 应取负值，故 $a_x=g$ 错误.

（二）坐标系与矢量的正交分解

请读者注意，在数理问题中一般使用的直角坐标系 $Oxyz$ 都是右手正交坐标系，即三个坐标轴 x 轴、y 轴和 z 轴两两相互正交（垂直）；且右手螺旋由 x 轴经 90°转向 y 轴时，右手螺旋的前进方向为 z 轴. 比如，请读者参见 7.3.7 题解图，当画出 x 轴和 y 轴后，其 z 轴自然垂直纸面向外.

一般不使用非右手正交坐标系，如果使用必须做极清楚、详细的说明. 主教材 P411 习题 13 中使用了非正交坐标系，这并无不可；但除非必须，读者一般不要使用这样的坐标系.

矢量的正交分解是新知识，利用矢量的正交分解式可以对矢量进行解析运算. 对于不是太简单的问题，应尽量使用矢量的正交分解式进行计算，不要固守中学的方法.

矢量既有大小，又有方向. 比如，求力 $\boldsymbol{F}$，不能只得出 $F=5\ \mathrm{N}$，必须说明力 $\boldsymbol{F}$ 的方向. 另一方面，请读者注意，矢量的正交分解式是对矢量的完备描述. 比如，如果已经求出力 $\boldsymbol{F}$ 的正交分解式 $\boldsymbol{F}=(1.83\boldsymbol{i}+2.51\boldsymbol{j})\ \mathrm{N}$，就已经对力 $\boldsymbol{F}$ 做出了完备描述；不一定需要再求出 $F=3.11\ \mathrm{N}$ 和力 $\boldsymbol{F}$ 与 x 轴的夹角 $\alpha=0.941\ \mathrm{rad}$ 了（如果有特定要求，请读者按教师的要求做）.

（三）部分习题的解答或提示（由教材 P411 开始的习题）

15. 判断下述公式的正误：

（1）$|\boldsymbol{A}|A=\boldsymbol{A}\cdot\boldsymbol{A}$；

（2）$(\boldsymbol{A}\cdot\boldsymbol{B})(\boldsymbol{A}\cdot\boldsymbol{B})=(\boldsymbol{A}\cdot\boldsymbol{A})(\boldsymbol{B}\cdot\boldsymbol{B})$；

（3）$(\boldsymbol{A}\cdot\boldsymbol{B})\boldsymbol{C}=\boldsymbol{A}(\boldsymbol{B}\cdot\boldsymbol{C})$；

(4) $(\boldsymbol{A}+\boldsymbol{B})\cdot(\boldsymbol{A}-\boldsymbol{B})=A^2-B^2$;

(5) 若 $\boldsymbol{A}\cdot\boldsymbol{B}=0$,则 $\boldsymbol{A}=\boldsymbol{0}$ 或 $\boldsymbol{B}=\boldsymbol{0}$.

提示:(1) $|\boldsymbol{A}|A=A^2=\boldsymbol{A}\cdot\boldsymbol{A}$;

(2) $(\boldsymbol{A}\cdot\boldsymbol{B})(\boldsymbol{A}\cdot\boldsymbol{B})=A^2B^2\cos^2\alpha_{AB}$,$(\boldsymbol{A}\cdot\boldsymbol{A})(\boldsymbol{B}\cdot\boldsymbol{B})=A^2B^2$;

(3) $(\boldsymbol{A}\cdot\boldsymbol{B})\boldsymbol{C}=(AB\cos\alpha_{AB})\boldsymbol{C}$,$\boldsymbol{A}(\boldsymbol{B}\cdot\boldsymbol{C})=(BC\cos\alpha_{BC})\boldsymbol{A}$;

(4) $(\boldsymbol{A}+\boldsymbol{B})\cdot(\boldsymbol{A}-\boldsymbol{B})=\boldsymbol{A}\cdot\boldsymbol{A}-\boldsymbol{A}\cdot\boldsymbol{B}+\boldsymbol{B}\cdot\boldsymbol{A}-\boldsymbol{B}\cdot\boldsymbol{B}=A^2-B^2$;

(5) 还可能 $\boldsymbol{A}\perp\boldsymbol{B}$.

18. 已知 $\boldsymbol{A}+\boldsymbol{B}=3\boldsymbol{i}+5\boldsymbol{j}-\boldsymbol{k}$ 和 $\boldsymbol{A}-\boldsymbol{B}=4\boldsymbol{i}-4\boldsymbol{j}+\boldsymbol{k}$,求 $\boldsymbol{A}$ 与 $\boldsymbol{B}$ 的夹角.

解:

$$\boldsymbol{A}=\frac{1}{2}[(\boldsymbol{A}+\boldsymbol{B})+(\boldsymbol{A}-\boldsymbol{B})]=\frac{7}{2}\boldsymbol{i}+\frac{1}{2}\boldsymbol{j}$$

$$\boldsymbol{B}=\frac{1}{2}[(\boldsymbol{A}+\boldsymbol{B})-(\boldsymbol{A}-\boldsymbol{B})]=-\frac{1}{2}\boldsymbol{i}+\frac{9}{2}\boldsymbol{j}-\boldsymbol{k}$$

于是 $A=\frac{5}{2}\sqrt{2}$,$B=\frac{1}{2}\sqrt{86}$,$\boldsymbol{A}\cdot\boldsymbol{B}=\frac{1}{2}$,所以 $\alpha=\arccos\frac{\boldsymbol{A}\cdot\boldsymbol{B}}{AB}=\arccos\frac{\sqrt{43}}{215}$.

19. 已知 $\boldsymbol{A}+\boldsymbol{B}+\boldsymbol{C}=\boldsymbol{0}$,求证 $\boldsymbol{A}\times\boldsymbol{B}=\boldsymbol{B}\times\boldsymbol{C}=\boldsymbol{C}\times\boldsymbol{A}$.

提示:因为 $\boldsymbol{A}+\boldsymbol{B}+\boldsymbol{C}=\boldsymbol{0}$,三个矢量首尾相接形成三角形.$\boldsymbol{A}\times\boldsymbol{B}$、$\boldsymbol{B}\times\boldsymbol{C}$ 和 $\boldsymbol{C}\times\boldsymbol{A}$ 均与三个矢量形成的三角形所在平面垂直、且指向相同(如叉乘顺序颠倒,则指向反向),其大小均为三角形面积的两倍,所以 $\boldsymbol{A}\times\boldsymbol{B}=\boldsymbol{B}\times\boldsymbol{C}=\boldsymbol{C}\times\boldsymbol{A}$.

20. 计算由 $P(3,0,8)$、$Q(5,10,7)$ 和 $R(0,2,-1)$ 为顶点的三角形的面积.

提示:由 P 指向 Q 的矢量 $\boldsymbol{A}=2\boldsymbol{i}+10\boldsymbol{j}-\boldsymbol{k}$,$P$ 指向 R 的矢量 $\boldsymbol{B}=-3\boldsymbol{i}+2\boldsymbol{j}-9\boldsymbol{k}$,三角形面积 $S=\frac{1}{2}|\boldsymbol{A}\times\boldsymbol{B}|=48.3$.

21. 化简下面各式:

(1) $(\boldsymbol{A}+\boldsymbol{B}-\boldsymbol{C})\times\boldsymbol{C}+(\boldsymbol{C}+\boldsymbol{A}+\boldsymbol{B})\times\boldsymbol{A}+(\boldsymbol{A}-\boldsymbol{B}+\boldsymbol{C})\times\boldsymbol{B}$;

(2) $\boldsymbol{i}\times(\boldsymbol{j}+\boldsymbol{k})+\boldsymbol{j}\times(\boldsymbol{i}+\boldsymbol{k})+\boldsymbol{k}\times(\boldsymbol{i}+\boldsymbol{j}+\boldsymbol{k})$;

(3) $(2\boldsymbol{A}+\boldsymbol{B})\times(\boldsymbol{C}-\boldsymbol{A})+(\boldsymbol{B}+\boldsymbol{C})\times(\boldsymbol{A}+\boldsymbol{B})$.

解:(1) $(\boldsymbol{A}+\boldsymbol{B}-\boldsymbol{C})\times\boldsymbol{C}+(\boldsymbol{C}+\boldsymbol{A}+\boldsymbol{B})\times\boldsymbol{A}+(\boldsymbol{A}-\boldsymbol{B}+\boldsymbol{C})\times\boldsymbol{B}$

$=\boldsymbol{A}\times\boldsymbol{C}+\boldsymbol{B}\times\boldsymbol{C}+\boldsymbol{C}\times\boldsymbol{A}+\boldsymbol{B}\times\boldsymbol{A}+\boldsymbol{A}\times\boldsymbol{B}+\boldsymbol{C}\times\boldsymbol{B}=0$;

(2) $\boldsymbol{i}\times(\boldsymbol{j}+\boldsymbol{k})+\boldsymbol{j}\times(\boldsymbol{i}+\boldsymbol{k})+\boldsymbol{k}\times(\boldsymbol{i}+\boldsymbol{j}+\boldsymbol{k})=\boldsymbol{k}\times\boldsymbol{k}=0$;

(3) $(2\boldsymbol{A}+\boldsymbol{B})\times(\boldsymbol{C}-\boldsymbol{A})+(\boldsymbol{B}+\boldsymbol{C})\times(\boldsymbol{A}+\boldsymbol{B})$

$=2\boldsymbol{A}\times\boldsymbol{C}+\boldsymbol{B}\times\boldsymbol{C}-\boldsymbol{B}\times\boldsymbol{A}+\boldsymbol{B}\times\boldsymbol{A}+\boldsymbol{C}\times\boldsymbol{A}+\boldsymbol{C}\times\boldsymbol{B}=\boldsymbol{A}\times\boldsymbol{C}$.

22. 计算下面各式:

(1) $\boldsymbol{i}\cdot(\boldsymbol{j}\times\boldsymbol{k})+\boldsymbol{k}\cdot(\boldsymbol{i}\times\boldsymbol{j})+\boldsymbol{j}\cdot(\boldsymbol{k}\times\boldsymbol{i})$;

*(2) $\boldsymbol{A}\cdot(\boldsymbol{B}\times\boldsymbol{A})$.

解:(1) $\boldsymbol{i}\cdot(\boldsymbol{j}\times\boldsymbol{k})+\boldsymbol{k}\cdot(\boldsymbol{i}\times\boldsymbol{j})+\boldsymbol{j}\cdot(\boldsymbol{k}\times\boldsymbol{i})=\boldsymbol{i}\cdot\boldsymbol{i}+\boldsymbol{k}\cdot\boldsymbol{k}+\boldsymbol{j}\cdot\boldsymbol{j}=1+1+1=3$

(2) $$\boldsymbol{A}\cdot(\boldsymbol{B}\times\boldsymbol{A})=\boldsymbol{B}\cdot(\boldsymbol{A}\times\boldsymbol{A})=0$$

*23. 求证 $(\boldsymbol{A}+\boldsymbol{B})\cdot[(\boldsymbol{A}+\boldsymbol{C})\times\boldsymbol{B}]=-\boldsymbol{A}\cdot(\boldsymbol{B}\times\boldsymbol{C})$.

证：$(\boldsymbol{A}+\boldsymbol{B})\cdot[(\boldsymbol{A}+\boldsymbol{C})\times\boldsymbol{B}]=(\boldsymbol{A}+\boldsymbol{C})\cdot[\boldsymbol{B}\times(\boldsymbol{A}+\boldsymbol{B})]$

$$=(\boldsymbol{A}+\boldsymbol{C})\cdot(\boldsymbol{B}\times\boldsymbol{A})=\boldsymbol{A}\cdot(\boldsymbol{B}\times\boldsymbol{A})+\boldsymbol{C}\cdot(\boldsymbol{B}\times\boldsymbol{A})$$

$$=\boldsymbol{A}\cdot(\boldsymbol{C}\times\boldsymbol{B})=-\boldsymbol{A}\cdot(\boldsymbol{B}\times\boldsymbol{C})$$

24. 已知 $\boldsymbol{A}=(1+2t^2)\boldsymbol{i}+\mathrm{e}^{-t}\boldsymbol{j}-\boldsymbol{k}$，求$\dfrac{\mathrm{d}\boldsymbol{A}}{\mathrm{d}t}$，$\dfrac{\mathrm{d}^2\boldsymbol{A}}{\mathrm{d}t^2}$.

解：
$$\frac{\mathrm{d}\boldsymbol{A}}{\mathrm{d}t}=\frac{\mathrm{d}A_x}{\mathrm{d}t}\boldsymbol{i}+\frac{\mathrm{d}A_y}{\mathrm{d}t}\boldsymbol{j}+\frac{\mathrm{d}A_z}{\mathrm{d}t}\boldsymbol{k}=4t\ \boldsymbol{i}+(-\mathrm{e}^{-t})\boldsymbol{j}+0\boldsymbol{k}=4t\ \boldsymbol{i}-\mathrm{e}^{-t}\boldsymbol{j}$$

$$\frac{\mathrm{d}^2\boldsymbol{A}}{\mathrm{d}t^2}=\frac{\mathrm{d}}{\mathrm{d}t}\left(\frac{\mathrm{d}\boldsymbol{A}}{\mathrm{d}t}\right)=\frac{\mathrm{d}(4t\boldsymbol{i}-\mathrm{e}^{-t}\boldsymbol{j})}{\mathrm{d}t}=4\boldsymbol{i}+\mathrm{e}^{-t}\boldsymbol{j}$$

25. 已知 $\boldsymbol{A}=3\mathrm{e}^{-t}\boldsymbol{i}-(4t^3-t)\boldsymbol{j}+t\boldsymbol{k}$，$\boldsymbol{B}=4t^2\boldsymbol{i}+3t\ \boldsymbol{j}$，求$\dfrac{\mathrm{d}}{\mathrm{d}t}(\boldsymbol{A}\cdot\boldsymbol{B})$.

解：
$$\boldsymbol{A}\cdot\boldsymbol{B}=A_xB_x+A_yB_y+A_zB_z$$
$$=3\mathrm{e}^{-t}\cdot 4t^2+[-(4t^3-t)]3t+0=12t^2\mathrm{e}^{-t}-12t^4+3t^2$$

$$\frac{\mathrm{d}}{\mathrm{d}t}(\boldsymbol{A}\cdot\boldsymbol{B})=\frac{\mathrm{d}}{\mathrm{d}t}(12t^2\mathrm{e}^{-t}-12t^4+3t^2)$$
$$=24t\mathrm{e}^{-t}-12t^2\mathrm{e}^{-t}-48t^3+6t=12t\mathrm{e}^{-t}(2-t)-6t(8t^2-1)$$

第一章　物理学和力学

思　考　题

1.1　国际单位制中的基本单位是哪些？

答：m（米）、kg（千克）、s（秒）、A（安培）、K（开尔文）、mol（摩尔）和 cd（坎德拉）.

1.2　中学所学匀变速直线运动公式为 $s=v_0t+\frac{1}{2}at^2$，各量单位为时间：s（秒），长度：m（米）.若改为以 h（小时）和 km（千米）作为时间和长度的单位，上述公式将如何改变？若仅时间单位改为 h，公式将如何改变？若仅 v_0 单位改为 km/h，公式又将如何改变？

提示：以 h 和 km 为时间和长度单位时，$s=v_0t+\frac{1}{2}at^2$.［正常情况下，以 h 和 km 为时间和长度单位时，速度单位则为 km/h，加速度单位则为 km/h^2.］

仅时间单位改为 h 时，$s=v_0(3\ 600t)+\frac{1}{2}a\ (3\ 600t)^2$.［仅时间单位改为 h 时，指其他物理量仍采用国际单位制单位.这里是作为单位换算的练习，一般不这样使用单位.］

仅 v_0 单位改为 km/h 时，$s=\left(\frac{1\ 000}{3\ 600}v_0\right)t+\frac{1}{2}at^2$.［同上，其他物理量仍采用国际单位制.］

1.3　设汽车行驶时所受阻力 F 与汽车的横截面 S 成正比且和速率 v 之平方成正比.若采用国际单位制，试写出 F、S 和 v^2 的关系式；比例系数的单位如何？其物理意义是什么？

提示：$F=kSv^2$，k 的单位为 kg/m^3.

1.4　某科研成果得出

$$\alpha=10^{-29}\left(\frac{m}{m_1}\right)^2\left[1+10^{-3}\left(\frac{m_1}{m_2}\right)^3\frac{m_p^2}{m_1}\right]$$

其中 m、m_1、m_2 和 m_p 表示某些物体的质量，10^{-3}、10^{-29}、α 和 1 的量纲为 1.你能否根据量纲初步判断此结果是否正确？

提示：式子左边的量纲为 1，右边的量纲为（1+M），不符合量纲法则，故判断此结果有误.［只有量纲相同的量，才能彼此相等、相加或相减.］

第二章　质点运动学

思　考　题

2.1　质点位置矢量方向不变,质点是否一定做直线运动?质点沿直线运动,其位置矢量是否一定方向不变?

答:质点位置矢量方向不变,质点一定做直线运动;质点沿直线运动,位置矢量的方向可能改变.

2.2　若质点的速度矢量的方向不变仅大小改变,质点做何种运动?速度矢量的大小不变而方向改变,质点做何种运动?

答:若质点速度矢量的方向不变仅大小改变,则质点做变速直线运动;若质点速度矢量的大小不变而方向改变,则质点做匀速率曲线运动.

2.3　"瞬时速度就是很短时间内的平均速度",这一说法是否正确?如何正确表述瞬时速度的定义?我们是否能按照瞬时速度的定义通过实验测量瞬时速度?

提示:瞬时速度是通过导数定义的,$\boldsymbol{v}=\lim\limits_{\Delta t\to 0}\frac{\Delta \boldsymbol{r}}{\Delta t}=\frac{\mathrm{d}\boldsymbol{r}}{\mathrm{d}t}$,瞬时速度是当 $\Delta t\to 0$ 时平均速度的极限.实验直接测量的一般是一定 Δt 内的平均速度,可以看成是瞬时速度在一定精度下的近似值.

2.4　试就质点直线运动论证:加速度与速度同符号时,质点做加速运动;加速度与速度反号时,质点做减速运动.是否可能存在这样的直线运动,质点速度逐渐增加但其加速度却在减小?

提示:由 $a_x=\frac{\mathrm{d}v_x}{\mathrm{d}t}$ 知 $\mathrm{d}v_x=a_x\mathrm{d}t$;因 $\mathrm{d}t\geqslant 0$,故 $\mathrm{d}v_x$ 与 a_x 同号;当 v_x 与 $\mathrm{d}v_x$ 同号时,v_x 的量值随时间增大,为加速运动.可能存在速度增加而加速度减小的直线运动.

2.5　设质点直线运动时瞬时加速度 a_x=常量,试证明在任意相等的时间间隔内的平均加速度相等.

提示:$\bar{a}_x=\frac{v_x(t+\Delta t)-v_x(t)}{\Delta t}=\frac{v_x(t)+a_x\Delta t-v_x(t)}{\Delta t}=a_x$.

2.6　在参考系一定的条件下,质点运动的初始条件的具体形式是否与计时起点和坐标系的选择有关?

提示:有关.

2.7　中学时,你曾学过 $v_t=v_0+at$,$s=v_0t+\frac{1}{2}at^2$,$v_t^2-v_0^2=2as$ 这三个匀变速直线运动的公式,你能否指出在怎样的初始条件下,可得出这几个公式.

提示：中学公式中的 s 相当于现在的 $x-x_0$；初始条件为 $t=0$ 时，$x=x_0$，$v_x=v_0$.

2.8 试画出匀变速直线运动公式(2.3.8)的 v_x-t 图和 a_x-t 图.

提示：a_x 为常量，v_x-t 图为斜率为 a_x 的直线，a_x-t 图为与时间轴平行的直线.

2.9 对于抛体运动，就发射角为 $-\pi<\alpha<0\left(\alpha\neq-\dfrac{\pi}{2}\right)$；$\alpha=0,\pi$；$\alpha=\pm\dfrac{\pi}{2}$ 这三种情况说明它们分别代表何种运动.

提示：$-\pi<\alpha<0\left(\alpha\neq-\dfrac{\pi}{2}\right)$ 为偏向 y 轴负方向的下斜抛运动. $\alpha=0$ 为沿 x 轴正方向的平抛运动. $\alpha=\pi$ 为沿 x 轴负方向的平抛运动. $\alpha=\pm\dfrac{\pi}{2}$ 为沿 y 轴正或负方向的上抛或下抛运动.

2.10 抛体运动的轨迹如图所示，试在图中用矢量表示它在 A、B、C、D、E 各点处的速度和加速度.

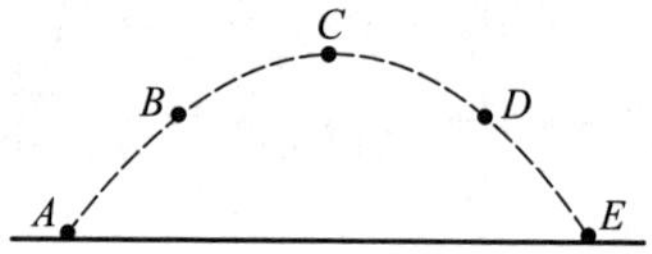

2.10 题图

提示：速度矢量沿轨迹切线方向、指向运动的前方. A、E 两点速度矢量最长，C 点速度矢量最短. 加速度矢量为常矢量，指向下方.

2.11 质点做上斜抛运动时，在何处的速率最大，在何处速率最小？

提示：运动过程中位置最低点处速率最大，最高点处速率最小.

2.12 试画出斜抛运动的速率-时间曲线.

提示：$v=\sqrt{v_x^2+v_y^2}=\sqrt{(v_0\cos\alpha)^2+(v_0\sin\alpha-gt)^2}=\sqrt{v_0^2-2v_0gt\sin\alpha+g^2t^2}$，根据这个关系式可画出 $v-t$ 曲线.

[如果你在学习 C 语言，可以编程画此曲线. 也可以计算出 $v-t$ 的关系，把它们填写在 Excel 的表格中，利用 Excel 的作图功能画出曲线.]

2.13 在利用自然坐标研究曲线运动时，v_t、v 和 $\boldsymbol{v}$ 三个符号的含义有什么不同？

提示：v_t 是速度沿切向的分量，为可正可负的标量；v 是速率，为非负标量；$\boldsymbol{v}$ 是速度矢量.

2.14 如图所示质点沿圆周运动，自 A 点起，从静止开始做加速运动，经 B 点到 C 点；从 C 点开始做匀速圆周运动，经 D 点到 E 点；自 E 点以后做减速运动，经 F 点又到 A 点时，速度变成零. 用矢量表示出质点在 A、B、C、D、E、F 各点的法向加速度和切向加速度的方向.

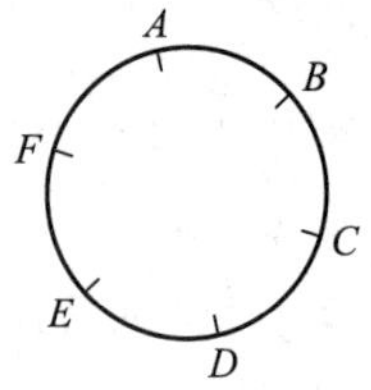

2.14 题图

提示：可选 A 为自然坐标系原点，弧长正方向沿 $A\to B$ 方向. 法向加速度指向圆心，速度为零时法向加速度为零，速度越大则法向加速度的数值越大. 切向加速度沿圆周切线方向，加速运动时切向加速度沿弧长正方向，减速运动时切向加速度与弧长正方向反向，做匀速运动时切向加速度为零.

2.15 什么是伽利略变换？它所包含的时空观有何特点？

提示：经典力学中两个惯性系之间时空坐标间的变换关系，即主教材(2.8.1)或(2.8.3)式称为伽利略变换；它所包含的经典时空观的特点是：同时性、时间间隔、杆的长度均与参考系的选取无关，是绝对的.

习　题

2.1.1　质点的运动学方程为

(1) $\boldsymbol{r}=(3+2t)\boldsymbol{i}+5\boldsymbol{j}$, (2) $\boldsymbol{r}=(2-3t)\boldsymbol{i}+(4t-1)\boldsymbol{j}$,

求质点轨迹并用图表示(单位:m、s).

提示:(1) 由 $\boldsymbol{r}=(3+2t)\boldsymbol{i}+5\boldsymbol{j}$ 可知 $x=3+2t,y=5$.轨迹方程为 $y=5$.质点轨迹为 Oxy 平面上,过 y 轴上 $y=5$ 点、与 x 轴平行的直线.

(2) 由 $\boldsymbol{r}=(2-3t)\boldsymbol{i}+(4t-1)\boldsymbol{j}$ 可知 $x=2-3t,y=4t-1$,消去 t 得轨迹方程 $4x+3y-5=0$.

2.1.2　质点运动学方程为 $\boldsymbol{r}=\mathrm{e}^{-2t}\boldsymbol{i}+\mathrm{e}^{2t}\boldsymbol{j}+2\boldsymbol{k}$(单位:m、s).(1) 求质点轨迹;(2) 求自 $t=-1$ s 至 $t=1$ s 质点的位移.

解:(1) 由 $\boldsymbol{r}=\mathrm{e}^{-2t}\boldsymbol{i}+\mathrm{e}^{2t}\boldsymbol{j}+2\boldsymbol{k}$ 可知 $x=\mathrm{e}^{-2t},y=\mathrm{e}^{2t},z=2$.

由于 $xy=\mathrm{e}^{-2t}\cdot\mathrm{e}^{2t}=1$[相当于用 $x=\mathrm{e}^{-2t}$ 和 $y=\mathrm{e}^{2t}$ 中消去 t],故质点轨迹方程为

$$\begin{cases}xy=1\\z=2\end{cases}$$

质点轨迹为过 z 轴上 $z=2$ 点,与 Oxy 面平行的平面内的双曲线.由于 x 和 y 均为正数,所以轨迹在第一象限.

(2) 质点在 $t=-1$ s 到 $t=1$ s 的位移为

$$\begin{aligned}\Delta\boldsymbol{r}&=\boldsymbol{r}(1)-\boldsymbol{r}(-1)\\&=(\mathrm{e}^{-2}\boldsymbol{i}+\mathrm{e}^{2}\boldsymbol{j}+2\boldsymbol{k})-(\mathrm{e}^{2}\boldsymbol{i}+\mathrm{e}^{-2}\boldsymbol{j}+2\boldsymbol{k})\\&=(\mathrm{e}^{-2}-\mathrm{e}^{2})\boldsymbol{i}+(\mathrm{e}^{2}-\mathrm{e}^{-2})\boldsymbol{j}\\&=-7.25\boldsymbol{i}+7.25\boldsymbol{j}\end{aligned}$$

[矢量的正交分解式是矢量的完备表达方式,$\Delta\boldsymbol{r}=-7.25\boldsymbol{i}+7.25\boldsymbol{j}$ 已经是位移的完备描述了.如果没有特殊要求,可以不必再求 $\Delta\boldsymbol{r}$ 的大小和它与坐标轴的夹角.]

2.1.3　质点运动学方程为 $\boldsymbol{r}=4t^2\boldsymbol{i}+(2t+3)\boldsymbol{j}$(单位:m、s).(1) 求质点轨迹;(2) 求自 $t=0$ s 至 $t=1$ s 质点的位移.

提示:(1) 由 $x=4t^2,y=2t+3$ 消去 t 得质点轨迹方程为 $x=(y-3)^2$.

(2) $\Delta\boldsymbol{r}=\boldsymbol{r}(1)-\boldsymbol{r}(0)=4\boldsymbol{i}+2\boldsymbol{j}$.

2.2.1　如图所示,雷达站于某瞬时测得飞机位置为 $R_1=4\ 100$ m、$\theta_1=33.7°$,0.75 s后测得 $R_2=4\ 240$ m、$\theta_2=29.3°$,$\boldsymbol{R}_1$、$\boldsymbol{R}_2$ 均在竖直平面内.求飞机瞬时速率的近似值和飞行方向(α 角).

解:以飞机为质点.在 $\boldsymbol{R}_1$ 和 $\boldsymbol{R}_2$ 所在竖直平面内,以雷达处为原点 O,建立直角坐标系 Oxy,如图所示.因 $\Delta t=0.75$ s 较小,故可用 0.75 s 内的平均速度作为瞬时速度的近似值:

$$\boldsymbol{v}\approx\frac{\Delta \boldsymbol{R}}{\Delta t}=\frac{\boldsymbol{R}_2-\boldsymbol{R}_1}{\Delta t}$$

$$=\frac{(R_2\cos\theta_2\boldsymbol{i}+R_2\sin\theta_2\boldsymbol{j})-(R_1\cos\theta_1\boldsymbol{i}+R_1\sin\theta_1\boldsymbol{j})}{\Delta t}$$

$$=\frac{R_2\cos\theta_2-R_1\cos\theta_1}{\Delta t}\boldsymbol{i}+\frac{R_2\sin\theta_2-R_1\sin\theta_1}{\Delta t}\boldsymbol{j}$$

$$=v_x\boldsymbol{i}+v_y\boldsymbol{j}$$

而 $v=\sqrt{v_x^2+v_y^2}$，$\tan\alpha=\frac{-v_y}{v_x}$，将数值代入可求出 $v\approx465.8$ m/s，$\alpha\approx34.9°$.

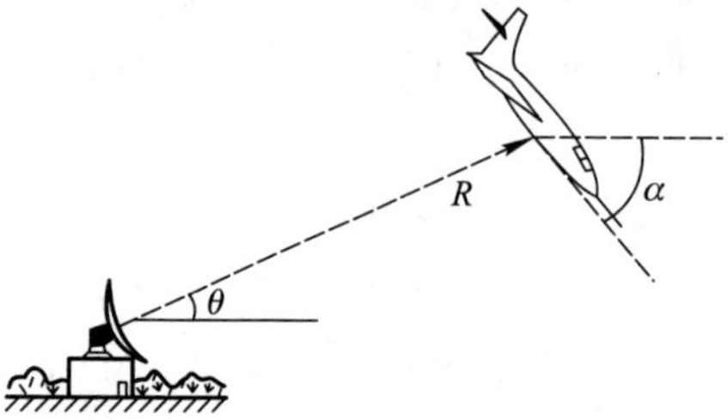

2.2.1 题图

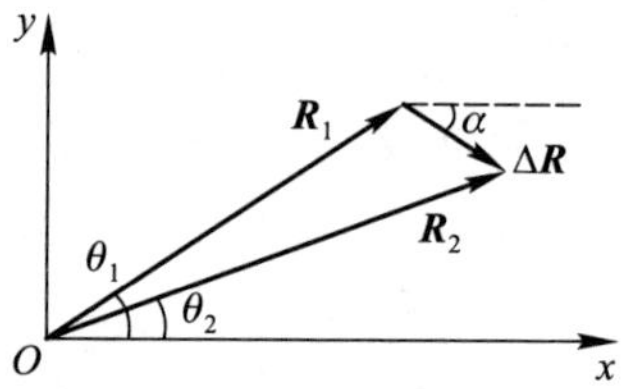

2.2.1 题解图

[建立适当的坐标系，利用矢量的正交分解式进行计算，这是读者应该注意学习并掌握的方法.读者应有意识地这样做，并体会这种做法的优势.]

2.2.2 如图所示，一小圆柱体沿抛物线轨道运动.抛物线轨道为 $y=x^2/200$（单位：mm）.第一次观察到圆柱体在 $x=249$ mm 处，经过 2 ms 后，圆柱体移到 $x=234$ mm 处.求圆柱体瞬时速度的近似值.

解：视小圆柱体为质点，设第一次观察到质点的位置矢量为 $\boldsymbol{r}_1=x_1\boldsymbol{i}+y_1\boldsymbol{j}$；经 $\Delta t=2$ ms 后，其位置矢量为 $\boldsymbol{r}_2=x_2\boldsymbol{i}+y_2\boldsymbol{j}$.

使用国际单位制单位.因为 $\Delta t=2.00\times10^{-3}$ s 很小，所以 $\boldsymbol{v}\approx\overline{\boldsymbol{v}}=\frac{\Delta \boldsymbol{r}}{\Delta t}$.

由 $x_1=0.249$ m 和 $x_2=0.234$ m，根据 $y=5x^2$ 求出 $y_1=0.310$ m 和 $y_2=0.274$ m.所以

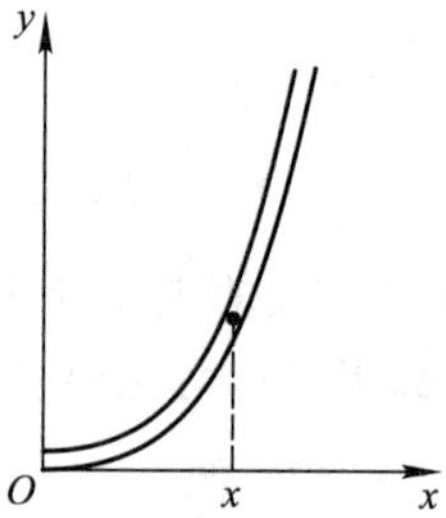

2.2.2 题图

$$\boldsymbol{v}\approx\frac{\Delta x}{\Delta t}\boldsymbol{i}+\frac{\Delta y}{\Delta t}\boldsymbol{j}=\frac{x_2-x_1}{\Delta t}\boldsymbol{i}+\frac{y_2-y_1}{\Delta t}\boldsymbol{j}$$

$$=\left(\frac{0.234-0.249}{2.00\times10^{-3}}\boldsymbol{i}+\frac{0.274-0.310}{2.00\times10^{-3}}\boldsymbol{j}\right)\text{ m/s}=(-7.5\boldsymbol{i}-18\boldsymbol{j})\text{ m/s}$$

2.2.3 一人在北京音乐厅内听音乐，他离演奏者 17 m.另一人在广州听同一演奏的直播，广州离北京 2 320 km，收听者离收音机 2 m，问谁先听到声音？声速为 340 m/s，电磁波传播的速率为 3.0×10^8 m/s.

提示：$\frac{17}{340}>\frac{2.32\times10^6}{3.0\times10^8}+\frac{2}{340}$，广州的人先听到.

2.2.4 你乘波音 747 飞机自北京直飞巴黎,如果不允许你咨询航空公司的问讯处,你能否估计大约用多少时间? 如果能,试估计一下(自己找所需数据).

提示:波音 747 飞机经济巡航速度为 935 km/h,经济巡航高度为 10 670 m,最大航程为 12 780 km.北京北纬 40°,东经 116°;巴黎北纬 48°,东经 2°.地球半径为 6 400 km.因为两地纬度比较接近,可近似认为纬度相同;经度差 $\Delta\theta=116°-2°=114°$,北京到巴黎的距离约等于 $\Delta\theta$ 对应的弧长

$$s=R\Delta\theta=6\ 400\times\frac{114°}{360°}\times2\pi\ \text{km}=12\ 700\ \text{km}$$

(与两地实际最短距离 11 700 km 相近.)飞机的飞行时间为

$$t=\frac{s}{v}=\frac{12\ 700}{940}\ \text{h}=13.5\ \text{h}$$

[在信息时代,我们利用网络可以找到需要的数据.]

2.2.5 火车进入弯道时减速.最初火车向正北以 90 km/h 速率行驶.3 min 后以70 km/h 速率向北偏西 30°方向行驶.求火车的平均加速度.

提示:令 Ox 轴指向正北,Oy 轴指向正西,建立直角坐标系.采用国际制单位,则

$$\boldsymbol{v}_1=25\boldsymbol{i}\ \text{m/s},\boldsymbol{v}_2=(19.4\cos30°\boldsymbol{i}+19.4\sin30°\boldsymbol{j})\ \text{m/s}$$

$$\overline{\boldsymbol{a}}=\frac{\boldsymbol{v}_2-\boldsymbol{v}_1}{\Delta t}=\frac{-8.2\boldsymbol{i}+9.7\boldsymbol{j}}{3\times60}\ \text{m/s}^2=(-0.046\boldsymbol{i}+0.054\boldsymbol{j})\ \text{m/s}^2\ \text{且}\ R>0$$

则 $\overline{a}\approx0.07\ \text{m/s}^2$,与正南方向的夹角 $\alpha\approx50°$.

2.2.6 (1) $\boldsymbol{r}=R\cos t\,\boldsymbol{i}+R\sin t\boldsymbol{j}+2t\boldsymbol{k}$(单位:m、s),$R$ 为常量.求 $t=0$、$\frac{\pi}{2}$ s 时的速度和加速度;(2) $\boldsymbol{r}=3t\,\boldsymbol{i}-4.5t^2\boldsymbol{j}+6t^3\boldsymbol{k}$.求 $t=0$、1 时的速度和加速度(写出正交分解式).

解:(1) 对 $\boldsymbol{r}=R\cos t\boldsymbol{i}+R\sin t\boldsymbol{j}+2t\boldsymbol{k}$ 求一阶和二阶导数,则得到

$$\boldsymbol{v}=-R\sin t\boldsymbol{i}+R\cos t\boldsymbol{j}+2\boldsymbol{k}$$

$$\boldsymbol{a}=-R\cos t\boldsymbol{i}-R\sin t\boldsymbol{j}$$

把时间 t 的数值代入速度和加速度的函数表达式,即得到该时刻的速度和加速度.$t=0$ 时的速度和加速度为

$$\boldsymbol{v}(0)=R\boldsymbol{j}+2\boldsymbol{k}$$

$$\boldsymbol{a}(0)=-R\boldsymbol{i}$$

$t=\frac{\pi}{2}$时的速度和加速度为

$$\boldsymbol{v}\left(\frac{\pi}{2}\right)=-R\boldsymbol{i}+2\boldsymbol{k}$$

$$\boldsymbol{a}\left(\frac{\pi}{2}\right)=-R\boldsymbol{j}$$

(2) 同理由 $\boldsymbol{r}=3t\boldsymbol{i}-4.5t^2\boldsymbol{j}+6t^3\boldsymbol{k}$ 求出 $\boldsymbol{v}=3\boldsymbol{i}-9t\boldsymbol{j}+18t^2\boldsymbol{k}$,$\boldsymbol{a}=-9\boldsymbol{j}+36t\boldsymbol{k}$.$t=0$ 时,

$$\boldsymbol{v}(0)=3\boldsymbol{i}\ \text{m/s},\boldsymbol{a}(0)=-9\boldsymbol{j}\ \text{m/s}^2$$

$t=1$ 时,

$$\boldsymbol{v}(1)=(3\boldsymbol{i}-9\boldsymbol{j}+18\boldsymbol{k})\ \text{m/s},\boldsymbol{a}(1)=(-9\boldsymbol{j}+36\boldsymbol{k})\ \text{m/s}^2$$

2.3.1 如图所示，a、b 和 c 表示质点沿直线运动三种不同情况下的 $x-t$ 曲线，试说明三种运动的特点（即速度和 $t=0$ 时质点的位置坐标、质点位于坐标原点的时刻）.

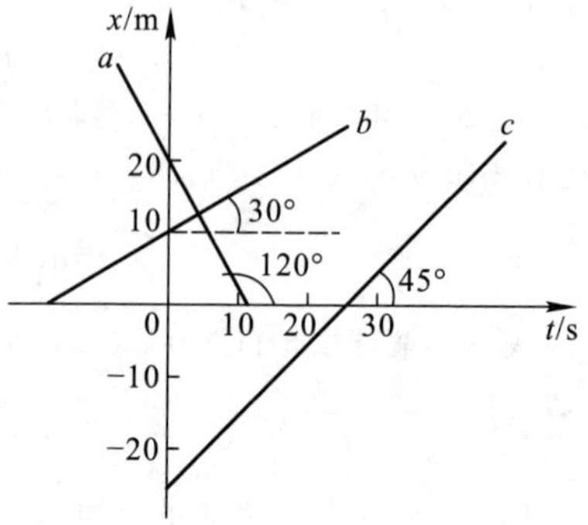

2.3.1 题图

提示： 直线 a：$v_x\approx-1.73\ \mathrm{m/s}$，$x_0=20\ \mathrm{m}$，$t\Big|_{x=0}=11.5\ \mathrm{s}$.

直线 b：$v_x\approx0.58\ \mathrm{m/s}$，$x_0=10\ \mathrm{m}$，$t\Big|_{x=0}=-17.3\ \mathrm{s}$.

直线 c：$v_x=1.00\ \mathrm{m/s}$，$x_0=-25\ \mathrm{m}$，$t\Big|_{x=0}=25\ \mathrm{s}$.

2.3.2 质点直线运动的运动学方程为 $x=a\cos t$，a 为正的常量.求质点速度和加速度并讨论运动特点（有无周期性、运动范围、速度变化情况等）.

提示： $v_x=-a\sin t$，$a_x=-a\cos t$.周期为 2π，运动范围为 $-a\sim a$，速度和加速度的变化范围为 $-a\sim a$.

2.3.3 跳伞运动员的速率为

$$v=\beta\frac{1-e^{-qt}}{1+e^{-qt}},$$

速度方向竖直向下，β、q 为正的常量.求其加速度，并讨论当时间足够长（即 $t\to\infty$）时，速度和加速度的变化趋势.

解： 令 x 轴竖直向下，则

$$v_x=\beta\frac{1-e^{-qt}}{1+e^{-qt}}$$

$$\begin{aligned}a_x&=\frac{dv_x}{dt}=\beta\frac{d}{dt}\left(\frac{1-e^{-qt}}{1+e^{-qt}}\right)\\&=\beta\frac{qe^{-qt}(1+e^{-qt})-(1-e^{-qt})(-qe^{-qt})}{(1+e^{-qt})^2}\\&=\frac{2\beta qe^{-qt}}{(1+e^{-qt})^2}\end{aligned}$$

当 $t\to\infty$ 时，$e^{-qt}\to0$，故 $v_x\to\beta$，$a_x\to0$，说明经过足够长时间后，跳伞员将做匀速直线运动.

［建立坐标系，并注意 v_x 和 v，a_x 和 a 的不同.$a_x=\dfrac{dv_x}{dt}$，但一般情况下 $a\neq\dfrac{dv}{dt}$.］

2.3.4 直线运行的高速列车在计算机控制下减速进站.列车原运行速率为 $v_0=180\ \mathrm{km/h}$，其速率变化规律如图所示，式中 x 的单位为 km，v、v_0 的单位为 km/h.求列车行至 $x=1.5\ \mathrm{km}$ 时加速度的大小.

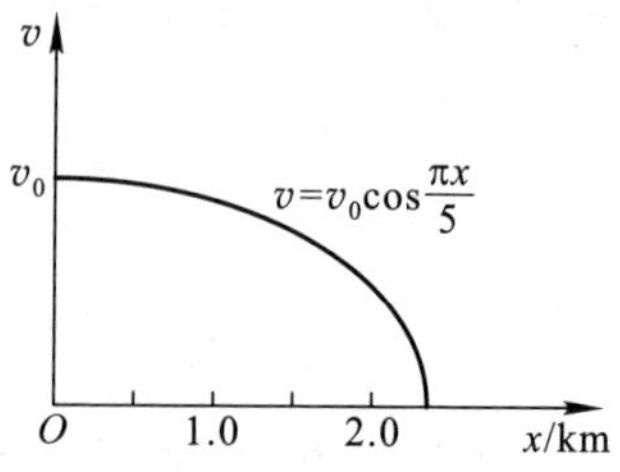

2.3.4 题图

解:将 v、v_0 及 x 的单位换算为 m/s 和 m,令 x 轴沿列车行驶方向.由 $v_x=50\cos\dfrac{\pi x}{5\ 000}$ 可知

$$\begin{aligned}a_x&=\frac{\mathrm{d}v_x}{\mathrm{d}t}=\frac{\mathrm{d}}{\mathrm{d}t}\left(50\cos\frac{\pi x}{5\ 000}\right)=-50\left(\sin\frac{\pi x}{5\ 000}\right)\frac{\pi}{5\ 000}\frac{\mathrm{d}x}{\mathrm{d}t}\\&=-\frac{\pi}{100}\sin\frac{\pi x}{5\ 000}v_x=-\frac{\pi}{100}\sin\frac{\pi x}{5\ 000}\cdot 50\cos\frac{\pi x}{5\ 000}\\&=-\frac{\pi}{2}\sin\frac{\pi x}{5\ 000}\cos\frac{\pi x}{5\ 000}=-\frac{\pi}{4}\sin\frac{\pi x}{2\ 500}\end{aligned}$$

代入 $x=1\ 500$ m,得此地 $a_x=-\dfrac{\pi}{4}\sin\dfrac{1\ 500\ \pi}{2\ 500}\ \mathrm{m/s^2}=-\dfrac{\pi}{4}\sin\dfrac{3\pi}{5}\ \mathrm{m/s^2}\approx-0.75\ \mathrm{m/s^2}$[根据量纲法则,三角函数的自变量的量纲应为一,而此题三角函数的自变量的量纲为 L.]

2.3.5 如图所示,在水平桌面上放置 A、B 两物体,用一根不可伸长的绳索按图示的装置把它们连接起来,在 C 点与桌面固定.已知物体 A 的加速度 $a_A=0.5g$,求物体 B 的加速度.(提示:运用绳不可伸长的条件.)

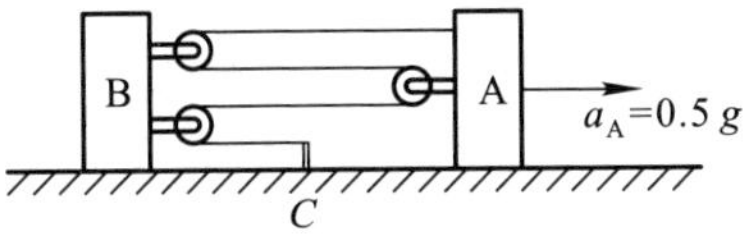

2.3.5 题图

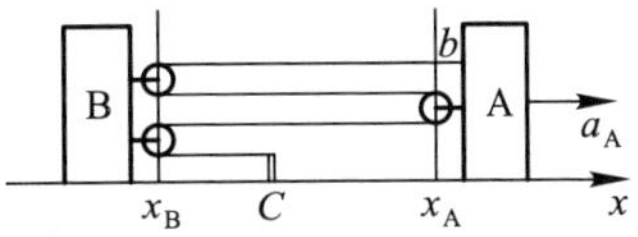

2.3.5 题解图

解:如题解图所示,以 C 点为坐标原点,建立 Cx 坐标轴沿桌面向右,以与物体连接的滑轮的中心坐标 x_A 和 x_B 标志物体 A 和 B 的位置.设绳长为 l,滑轮半径为 r,用 b 表示从 x_A 到物体 A 间的一段绳长,注意到 x_B 为负值,则

$$4(-x_B)+3x_A+3\pi r+b=l$$

因为绳不可伸长,所以 l 和 r、b 均为常量,对上式求时间的二阶导数,得到

$$-4\frac{\mathrm{d}^2x_B}{\mathrm{d}t^2}+3\frac{\mathrm{d}^2x_A}{\mathrm{d}t^2}=0$$

因 $\dfrac{\mathrm{d}^2x_A}{\mathrm{d}t^2}$ 为物体 A 的加速度,即 $\dfrac{\mathrm{d}^2x_A}{\mathrm{d}t^2}=a_A=0.5g$,可知物体 B 的加速度为

$$a_B=\frac{\mathrm{d}^2x_B}{\mathrm{d}t^2}=\frac{3}{4}\frac{\mathrm{d}^2x_A}{\mathrm{d}t^2}=\frac{3}{8}g$$

[当我们学习了一些微积分知识以后,就可以从 x_A 和 x_B 的关系入手去研究 a_A 和 a_B 之间的关系.这种方法是学习微积分后所获得的长足的进步,有重要价值,应细心领悟.]

2.3.6 质点沿直线的运动学方程为 $x=10t+3t^2$(单位:m、s).

(1) 如果将坐标原点沿 x 轴正方向移动 2 m,则运动学方程发生什么变化?初速度有无变化?

(2) 如果将计时起点前移 1 s,则运动学方程发生什么变化?初始坐标和初速度将发生

怎样的变化？加速度变不变？

解：(1) 将原点沿 x 轴正向移动 2 m 后的坐标记为 x'，$x'=x-2$，运动学方程为

$$x'=3t^2+10t-2$$

初速度不变，依然为 10 m/s.

(2) 将计时起点前移 1 s 后的时间记为 t'，$t'=t+1$，运动学方程为

$$x=10(t'-1)+3(t'-1)^2=3t'^2+4t'-7$$

初始坐标由 0 m 变为 -7 m，初速度由 10 m/s 变为 4 m/s，加速度不变，依然为 6 m/s^2.

以下四题用积分.

2.4.1 质点由坐标原点出发时开始计时，沿 x 轴运动，其加速度 $a_x=2t$（单位：cm/s^2、s）. 求在下列两种情况下质点的运动学方程，出发后 6 s 时质点的位置，在此期间质点所走过的位移及路程：

(1) 初速度 $v_0=0$；

(2) 初速度 $\boldsymbol{v}_0$ 的大小为 9 cm/s，方向与加速度方向相反.

解：(1) 由 $a_x=\dfrac{dv_x}{dt}=2t$，可知

$$dv_x=2t dt$$

做不定积分

$$\int dv_x=\int 2t dt$$

得

$$v_x=t^2+C_1$$

把初始条件 $t=0$ 时 $v_{0x}=0$ 代入上式，确定积分常量 $C_1=0$，于是求出

$$v_x=t^2$$

根据 $v_x=\dfrac{dx}{dt}=t^2$，得到

$$dx=t^2 dt$$

做不定积分

$$\int dx=\int t^2 dt$$

得出

$$x=\frac{1}{3}t^3+C_2$$

再由初始条件 $t=0$ 时 $x=0$ 得积分常量 $C_2=0$，故质点的运动学方程为

$$x=\frac{1}{3}t^3$$

把 $t=6$ s 代入上式，得到质点出发 6 s 时的位置

$$x(6)=\frac{1}{3}\times 6^3\ \text{cm}=72\ \text{cm}$$

在此期间质点的位移

$$\Delta x = x(6) - x(0) = 72\ \text{cm}$$

由于质点沿直线运动，且 v_x 恒正，即运动方向不变，故在此期间质点的路程和位移相等，即

$$\Delta l = \Delta x = 72\ \text{cm}$$

(2)与(1)一样可求出

$$v_x = t^2 + C_1$$

把初始条件 $t=0$ 时，$v_{0x} = -9\ \text{cm/s}$ 代入，确定积分常量 $C_1 = -9\ \text{cm/s}$，则

$$v_x = t^2 - 9$$

根据 $v_x = \dfrac{dx}{dt} = t^2 - 9$，得到

$$dx = (t^2 - 9)\,dt$$

做不定积分

$$\int dx = \int (t^2 - 9)\,dt$$

得出

$$x = \frac{1}{3}t^3 - 9t + C_2$$

再由初始条件 $t=0$ 时，$x=0$ 定出积分常量 $C_2=0$，故质点的运动学方程为

$$x = \frac{1}{3}t^3 - 9t$$

把 $t=6$ s 代入上式，得到质点出发 6 s 时的位置

$$x(6) = \left(\frac{1}{3}\times 6^3 - 9\times 6\right)\ \text{cm} = 18\ \text{cm}$$

在此期间质点的位移

$$\Delta x = x(6) - x(0) = 18\ \text{cm}$$

由 $v_x = t^2 - 9$ 可知，质点 $t=3$ s 时 $v_x = 0$，在 0~3 s 期间 v_x 取负值，$t=3$ s 以后 v_x 取正值. 根据 $x = \dfrac{1}{3}t^3 - 9t$ 求出 $t=3$ s 时 $x=-18$ cm，所以质点在 0~6s 期间的路程为

$$\Delta l = |x(3) - x(0)| + x(6) - x(3) = 18\ \text{cm} + 36\ \text{cm} = 54\ \text{cm}$$

[即使质点沿直线运动，其位移和路程也不一定相等！当质点运动方向发生变化时，计算路程必须小心.]

2.4.2 质点直线运动瞬时速度的变化规律为 $v_x = -3\sin t$(单位:m/s、s). 求 $t_1 = 3$ s 至 $t_2 = 5$ s 时间内的位移.

解:根据直线运动位移与定积分概念，可得

$$\Delta x = \int_{t_1}^{t_2} v_x\,dt = \int_3^5 (-3\sin t)\,dt = 3\cos t\Big|_3^5$$

$$=3(\cos 5-\cos 3)\approx 3.82(\mathrm{m})$$

2.4.3 一质点做直线运动,其瞬时加速度的变化规律为 $a_x=-A\omega^2\cos\omega t$.在 $t=0$ 时 $v_x=0$、$x=A$,其中 A、ω 均为正的常量,求此质点的运动学方程.

解:由 $\dfrac{\mathrm{d}v_x}{\mathrm{d}t}=a_x=-A\omega^2\cos\omega t$ 可得

$$\mathrm{d}v_x=-A\omega^2\cos\omega t\mathrm{d}t$$

做定积分,依初始条件 $t=0$ 时 $v_x=0$ 确定积分下限:

$$\int_0^{v_x}\mathrm{d}v_x=-A\omega^2\int_0^t\cos\omega t\mathrm{d}t$$

把上式右侧积分变量换为 ωt:

$$\int_0^{v_x}\mathrm{d}v_x=-A\omega\int_0^{\omega t}\cos\omega t\mathrm{d}\omega t$$

则得到

$$v_x\Big|_0^{v_x}=-A\omega\sin\omega t\Big|_0^{\omega t}$$

$$v_x=-A\omega\sin\omega t$$

再由 $\dfrac{\mathrm{d}x}{\mathrm{d}t}=v_x=-A\omega\sin\omega t$ 得到

$$\mathrm{d}x=-A\omega\sin\omega t\mathrm{d}t$$

做定积分,依初始条件 $t=0$ 时 $x=A$ 确定积分下限:

$$\int_A^x\mathrm{d}x=-A\omega\int_0^t\sin\omega t\mathrm{d}t=-A\int_0^{\omega t}\sin\omega t\mathrm{d}\omega t$$

$$x\Big|_A^x=A\cos\omega t\Big|_0^{\omega t}$$

$$x=A\cos\omega t$$

此即质点运动学方程.

2.4.4 如图所示,飞机着陆时为尽快停止采用降落伞制动.刚着陆即 $t=0$ 时速度为 v_0 且坐标 $x=0$.假设其加速度为 $a_x=-bv_x^2$,b 为常量.求飞机速度随时间的变化 $v_x(t)$.

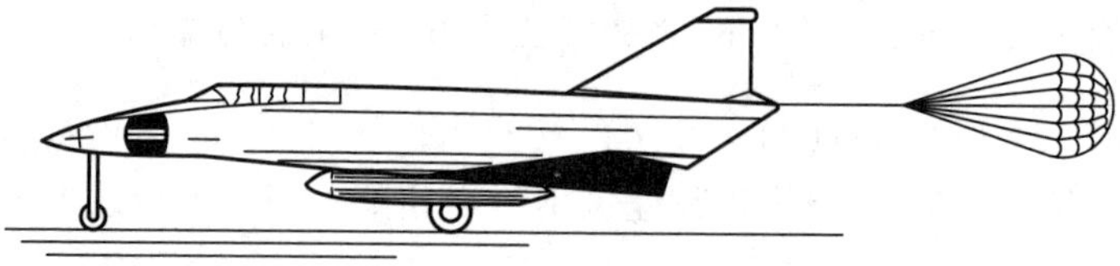

2.4.4 题图

解:由已知条件知

$$\frac{\mathrm{d}v_x}{\mathrm{d}t}=a_x=-bv_x^2$$

将上式分离变量，使左侧仅有变量 v_x，右侧仅有变量 t，得到

$$\frac{dv_x}{v_x^2}=-b dt$$

做不定积分

$$\int \frac{dv_x}{v_x^2}=-b\int dt$$

可得

$$\frac{1}{v_x}=bt+C$$

把初始条件 $t=0$ 时 $v_x=v_0$ 代入上式，确定积分常量 $C=\frac{1}{v_0}$，所以

$$\frac{1}{v_x}=bt+\frac{1}{v_0}$$

即 $v_x=\frac{v_0}{bv_0t+1}$.

解以下四题中匀变速直线运动时，应明确写出所选的坐标系、计时起点和初始条件.

2.4.5 在 195 m 长的坡道上，一个人骑自行车以 18 km/h 的速度和 $-20\ \mathrm{cm/s^2}$ 的加速度上坡，另一个人骑自行车同时以 5.4 km/h 的初速度和 $0.2\ \mathrm{m/s^2}$ 的加速度下坡. 问：(1) 经过多长时间两人相遇；(2) 两人相遇时，各走过多少路程？

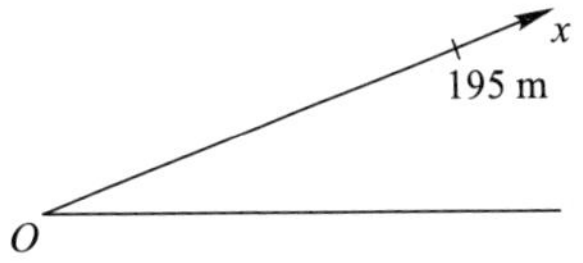

2.4.5 题解图

解：以上坡人出发点为原点，沿坡道向上建立 Ox 坐标系，如图所示. 以两人出发时刻为计时起点.

设上坡人为质点 1，下坡人为质点 2[把“人”模型化为质点]，两人均做匀变速运动，运动学方程分别为

$$x_1=x_{10}+v_{10x}t+\frac{1}{2}a_{1x}t^2$$

$$x_2=x_{20}+v_{20x}t+\frac{1}{2}a_{2x}t^2$$

其中

$$a_{1x}=a_{2x}=-0.2\ \mathrm{m/s^2}$$

初始条件分别为(采用国际单位制单位) $t=0$ 时，

$$v_{10x}=5\ \mathrm{m/s},x_{10}=0$$

$t=0$ 时，

$$v_{20x}=-1.5\ \mathrm{m/s},x_{20}=195\ \mathrm{m}$$

于是，两质点的运动学方程具体化为

$$x_1=5t-0.1t^2 \tag{1}$$

$$x_2=195-1.5t-0.1t^2 \tag{2}$$

（1）相遇条件为

$$x_1=x_2 \tag{3}$$

设相遇时刻为 t'，则

$$5t'-0.1t'^2=195-1.5t'-0.1t'^2$$

由此求出相遇时刻为 $t'=30$ s.

（2）对两质点的运动学方程求时间导数，可求出两质点的速度表达式：

$$v_{1x}=5-0.2t$$

$$v_{2x}=-1.5-0.2t$$

可见，质点 1 在 $t''=25$ s 时达到最高点，相遇时已向下运动；质点 2 的运动方向不变.把 t' 和 t'' 代入质点 1 的运动学方程，可得两质点的相遇位置：

$$x_1'=5t'-0.1t'^2=5\times30-0.1\times30^2=60$$

和质点 1 的最高点坐标：

$$x_1''=5t''-0.1t''^2=5\times25-0.1\times25^2=62.5$$

可知两人相遇时，走过的路程分别为

$$s_1=x_1''-x_{10}+|x_1'-x_1''|=62.5+|60-62.5|=65$$

$$s_2=|x_1'-x_{20}|=|60-195|=135$$

［本题的解法可称为“统一坐标法”.解题时先建立坐标系并规定计时起点，由于时间只能单向流逝，规定计时起点就相当于建立了时间坐标轴.建立的时空坐标不但适用于质点的整个运动过程，还适用于不同的质点，所以称为统一坐标法.本题中两质点的运动用同一时空坐标描述，运动学方程(1)(2)式既适用于质点的上升阶段，也适用于下降阶段，而且相遇条件可表达为(3)式.读者要注意学习这种方法，最好不再用中学分别讨论上升、下降阶段的方法了.］

2.4.6 站台上送行的人，在火车开动时站在第一节车厢的最前面.火车开动后经过 $\Delta t=24$ s，第一节车厢的末尾从此人的面前通过.问第七节车厢驶过他面前需要多长时间？火车做匀加速运动.

提示：以人所在位置为原点，建立 Ox 坐标指向火车运动前方，以火车开动时刻为计时起点.研究第一节车厢最前点的运动.该点做匀加速运动，初始条件为 $t=0$ 时 $x_0=0$，$v_{0x}=0$，故运动学方程简化为

$$x=\frac{1}{2}a_xt^2$$

设每节车厢长度为 L，设第 n 节车厢驶过后的瞬时 $t=t_n$，$x=x_n$.由 $x_1=L=\frac{1}{2}a_x\times24^2$，可得 $L=288a_x$.又知 $x_6=6L=\frac{1}{2}a_xt_6^2$ 和 $x_7=7L=\frac{1}{2}a_xt_7^2$，所以 $t_7-t_6=\sqrt{\frac{14L}{a_x}}-\sqrt{\frac{12L}{a_x}}\approx4.71$ s.

2.4.7 在同一竖直线上相隔 h 的两点以同样的速率 v_0 上抛两颗石子，但在高处的石子早 t_0 被抛出.问这两颗石子在何时何处相遇？

解：令低处的石子为质点 1，高处的石子为质点 2；以质点 1 抛出位置为原点，竖直向上为正方向建立 Ox 坐标如图所示；以质点 1 抛出时刻为计时起点.

质点 1 的初始条件为 $t=0$ 时 $x_{10}=0, v_{10x}=v_0$，运动学方程为

$$x_1=v_0t-\frac{1}{2}gt^2 \qquad (1)$$

质点 2 的初始条件为 $t=-t_0$ 时 $x_{20}=h, v_{20x}=v_0$，运动学方程为

$$\begin{aligned} x_2 &= h+v_0[t-(-t_0)]-\frac{1}{2}g[t-(-t_0)]^2 \\ &= h+v_0(t+t_0)-\frac{1}{2}g(t+t_0)^2 \qquad (2) \end{aligned}$$

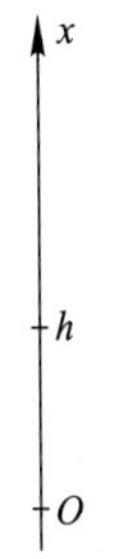

2.4.7 题解图

相遇条件为

$$x_1=x_2 \qquad (3)$$

设两质点相遇时刻为 t'，则由

$$v_0t'-\frac{1}{2}gt'^2=h+v_0(t'+t_0)-\frac{1}{2}g(t'+t_0)^2$$

求出相遇时 $t'=\frac{h}{gt_0}+\frac{v_0}{g}-\frac{t_0}{2}$. 把 t' 代入质点 1 的运动学方程求出两质点相遇处的坐标

$$\begin{aligned} x' &= v_0t'-\frac{1}{2}gt'^2 \\ &= v_0\left(\frac{h}{gt_0}+\frac{v_0}{g}-\frac{t_0}{2}\right)-\frac{1}{2}g\left(\frac{h}{gt_0}+\frac{v_0}{g}-\frac{t_0}{2}\right)^2 \\ &= \frac{1}{2}\left(h+\frac{v_0^2}{g}-\frac{h^2}{gt_0^2}-\frac{gt_0^2}{4}\right) \end{aligned}$$

[虽然两质点抛出时刻不同，依然用统一坐标法，注意上述解法中质点 2 的初始条件及运动学方程的表达方式.若以质点 2 抛出时刻为计时起点，则相遇时刻为 $t'=\frac{h}{gt_0}+\frac{v_0}{g}+\frac{t_0}{2}$.]

[再总结 2.4.5 和 2.4.7 题的解法，列出两质点运动学方程(1)(2)式和相遇条件(3)式，再联立求解(1)(2)(3)式，这是代数方式的解法.小学算术采用直线思维方式，简单、基础，但对复杂四则运算题求解就很难了.中学代数采用另一种较为高级的思维方式，这是读者早已深有体会的，但在学习物理学时，一些读者还会不自觉地采用直线思维方式，在处理一些较复杂的问题时就会遇到困难.读者对这种代数方式的解法应细心领悟.]

2.4.8 电梯以 1.0 m/s 的匀速率下降，小孩在电梯中跳离地板 0.50 m 高，问当小孩再次落到地板上时，电梯下降了多长距离？（本题涉及相对运动，亦可在学过 § 2.8 后做）

提示 1: 电梯地板为质点 1，小孩为质点 2；小孩起跳时刻为计时起点；小孩起跳地为原点，建立 Ox 坐标竖直向下.

质点 1 做匀速运动，$v_{1x}=1.0$ m/s，初始条件为 $t=0$ 时 $x_{10}=0$，运动学方程为 $x_1=1.0t$.

设质点 2 的初始条件为 $t=0$ 时 $x_{20}=0, v_{20x}=-v_0$，运动学方程为 $x_2=-v_0t+\frac{1}{2}gt^2$.

当质点 2 的速度 $v_{2x}=-v_0+gt$ 等于质点 1 速度 $v_{1x}=1.0$ m/s 时，两质点相距最远，为0.50 m，设此时刻为

t',有

$$-v_0+gt'=1$$

$$1.0t'-\left(-v_0t'+\frac{1}{2}gt'^2\right)=0.5$$

由上两式求出 $t'\approx0.32$ s(略去 $t'\approx-0.32$ s),$v_0=2.13$ m/s.

根据相遇条件 $x_1=x_2$ 即 $1.0t''=-2.13t''+4.9t''^2$,求出相遇时间 $t''\approx0.64$ s(略去 $t''=0$ s).把 t''代入运动学方程即可求出相遇时 $x_1''=1.0t''\approx0.64$(m),故电梯下降距离 $l=x_1''-x_{10}\approx0.64$ m.

[此解法是主教材要求的解法,略繁,但对弄清相关概念是有益的,比如两质点速度相等时相距最远.在读者学习了力学相对性原理以后,可用下面给出的比较灵活简洁的解法.]

提示 2:电梯做匀速直线运动,是惯性系,质点在其中的运动规律与在地面参考系中相同.以电梯为参考系,小孩跳起 0.5 m 再落地所用时间为 $\Delta t=2\sqrt{\frac{2h}{g}}=2\times\sqrt{\frac{1}{9.8}}$ s ≈0.64 s,所以电梯在此时间内下降了 $l=v_{1x}\Delta t\approx0.64$ m.

2.5.1 质点在 Oxy 平面内运动,其加速度为 $\boldsymbol{a}=-\cos t\boldsymbol{i}-\sin t\boldsymbol{j}$,位置和速度的初始条件为 $t=0$ 时 $\boldsymbol{v}=\boldsymbol{j}$,$\boldsymbol{r}=\boldsymbol{i}$.求质点的运动学方程并画出轨迹(本题用积分,并采用 SI 单位).

解:

$$\frac{\mathrm{d}\boldsymbol{v}}{\mathrm{d}t}=\boldsymbol{a}=-\cos t\boldsymbol{i}-\sin t\boldsymbol{j}$$

$$\mathrm{d}\boldsymbol{v}=(-\cos t\boldsymbol{i}-\sin t\boldsymbol{j})\mathrm{d}t$$

$$\int\mathrm{d}\boldsymbol{v}=-\left(\int\cos t\mathrm{d}t\right)\boldsymbol{i}-\left(\int\sin t\mathrm{d}t\right)\boldsymbol{j}$$

$$\boldsymbol{v}=-(\sin t+C_1)\boldsymbol{i}+(\cos t+C_2)\boldsymbol{j}$$

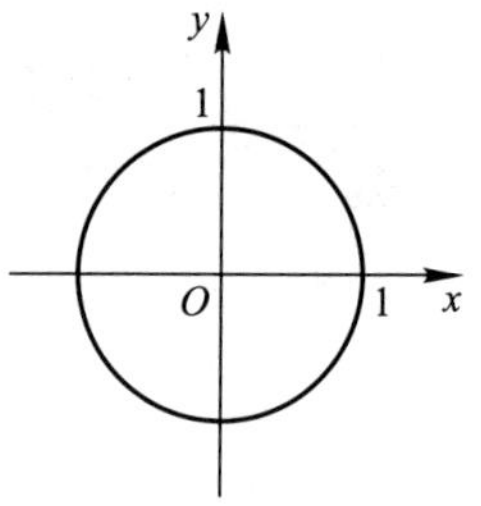

2.5.1 题解图

把初始条件 $t=0$ 时$\boldsymbol{v}=\boldsymbol{j}$ 代入上式得 $\boldsymbol{j}=-C_1\boldsymbol{i}+(1+C_2)\boldsymbol{j}$,可知 $C_1=C_2=0$,所以

$$\boldsymbol{v}=-\sin t\boldsymbol{i}+\cos t\boldsymbol{j}$$

再由

$$\frac{\mathrm{d}\boldsymbol{r}}{\mathrm{d}t}=\boldsymbol{v}=-\sin t\boldsymbol{i}+\cos t\boldsymbol{j}$$

$$\mathrm{d}\boldsymbol{r}=(-\sin t\boldsymbol{i}+\cos t\boldsymbol{j})\mathrm{d}t$$

做不定积分得到

$$\boldsymbol{r}=(\cos t+C_3)\boldsymbol{i}+(\sin t+C_4)\boldsymbol{j}$$

由初始条件 $t=0$ 时 $\boldsymbol{r}=\boldsymbol{i}$ 定出 $C_3=C_4=0$,故运动学方程为

$$\boldsymbol{r}=\cos t\boldsymbol{i}+\sin t\boldsymbol{j}$$

由上式可知 $x=\cos t$ 和 $y=\sin t$,显然 $x^2+y^2=1$,所以运动轨迹为圆心位于原点,半径为 1 的圆,轨迹如图所示.

2.5.2 如题图所示,在同一竖直面内的同一水平线上 A、B 两点分别以 30°、60°为发射角同时抛出两个小球.欲使两小球相遇时都在自己的轨道的最高点,求 A、B 两点间的距离.已知小球在 A 点的发射速率 $v_A=9.8$ m/s.

解:以 A 为原点,Ax 轴水平向右,Ay 轴竖直向上建立坐标系 Axy,如题解图所示。以抛出时为计时起点.令由 A 点抛出的质点为质点 1,由 B 点抛出的质点为质点 2,设 A、B 两点相距为 d,质点 2 抛出速率为 v_0.

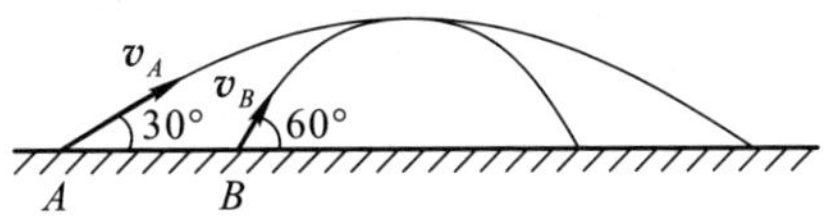

2.5.2 题图

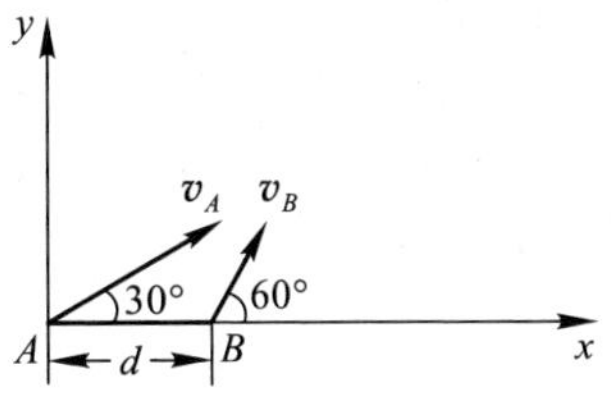

2.5.2 题解图

质点 1 的初始条件为 $t=0$ 时 $x_{10}=0, y_{10}=0, v_{10x}=4.9\sqrt{3}$ m/s, $v_{10y}=4.9$ m/s;质点 2 的初始条件为 $t=0$ 时 $x_{20}=d, y_{20}=0, v_{20x}=\frac{v_0}{2}, v_{20y}=\frac{\sqrt{3}v_0}{2}$.两个质点的运动学方程分别为

$$x_1=4.9\sqrt{3}t \tag{1}$$

$$y_1=4.9t-4.9t^2 \tag{2}$$

$$x_2=d+\frac{v_0}{2}t \tag{3}$$

$$y_2=\frac{\sqrt{3}v_0}{2}t-4.9t^2 \tag{4}$$

对(2)式求导可得

$$v_{1y}=4.9-9.8t$$

由 $v_{1y}=4.9-9.8t'=0$ 求出质点 1 到达最高点的时间 $t'=\frac{1}{2}$ s.

对(4)式求导可得

$$v_{2y}=\frac{\sqrt{3}v_0}{2}-9.8t$$

为保证两个质点同时到达最高点,$t=t'$ 时 v_{2y} 也需为零,所以根据

$$v'_{2y}=\frac{\sqrt{3}v_0}{2}-9.8t'=\frac{\sqrt{3}v_0}{2}-4.9=0$$

可求出 $v_0=\frac{9.8}{\sqrt{3}}$ m/s ≈ 5.66 m/s.

当 $t=t'$ 时两个质点相遇,即此时 $x_1=x_2, y_1=y_2$,由此得到

$$4.9\sqrt{3}t'=d+\frac{4.9}{\sqrt{3}}t' \tag{5}$$

$$4.9t'-4.9t'^2=4.9t'-4.9t'^2 \tag{6}$$

(6)式为一恒等式,说明两个质点在最高点相遇是可能的;由(5)式可知

$$d=4.9t'\left(\sqrt{3}-\frac{1}{\sqrt{3}}\right)\text{ m}=\frac{4.9}{2}(\sqrt{3}-\frac{1}{\sqrt{3}})\text{ m}\approx 2.83\text{ m}$$

[抛体问题是二维平面问题,方法是一维直线运动所用方法的延续,用统一坐标法,运用代数思维方式解题.本题所有步骤均采用 SI 单位.]

2.5.3 如题图所示,迫击炮弹的发射角为 60°,发射速率 150 m/s.炮弹击中倾角 30°的山坡上的目标,发射点正在山脚.求弹着点到发射点的距离 *OA*.

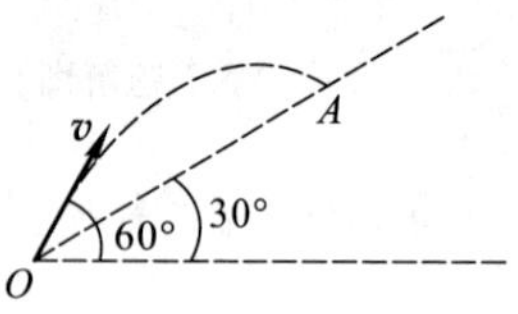

2.5.3 题图

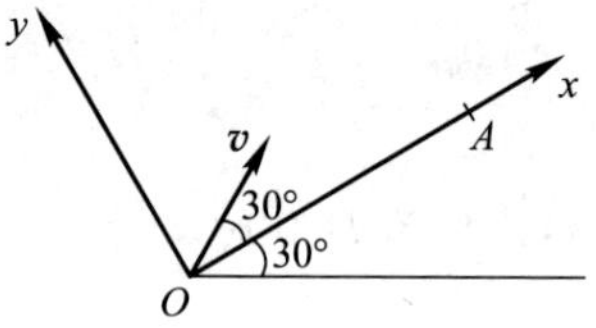

2.5.3 题解图

提示:以 O 为原点,x 轴沿山坡向右,y 轴垂直于山坡向上建立坐标系 Oxy 如图所示,以抛出时刻为计时起点.质点(炮弹)的运动学方程为

$$x=v_0\cos 30°\cdot t-\frac{1}{2}g\sin 30°\cdot t^2=75\sqrt{3}t-\frac{g}{4}t^2$$

$$y=v_0\sin 30°\cdot t-\frac{1}{2}g\cos 30°\cdot t^2=75t-\frac{\sqrt{3}g}{4}t^2$$

由 $y=75t'-\frac{\sqrt{3}g}{4}t'^2=0$ 求出质点落地时间 $t'=\frac{100\sqrt{3}}{g}$(略去 $t'=0$).把 t' 代入上面第一式即求出落地点 $x'=75\sqrt{3}\times\frac{100\sqrt{3}}{g}-\frac{g}{4}\left(\frac{100\sqrt{3}}{g}\right)^2\approx 1\ 530(\text{m})$,所以 $OA=x'\approx 1\ 530$ m.

[本题沿斜面和垂直斜面建立坐标系,较之沿水平和竖直方向建立坐标系而言,x 轴方向的运动学方程较为复杂(不再是匀速运动),但落地条件 $y=0$ 则比较简单.有舍才能有得.]

2.5.4 轰炸机沿与铅直方向成 53°角的方向俯冲时,在 763 m 的高度投放炸弹,炸弹在离开飞机 5.0 s 时击中目标.不计空气阻力.(1) 轰炸机的速率是多少?(2) 炸弹在飞行中经过的水平距离是多少?(3) 炸弹击中目标前一瞬间的速度沿水平和竖直方向的分量是多少?

提示:建立坐标系 Oxy 如图所示,以质点(炸弹)被投出时刻为计时起点,质点的初速度即为轰炸机速度.

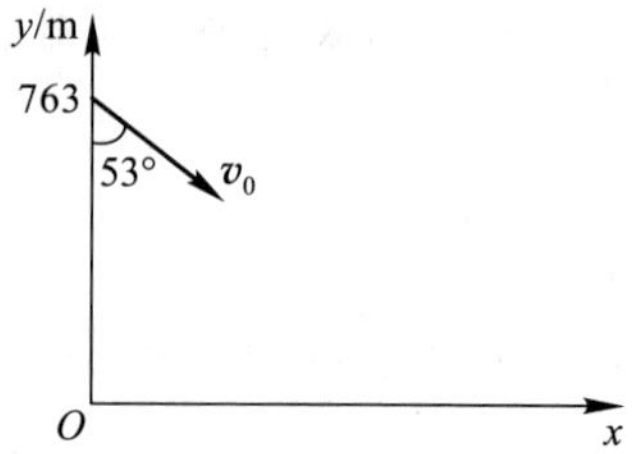

2.5.4 题解图

质点运动学方程为

$$x=v_0\sin 53°\cdot t$$

$$y=763-v_0\cos 53°\cdot t-\frac{1}{2}gt^2$$

当 $t=t'=5$ s 时 $y=0$,即 $763-5v_0\cos 53°-\frac{25g}{2}=0$,由此求出 $v_0\approx 213$ m/s.t' 时刻质点的 x 坐标即炮弹飞过的水平距离 $x'=5v_0\sin 53°\approx 851(\text{m})$.

对运动学方程求导数,得 $v_x=v_0\sin 53°$ 和 $v_y=-v_0\cos 53°-gt$,把 t' 代入即得到炸弹落地前瞬时速度的水

平和竖直分量 $v_x=213\sin 53°\approx170(\mathrm{m/s})$ 和 $v_y'=-213\cos 53°-5g\approx-177(\mathrm{m/s})$.

2.5.5 雷达观测员正在监视一越来越近的抛射体.在某一时刻,靠他得到这样的信息:(1) 抛射体达到最大高度且正以速率 v 沿水平方向运动;(2) 观察者到抛射体的直线距离为 l;(3) 观测员观察抛体的视线与水平方向成 θ 角.问:(1) 抛射体命中点到观察者的距离 D 等于多少?(2) 何种情况下抛体飞越观察员的头顶以后才击中目标?何种情况下抛体在未飞越观测员以前就命中目标?

设地球表面为平面且观测员位于抛体轨迹所在的竖直平面内.

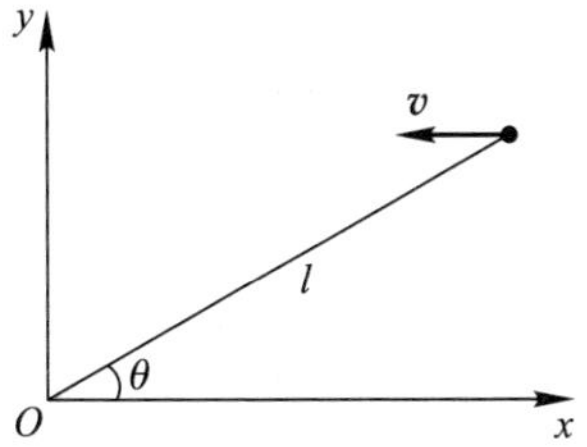

2.5.5 题解图

提示:以观察员所在位置为原点 O,建立坐标系 Oxy 如图所示,以观察时刻为计时起点.

质点(抛射体)运动学方程为

$$x=l\cos\theta-vt$$

$$y=l\sin\theta-\frac{1}{2}gt^2$$

可求出抛射体落地时间 $t'=\sqrt{\frac{2l\sin\theta}{g}}$ 和落地时的 x 轴坐标 $x'=l\cos\theta-v\sqrt{\frac{2l\sin\theta}{g}}$,所以 $D=x'=l\cos\theta-v\sqrt{\frac{2l\sin\theta}{g}}$.

$D<0$,抛射体飞越观察员头顶击中目标;$D>0$ 时,抛射体在飞越到观察员前击中目标.

2.6.1 如题图所示,列车在圆弧形轨道上自东转向北行驶,在我们所讨论的时间范围内,其运动学方程为 $s=80t-t^2$(单位:m、s).$t=0$ 时,列车在图中 O 点.此圆弧形轨道的半径 $r=1\ 500$ m.求列车驶过 O 点以后前进至 1 200 m 处的速率及加速度.

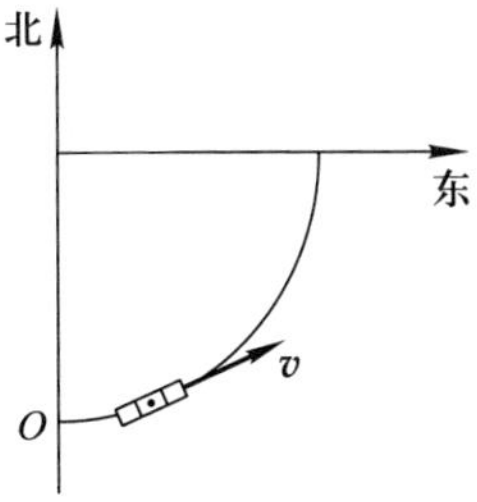

2.6.1 题图

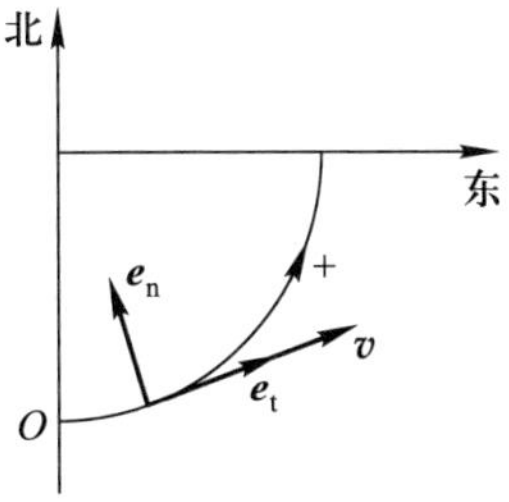

2.6.1 题解图

解:以 O 为原点,规定弧长正方向如题解图所示.由 $s=80t-t^2$ 求出 $s=1\ 200$ m 时 $t_1=20$ s 或 $t_2=60$ s.

按自然坐标速度和加速度表达式可求出

$$\boldsymbol{v}=\frac{\mathrm{d}s}{\mathrm{d}t}\boldsymbol{e}_t=(80-2t)\boldsymbol{e}_t$$

$$\boldsymbol{a}=\frac{\mathrm{d}^2s}{\mathrm{d}t^2}\boldsymbol{e}_t+\frac{v^2}{R}\boldsymbol{e}_n=-2\boldsymbol{e}_t+\frac{(80-2t)^2}{1\ 500}\boldsymbol{e}_n$$

当 $t=t_1=20$ s 时，$\boldsymbol{v}_1=40\boldsymbol{e}_t$ m/s，速率 $v_1=40$ m/s，$\boldsymbol{a}_1=\left(-2\boldsymbol{e}_t+\frac{16}{15}\boldsymbol{e}_n\right)$ m/s^2，$a\approx2.267$ m/s^2，$\boldsymbol{a}$ 与 $\boldsymbol{v}_1$ 的夹角为 152°.

$t=t_2=60$ s 时，$\boldsymbol{v}_2=-40\boldsymbol{e}_t$ m/s，列车已反向行驶，与题意不符.

2.6.2 如题图所示，火车以 200 km/h 的速度驶入圆弧形轨道，其半径 R 为 300 m. 司机一进入圆弧形轨道立即减速，加速度为 $2g$. 求火车在何处的加速度最大？最大加速度是多少？

提示：以火车进入圆弧轨道的起始点为原点 O，起始运动方向为弧长 s 的正方向如题解图所示. 以火车在 O 点的时刻为计时起点. $t=0$ 时 $v_0\approx55.6$ m/s.

切向加速度恒定，法向加速度最大时加速度的数值最大；可知加速度最大处为原点，最大加速度的大小为 $a_{max}=\sqrt{a_t^2+a_n^2}=\sqrt{(-2g)^2+\left(\frac{v_0^2}{R}\right)^2}\approx22.1\text{m/s}^2$，其方向为 $\theta=\arctan\frac{a_n}{a_t}\approx27°42'$.

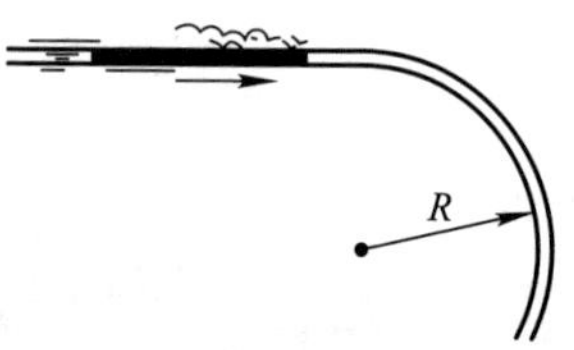

2.6.2 题图

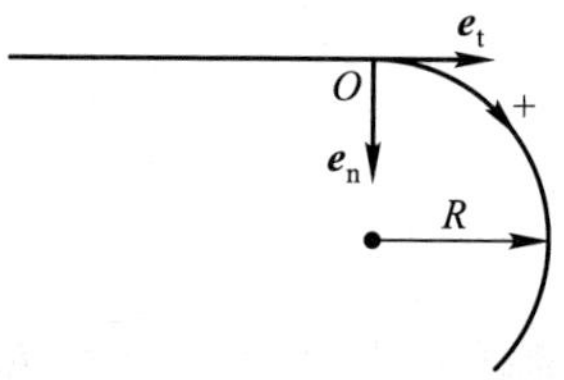

2.6.2 题解图

2.6.3 斗车在位于竖直平面内上下起伏的轨道运动. 当斗车到达图中所示位置时，轨道曲率半径为 150 m，斗车速率为50 km/h，切向加速度 $a_t=0.4\ g$. 求斗车的加速度.

提示：使用国际单位制单位.

$$\boldsymbol{a}=\frac{\mathrm{d}^2s}{\mathrm{d}t^2}\boldsymbol{e}_t+\frac{v^2}{\rho}\boldsymbol{e}_n=0.4g\boldsymbol{e}_t+\frac{13.9^2}{150}\boldsymbol{e}_n=3.92\boldsymbol{e}_t+1.29\boldsymbol{e}_n$$

可知 $a\approx4.13$ m/s^2，$\theta=\arctan\frac{a_n}{a_t}\approx18.2°$.

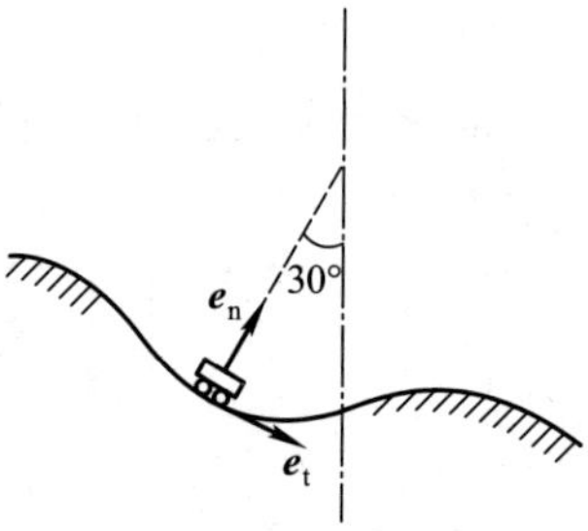

2.6.3 题图

2.8.1 如题图所示，飞机在某高度的水平面上飞行. 机身的方向是自东北向西南，与正西夹 15°角，风以 100 km/h 的速率自西南向东北方向吹来，与正南夹 45°角，结果飞机向正西方向运动. 求飞机相对于风的速度及相对于地面的速度.

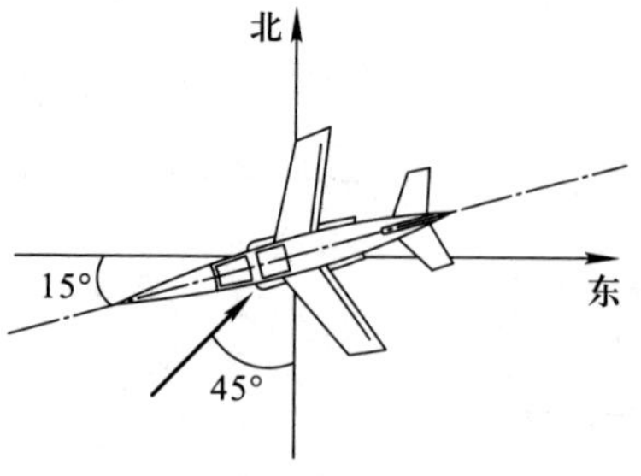

2.8.1 题图

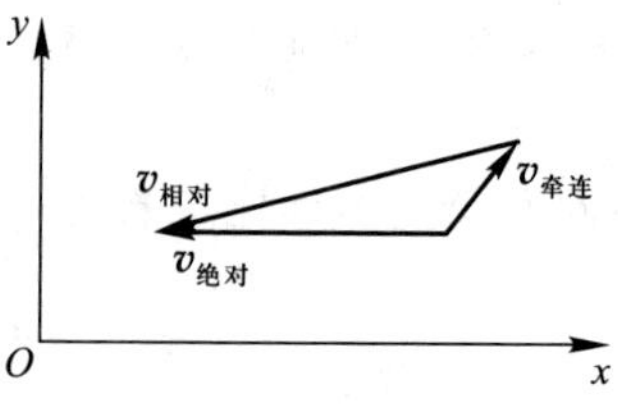

2.8.1 题解图

提示：以地面为基本参考系，建立坐标系 Oxy，x 轴指向正东，y 轴指向正北. 以空气为运动参考系. 设飞机对地的速度为 $\boldsymbol{v}_{绝对}$，飞机对空气的速度为 $\boldsymbol{v}_{相对}$，风速为 $\boldsymbol{v}_{牵连}$，则

$$\boldsymbol{v}_{绝对}=\boldsymbol{v}_{相对}+\boldsymbol{v}_{牵连}$$

如题解图所示，其分量关系为

$$-v_{绝对}=-v_{相对}\cos 15^\circ+v_{牵连}\cos 45^\circ$$

$$0=-v_{相对}\sin 15^\circ+v_{牵连}\sin 45^\circ$$

其中 $v_{牵连}\approx 27.8\ \mathrm{m/s}$，可求出 $v_{相对}\approx 75.9\ \mathrm{m/s}$，$v_{绝对}\approx 53.7\ \mathrm{m/s}$.

2.8.2 飞机在静止空气中的飞行速率是 235 km/h，它朝正北方向飞行，使整个飞行时间内都保持在一条南北向公路的上空. 地面观察者利用通信设备告诉驾驶员正在刮着速率等于 70 km/h 的风，但飞机仍能以 235 km/h 的速率沿公路方向飞行.（1）风的方向是怎样的？（2）飞机的头部指向哪个方向？也就是说，飞机的轴线和公路成怎样的角度？

提示：以地面为基本参考系，x 轴指向正东，y 轴指向正北，如题解图所示；以空气为运动参考系. 已知 $v_{绝对}=v_{相对}\approx 65.3\ \mathrm{m/s}$，$v_{牵连}\approx 19.4\mathrm{m/s}$.

$$\boldsymbol{v}_{绝对}=\boldsymbol{v}_{相对}+\boldsymbol{v}_{牵连}$$

如图所示，其分量关系为

$$0=-65.3\sin\alpha+19.4\sin\theta$$

$$65.3=65.3\cos\alpha+19.4\cos\theta$$

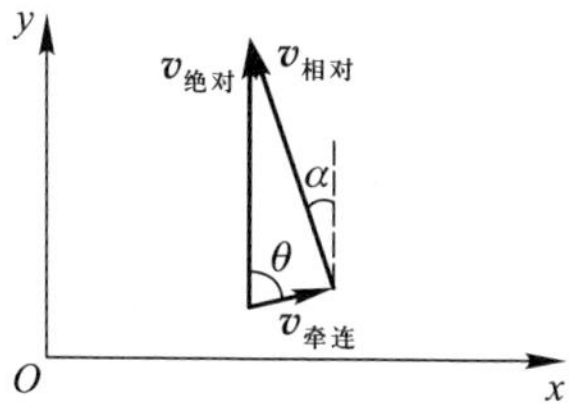

2.8.2 题解图

可求出 $\theta\approx 81.43^\circ$，$\alpha\approx 17.13^\circ$，即风向东偏北，与正北夹角为 81.43°；机头指向北偏西，与正北夹角为 17.13°.

上面讨论的是西南风，也可能是东南风，请自行讨论.

2.8.3 一辆卡车在平直路面上以恒速度 30 m/s 行驶，在此车上射出一个抛体. 要求在车前进 60 m 时，抛体仍落回到车上原抛出点，问抛体射出时相对于卡车的初速度的大小和方向，空气阻力不计.

提示：以地面为基本参考系，车为运动参考系. 车运动 60 m 耗时 2.0 s. 抛体的相对运动为竖直上抛运动，在 2.0 s 的时间内落回原地，上抛速率为 9.8 m/s.

[车相对地面做匀速直线运动，为惯性系. 以车为参考系，由于抛体要落回原抛出点，所以抛体相对车只能作竖直上抛运动.]

2.8.4 河的两岸互相平行. 一船由 A 点朝与岸垂直的方向匀速驶去，经10 min到达对岸 C 点. 若船从 A 点出发仍按第一次渡河速率不变但垂直地到达彼岸的 B 点，需要12.5 min. 已知 $BC=120$ m. 求：（1）河宽 l；（2）第二次渡河时船的速度 $\boldsymbol{u}$；（3）水流速度 $\boldsymbol{v}$.

解：以船为运动质点，地面为基本参考系，Ax 轴沿河水流动方向，Ay 轴沿 $A\to B$ 方向，如图所示. 以河水为运动参考系.

$$\boldsymbol{v}_{绝对}=\boldsymbol{v}_{相对}+\boldsymbol{v}_{牵连}$$

两次渡河速度矢量关系分别如图(a)(b)所示. 设河宽 $AB=l$. 已知 $BC=120$ m；依题意 $\boldsymbol{v}_{相对}=\boldsymbol{u}$，$\boldsymbol{v}_{牵连}=\boldsymbol{v}$.

第一次渡河时间 $t_1=600$ s，由图(a)可见

$$600v=120 \tag{1}$$

$$600u=l \tag{2}$$

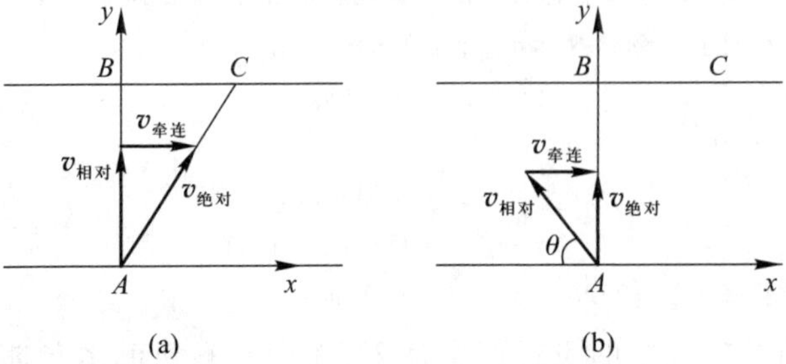

2.8.4 题解图

第二次渡河时间 $t_2=750$ s，由图(b)可见

$$u\cos\theta=v \tag{3}$$

$$750u\sin\theta=l \tag{4}$$

由(1)式可知 $v=\frac{1}{5}$ m/s. 由(2)(4)式消去 u 求出 $\sin\theta=0.8$，所以 $\theta=53.1°$. 把 $\cos\theta=0.6$ 代入(3)式得 $u=\frac{1}{3}$ m/s，再从(2)式求出 $l=200$ m.

综上所述，$l=200$ m；$u=\frac{1}{3}$ m/s，$\theta=53.1°$；$v=\frac{1}{5}$ m/s，沿 Ax 方向.

2.8.5 如题图所示，圆弧公路与沿半径方向的东西向公路相交，某瞬时汽车甲向东以20 km/h的速率行驶，汽车乙在 $\theta=30°$ 的位置向东北方向以速率20 km/h行驶. 求此瞬时甲车相对乙车的速度.

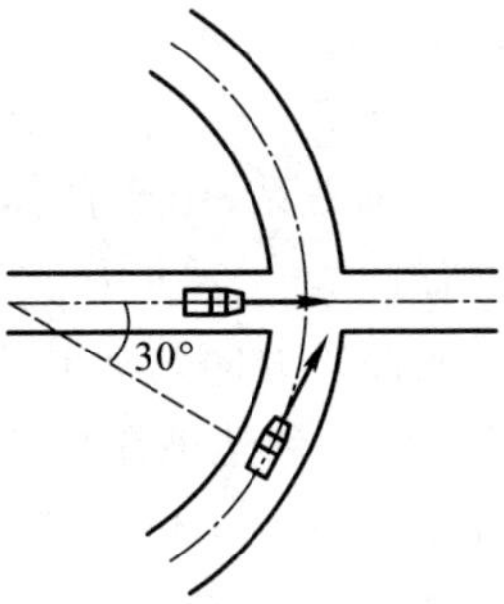

2.8.5 题图

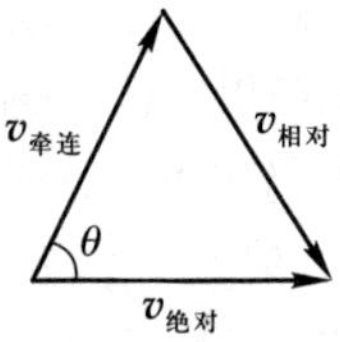

2.8.5 题解图

提示：以地面为基本参考系，乙车为运动参考系，$\boldsymbol{v}_{绝对}=\boldsymbol{v}_{相对}+\boldsymbol{v}_{牵连}$ 的矢量关系如题解图所示. 由已知 $v_{绝对}=v_{牵连}=20$ km/s ≈ 5.56 m/s，$\theta=60°$，可知 $v_{相对}\approx 5.56$ m/s，东偏南 60°.

第三章　动量、牛顿运动定律、动量守恒定律

思　考　题

3.1　试表述质量的操作型定义.

提示：参见教材 P56—P57.

3.2　如何从动量守恒得出牛顿第二、第三定律？在何种情况下，牛顿第三定律不成立？

提示：参见教材 P58—P60.

3.3　在磅秤上称物体重量，磅秤读数给出物体的“视重”或“表现重量”. 现在电梯中测视重，何时视重小于重量（称作失重）？何时视重大于重量（称作超重）？在电梯中，视重可能等于零吗？能否指出另一种情况使视重等于零？

提示：当电梯加速下降时，视重小于重量（失重）；当电梯加速上升时，视重大于重量（超重）；当电梯自由下落即以重力加速度 g 下降时，视重等于零.

航天器进入环绕地球的轨道后，即在万有引力场中“自由降落”，和以重力加速度下降的升降机中发生的情况机理相同，所以航天器中的物体处于完全失重状态，其视重等于零.

3.4　一物体静止于固定斜面上.

（1）可将物体所受重力分解为沿斜面的下滑力和作用于斜面的正压力.

（2）因物体静止，故下滑力 $mg\sin\alpha$ 与静摩擦力 $\mu_0 F_N$ 相等. α 表示斜面倾角，F_N 为作用于斜面的正压力，μ_0 为静摩擦因数. 以上两段话确切否？

提示：不确切.

（1）$mg\sin\alpha$ 是物体所受重力的分力，作用于斜面的正压力不是物体所受的力.

（2）静摩擦力不一定等于 $\mu_0 F_N$.

3.5　马拉车时，马和车的相互作用力大小相等而方向相反，为什么车能被拉动. 分析马和车受的力，分别指出为什么马和车能起动.

提示：将马和车视作质点，分别分析其受力（请读者完成）. 当马所受地面施与向前的静摩擦力，大于车施与的向后的拉力时，马向前加速运动. 当车所受马施与向前的拉力，大于车所受向后的阻力时，车向前加速运动.

3.6　分析下面例子中绳内张力随假想横截面位置的改变而改变的规律：

（1）长为 l、质量为 m 的均质绳悬挂重量为 G 的重物而处于静止；

（2）用长为 l、质量为 m 的均质绳沿水平方向拉水平桌面上的物体加速前进和匀速前进. 这两种情况均可用 $\boldsymbol{F}$ 表示绳作用于物体的拉力. 不考虑绳因自重而下垂；

(3) 质量可以忽略不计的轻绳沿水平方向拉在水平桌面上运动的重物，绳对重物的拉力为 $\boldsymbol{F}$，绳的另一端受水平拉力 $\boldsymbol{F}_1$，绳的正中间还受与 $\boldsymbol{F}_1$ 的方向相同的拉力 $\boldsymbol{F}_2$；

(4) 长为 l、质量为 m 的均质绳平直地放在光滑水平桌面上，其一端受沿绳的水平拉力 $\boldsymbol{F}$ 而加速运动；

(5) 长为 l、质量为 m 的均质绳置于水平光滑桌面上，其一端固定，绳绕固定点在桌面上转动，绳保持平直，其角速率为 ω；

若绳保持平直，你能否归纳出在何种情况下绳内各假想横截面处张力相同？（提示：可沿绳建立坐标系 Ox，用 x 坐标描写横截面的位置.）

提示：(1) 以绳和重物的连接处为原点，沿绳建立坐标系 Ox. x 处横截面内张力 $F_T=G+\frac{x}{l}mg$；

(2) 以绳和物体的连接处为原点，沿绳建立坐标系 Ox. 设 x 处横截面内张力为 F_T. 物体以加速度 $\boldsymbol{a}$ 加速前进时，$F_T=F+\frac{x}{l}ma$；物体匀速前进时 $F_T=F$；

(3) 以绳和重物的连接处为原点，沿绳建立坐标系 Ox. 设 $\boldsymbol{F}_2$ 作用点坐标为 x_2，x 处横截面内张力为 F_T. 在 $x<x_2$ 处，$F_T=F_1+F_2$；在 $x>x_2$ 处，$F_T=F_1$；

(4) 以绳不受力端为坐标原点，沿绳建立坐标系 Ox. 绳的加速度 $a=\frac{F}{m}$，x 处横截面内张力 $F_T=m\frac{x}{l}a=\frac{x}{l}F$；

(5) 以固定点为坐标原点，沿绳建立坐标系 Ox. 在绳上任一 x 处，取一小质元 $\mathrm{d}x$ 并视作质点，其质量为 $\mathrm{d}m=\frac{m}{l}\mathrm{d}x$，小质元 x 端受力 F_T，$x+\mathrm{d}x$ 端受力 $F_T+\mathrm{d}F_T$. 在这两个力的作用下，小质元绕固定点做圆周运动，角速率为 ω，根据牛顿第二定律，有

$$F_T-(F_T+\mathrm{d}F_T)=\omega^2 x\mathrm{d}m$$

即

$$-\mathrm{d}F_T=\frac{m\omega^2}{l}x\mathrm{d}x$$

由于 $x=l$ 处 $F_T=0$，积分上式：

$$-\int_{F_T}^{0}\mathrm{d}F_T=\int_{x}^{l}\frac{m\omega^2}{l}x\mathrm{d}x$$

$$F_T=\frac{1}{2}\frac{m\omega^2}{l}(l^2-x^2)$$

一般情况下，绳子内各截面处张力不同. 若绳保持平直，绳的质量可忽略不计或沿绳方向无加速度（静止或匀速直线运动），绳上两受力点之间的各截面处张力大小相同.

3.7 两弹簧完全相同，把它们串联起来或并联起来，弹性系数将发生怎样的变化？

提示：设弹簧为质量可忽略不计的轻弹簧，弹性系数为 k.

两弹簧串联时，两弹簧的弹性力相同，均为 $F=k\Delta l$；总伸长量为每一弹簧伸长量的两倍，$\Delta l_{总}=2\Delta l$；所以两弹簧串联后总弹性系数 $k_{总}=\frac{F}{\Delta l_{总}}=\frac{k}{2}$.

两弹簧并联时，两弹簧的伸长量相同，均为 Δl，两弹簧弹性力均为 $F=k\Delta l$；总弹性力为每一弹簧弹性力的两倍，$F_{总}=2F$；所以两弹簧并联后总弹性系数 $k_{总}=\frac{F_{总}}{\Delta l}=2k$.

3.8 如图所示，用两段同样的细线悬挂两个物体，若突然向下拉下面的物体，下面的线易断，若缓慢拉，上面的线易断.为什么？

提示：突然向下拉下面的物体，下面的物体迅速产生向下的位移，下面线内的张力随之迅速增大.因为上面的物体具有惯性，所以在下面线内的张力增大后，还需要经历一定的时间，上面的物体才产生向下的位移，上面线内的张力才增大.因此有可能下面的线先断.

若缓慢向下拉下面的物体，整个系统差不多处于平衡状态，上面的线内的张力比下面线内的张力大，所以上面的线易断（参见思考题 3.6）.

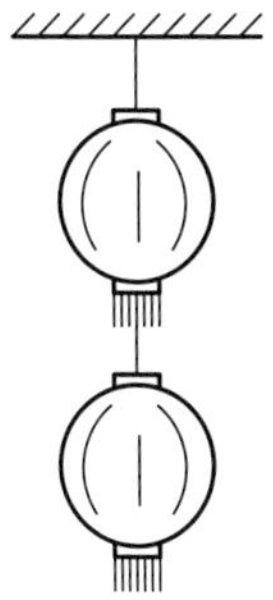

3.8 题图

3.9 有三种说法：当质点沿圆周运动时，

（1）质点所受指向圆心的力即向心力；

（2）维持质点做圆周运动的力即向心力；

（3）mv^2/r 即向心力.

这三种说法是否确切？

提示：向心力是做曲线运动的物体所受合力沿法线方向（$\boldsymbol{e}_n$）的分力.所以向心力不一定是物体所受力中的某一个力.

以上说法都不确切.（1）不是指向圆心的力也可能有法线方向的分量（请读者自举一例，比如可参见 3.11 题图，分析一下过山车沿竖直圆轨道运动时的受力情况）；（2）维持质点做圆周运动的力是质点所受的合力；（3）只能说向心力的大小等于 mv^2/r，而 mv^2/r 不是一个力.

3.10 杂技演员表演水流星.演员持绳的一端，另一端系水桶，桶内盛水.令桶在竖直面内做圆周运动，水不流出.

（1）桶到达最高点除受向心力外，还受一个离心力，故水不流出；

（2）水受到重力和向心力的作用，维持水沿圆周运动，故水不流出.

以上两种说法正确否？做出正确分析.

提示：以上两种说法都不正确.在惯性系内，水受重力和桶对水的压力，两者的共同作用使水做圆周运动.在物理学中没有“离心力”的概念，向心力不一定是一个力.

在转动的非惯性系内，物体受惯性离心力.但惯性离心力只在转动的非惯性系内存在，而在此非惯性系内物体不一定做圆周运动.惯性离心力不是所谓“离心力”.

3.11 如图所示，游戏场中的车可在竖直圆环形轨道上行驶，设车匀速前进.在图中标出的几个位置 A、B、C、D、E 中乘客在哪个位置对座位的压力最大？在哪个位置对座位的压力最小？

提示：A 点处最小，D、E 点处最大.

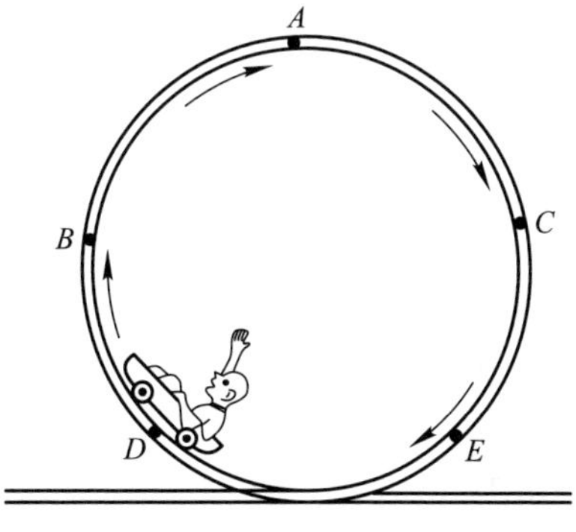

3.11 题图

3.12 下面的动力学方程哪些是线性的，哪些是非线性的？

（1）$m\dfrac{d^2x}{dt^2}=x^2$；（2）$m\dfrac{d^2x}{dt^2}=2x+t^2$；（3）$m\dfrac{d^2x}{dt^2}=-\dfrac{dx}{dt}-t^3$；（4）$m\dfrac{d^2x}{dt^2}=\left(\dfrac{dx}{dt}\right)^2$.

提示：动力学方程中 t 是自变量，x 是未知函数.（2）（3）是线性方程，未知函数和未知函数的导数均是一次方；（1）（4）是非线性方程.

3.13 尾部设有游泳池的轮船匀速直线行驶,一人在游泳池的高台上朝船尾方向跳水,旁边的乘客担心他跳入海中,这种担心是否必要?若轮船加速行驶,这种担心有无道理?用学过的物理原理解释.

提示:当船匀速行驶时,船是惯性系,根据伽利略的相对性原理,以匀速行驶的船为参考系研究人的运动和以静止的船为参考系所得结果一致,即船匀速行驶时,人跳水相对于船的落点与船静止时人跳水相对于船的落点相同,故没有必要担心.

若船加速行驶,船是非惯性系,在加速平动的非惯性中,人除了受相互作用力外,还受与加速度方向相反的惯性力(指向船尾),此力使人跳水时相对于船的落点向船尾方向移动,可能使人跳入海中,担心是有道理的.

3.14 根据伽利略相对性原理,不可能借助于在惯性参考系中所做的力学实验来确定该参考系做匀速直线运动的速度.你能否借助于相对惯性系沿直线做变速运动的参考系中的力学实验来确定该参考系的加速度?如何做?

提示:在加速直线运动参考系 S′内悬挂一单摆如图所示,测量单摆平衡时的角度 θ,根据非惯性系内的动力学方程可求出惯性力 $F^*=ma_0=G\tan\theta$,即可求出 a_0.

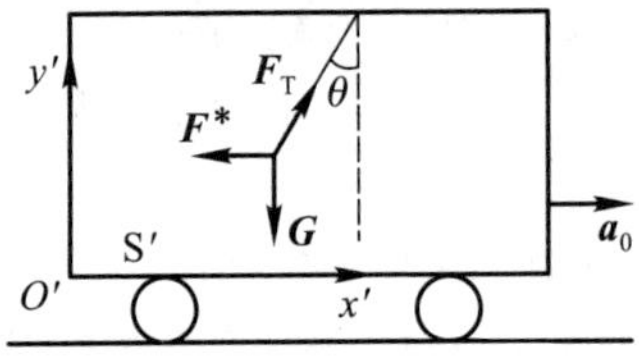

3.14 题解图

3.15 在惯性系测得的质点的加速度是由相互作用力产生的,在非惯性系测得的加速度是惯性力产生的,对吗?

提示:不对,相对加速度是由相互作用力和惯性力共同产生的.

3.16 用卡车运送变压器,变压器四周用绳索固定在车厢内,卡车紧急制动时,后面拉紧的绳索断开了.分别以地面和卡车为参考系,解释绳索断开的原因.

提示:以地面为参考系(惯性系),以变压器为研究对象,紧急制动时变压器的加速度向后.后面的绳必有较大的张力才能使变压器产生向后的加速度,当后面绳的张力增大到超过绳的受力极限时,就被拉断了.

以紧急制动时的卡车为参考系,卡车参考系的加速度向后,变压器除受前后绳的张力外,还受向前的惯性力作用,所以后面绳的张力比前面绳的张力大.当后面绳的张力增大到超过绳的受力极限时,就被拉断了.

3.17 是否只要质点具有相对于匀速转动圆盘的速度,在以圆盘为参考系时,质点必受科里奥利力?

提示:不一定.质点是否受科里奥利力 $\boldsymbol{F}_K^*=2m\boldsymbol{v}_r\times\boldsymbol{\omega}$,还取决于 $\boldsymbol{v}_r$ 和 $\boldsymbol{\omega}$ 方向间的关系.

3.18 在北半球,若河水自南向北流,则东岸受到的冲刷较严重,试用科里奥利力进行解释.又问,河水在南半球自南向北流,哪边河岸冲刷较严重?

提示:地球可看成匀速转动的非惯性系.在北半球,若河水自南向北流,根据 $\boldsymbol{F}_K^*=2m\boldsymbol{v}_r\times\boldsymbol{\omega}$,可以判断科里奥利力的方向向东,从而使东岸冲刷较为严重.若河水在南半球自南向北流,则科里奥利力的方向向西,西岸受到的冲刷较为严重.

3.19 在什么情况下,力的冲量和力的方向相同?

提示:在无限小时间间隔内,$\mathrm{d}\boldsymbol{I}=\boldsymbol{F}\mathrm{d}t$,元冲量的方向与力的方向相同.在有限时间间隔内,$\boldsymbol{I}=\int_{t_0}^{t}\boldsymbol{F}\mathrm{d}t$,当

$t_0 \to t$ 时间内力 $\boldsymbol{F}$ 为常矢量，则 $\boldsymbol{I}=\boldsymbol{F}(t-t_0)$，冲量的方向与力的方向相同.

3.20 飞机沿某水平面内的圆周匀速率地飞行了整整一周，对这一运动，甲乙二人展开讨论.

甲：飞机既然做匀速圆周运动，速度没变，则动量是守恒的.

乙：不对，由于飞行时，速度的方向不断变化，因此动量不守恒.根据动量定理，动量的改变来源于向心力的冲量.向心力就是 $m\dfrac{v^2}{r}$，飞行一周所用时间为$\dfrac{2\pi r}{v}$，飞行一周向心力的冲量等于 $F\Delta t=m\dfrac{v^2}{r}\dfrac{2\pi r}{v}=2\pi mv$（$m$ 为飞机质量，v 为速率，r 为圆周半径）.

试分析他们说得对不对.

提示：乙说的“由于飞行时，速度的方向不断变化，因此动量不守恒”是对的.

此问题中向心力就是飞机所受合力，向心力的大小等于 $m\dfrac{v^2}{r}$，向心力的方向不断变化.但 $m\dfrac{v^2}{r}$不是向心力.

飞行一周后，飞机初末态的速度相同，动量相同，所以飞行一周向心力的冲量等于零.

[初末态的动量相同不等同于动量守恒.一段时间内动量矢量保持不变，在这段时间内动量才守恒.]

3.21 棒球运动员在接球时为何要戴厚而软的手套？篮球运动员接急球时往往持球缩手，这是为什么？

提示：为了延长球和手作用的时间，使手受到的冲力减小，避免受伤.

3.22 “质心的定义是质点系质量集中的一点，它的运动即代表了质点系的运动，若掌握质点系质心的运动，质点系的运动状况就一目了然了.”这句话对否？

提示：质心是由主教材(3.7.6)或(3.7.7)式确定的“空间点”.实际上，质心处可能并无质量分布，比如一个质量均匀分布的细圆环，质心位于环心，质心处实际一点物质也没有.

用质心运动定理，即教材(3.7.8)式研究质心的运动是“假想质点化”的方法：设想质心处有一个“假想质点”，“假想质点”的位置矢量为 $\boldsymbol{r}_C$，速度为 $\boldsymbol{v}_C$、加速度为 $\boldsymbol{a}_C$，质量等于质点系的总质量，受到质点系所受的所有外力（实际上，质心可能不是任何一个力的作用点，比如一个质量均匀分布的细圆环，质心就不可能受力），质心“假想质点”的运动由质心运动定理决定，质心运动定理与质点的牛顿第二定律形式相同.

我们只要知道了质点系所受外力（很多情况下质点系的内力是难以了解的），就可以由质心运动定理确定质心的运动，如果以质心为标志点，就能够了解质点系整体运动的一些特征.但是质心的运动确定了，质点系内各质点的运动细节还不能完全确定，并不能确定质点系的全部运动状况.

比如，一节车厢长 20 m、质量为 30 000 kg，车厢所受阻力为其重力的 1/100，车厢受拉力为 6 000 N，问车厢由静止开始 10 s 时间内行进了多远？中学生都可以算出车厢行进了约5 m.20 m 的车厢走了 5 m，把车厢当成质点是有问题的，所以用牛顿第二定律解题也并不合适.实际上中学生在不自觉地使用了质心运动定理来研究质心的运动（中学物理中用的牛顿第二定律在不少时候实际上是质心运动定理），由此即可以看出质心和质心运动定理的价值.但了解了车厢质心的运动之后，还不能完全了解车厢运动的全部细节，如车轮如何转动，车厢上人的运动情况，等等.

[质点系力学对读者是新的内容，对质点系要从整体上进行研究，整体上研究质点系的

第一步就是用质心运动定理确定质心的运动(后面的章节将讲解如何研究质点系相对质心系的运动,从而获得对质点系运动的进一步把握).理解和学会运用质心运动定理是质点系力学的重要内容之一,很重要,而且质心运动定理和牛顿第二定律形式相同,通过和质点运动的类比可以获得很多有用的信息.另一方面,读者还要注意质心运动定理的“假想性”,对这两方面都要细心领悟.]

3.23　悬浮在空气中的气球下面吊有软梯,有一人站在上面.最初,人和气球均处于静止.后来,人开始向上爬,问气球是否运动?

提示:将气球、软梯和人作为质点系,受重力和空气浮力而平衡.人向上爬不改变质点系所受外力,质点系的质心位置不变,气球和软梯必向下运动.

3.24　跳伞运动员临着陆时用力向下拉降落伞,这是为什么?

提示:运动员用力向下拉降落伞,则降落伞给运动员以向上的拉力,使运动员着陆时的速度减小.

3.25　质点系动量守恒的条件是什么?在何种情况下,即使外力不为零,也可用动量守恒方程求近似解.

提示:质点系动量守恒的条件是:在讨论的过程中,质点系所受外力矢量和恒为零,即 $\sum \boldsymbol{F}_i \equiv 0$.如果外力在某一方向分量的代数和恒为零,则质点系的动量沿该方向的分量守恒.

当内力远大于外力时,可用动量守恒方程求近似解,请仔细阅读教材 P89 例题 1.

习　　题

3.4.1　质量为 2 kg 的质点的运动学方程为 $\boldsymbol{r}=(6t^2-1)\boldsymbol{i}+(3t^2+3t+1)\boldsymbol{j}$(单位:m、s).求证质点受恒力而运动,并求力的方向和大小.

证:

$$\boldsymbol{v}=\frac{\mathrm{d}\boldsymbol{r}}{\mathrm{d}t}=12t\boldsymbol{i}+(6t+3)\boldsymbol{j}$$

$$\boldsymbol{a}=\frac{\mathrm{d}\boldsymbol{v}}{\mathrm{d}t}=\frac{\mathrm{d}^2\boldsymbol{r}}{\mathrm{d}t^2}=12\boldsymbol{i}+6\boldsymbol{j}$$

$$\boldsymbol{F}=m\boldsymbol{a}=2\times(12\boldsymbol{i}+6\boldsymbol{j})=24\boldsymbol{i}+12\boldsymbol{j}(\mathrm{N})$$

$\boldsymbol{F}$ 的大小为 $F=\sqrt{24^2+12^2}\approx 26.83(\mathrm{N})$,$\boldsymbol{F}$ 与 x 轴夹角 $\theta=\arctan\dfrac{12}{24}\approx 26.57°$.

3.4.2　质量为 m 的质点在 Oxy 平面内运动,质点的运动学方程为 $\boldsymbol{r}=a\cos\omega t\boldsymbol{i}+b\sin\omega t\boldsymbol{j}$,$a$、$b$、$\omega$ 为正的常量,证明作用于质点的合力总指向原点.

证:

$$\boldsymbol{v}=\frac{\mathrm{d}\boldsymbol{r}}{\mathrm{d}t}=-a\omega\sin\omega t\boldsymbol{i}+b\omega\cos\omega t\boldsymbol{j}$$

$$\boldsymbol{a}=\frac{\mathrm{d}\boldsymbol{v}}{\mathrm{d}t}=-a\omega^2\cos\omega t\boldsymbol{i}-b\omega^2\sin\omega t\boldsymbol{j}=-\omega^2\boldsymbol{r}$$

$$\boldsymbol{F}=m\boldsymbol{a}=-m\omega^2\boldsymbol{r}$$

$\boldsymbol{F}$ 与 $\boldsymbol{r}$ 反向,所以 $\boldsymbol{F}$ 总指向原点.

3.4.3 如图所示,在脱粒机中往往装有振动鱼鳞筛,一方面由筛孔漏出谷粒,一方面逐出秸秆.筛面微微倾斜,是为了从较低的一边将秸秆逐出,因角度很小,可近似看作水平.筛面与谷粒发生相对运动才可能将谷粒筛出,若谷粒与筛面静摩擦因数为 0.4,问筛沿水平方向的加速度至少多大,才能使谷物和筛面发生相对运动?

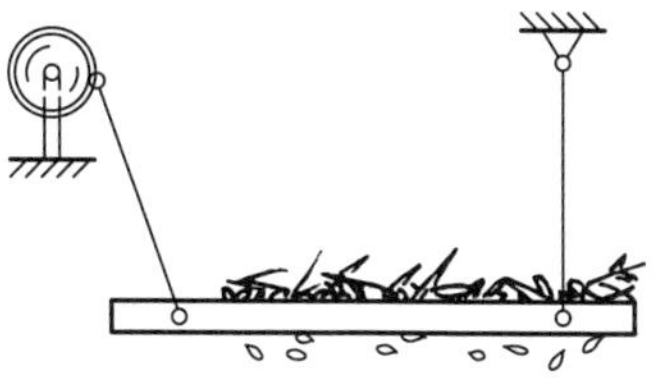

3.4.3 题图

提示:静摩擦力使谷粒产生的最大加速度为

$$a_{\max}=\frac{F_{f0\max}}{m}=\frac{\mu_0 mg}{m}=\mu_0 g=0.4\times9.8\ \mathrm{m/s^2}=3.92\ \mathrm{m/s^2}$$

可见筛沿水平方向的加速度至少大于 3.92 $\mathrm{m/s^2}$,才能使谷物和筛面发生相对运动.

3.4.4 桌面上叠放着两块木板,质量各为 m_1、m_2,如题图所示.m_2 和桌面间的摩擦因数为 μ_2,m_1 和 m_2 间的静摩擦因数为 μ_1.问沿水平方向用多大的力才能把下面的木板抽出来.

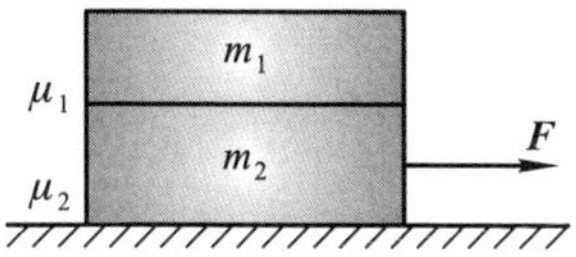

3.4.4 题图

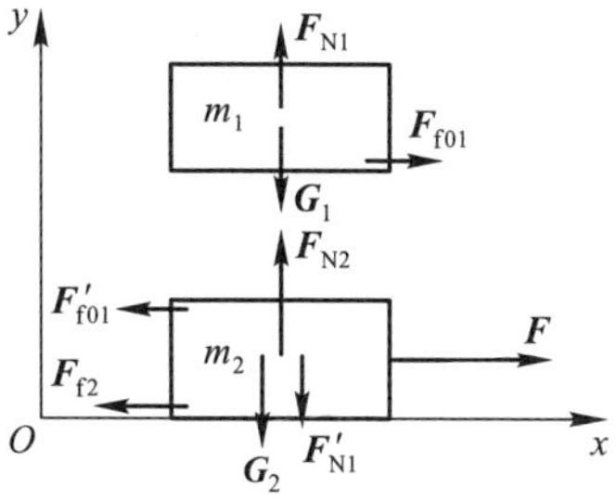

3.4.4 题解图

解:以地面为惯性参考系,视 m_1、m_2 为质点,并分别取作隔离体,建立坐标系 Oxy,受力分析如题解图所示.$\boldsymbol{F}$ 的数值增大到一定程度,则 m_2 向右运动,m_1 受 m_2 施与的静摩擦力 $\boldsymbol{F}_{f01}$ 向右;$\boldsymbol{F}$ 的数值再增大,m_1 和 m_2 的加速度增大,$\boldsymbol{F}_{f01}$ 的数值增大;当 $\boldsymbol{F}_{f01}$ 达到最大静摩擦力后,$\boldsymbol{F}$ 的数值再增大,则 m_2 的加速度会大于 m_1 的加速度,下面的木板将被抽出来.下面分析 $\boldsymbol{F}_{f01}$ 恰等于最大静摩擦力的临界情况.

根据牛顿第二定律,对 m_1 有

$$\boldsymbol{F}_{f01}+\boldsymbol{F}_{N1}+\boldsymbol{G}_1=m_1\boldsymbol{a}_1$$

在 Oxy 坐标系中的分量式为

$$F_{f01}=m_1a_1 \tag{1}$$

$$F_{N1}-G_1=0 \tag{2}$$

此外有

$$F_{f01}=\mu_1F_{N1} \tag{3}$$

由(1)(2)(3)式可得

$$a_1=\mu_1 g$$

根据牛顿第二定律,对 m_2 有

$$\boldsymbol{F}+\boldsymbol{F}'_{f01}+\boldsymbol{F}_{f2}+\boldsymbol{F}_{N2}+\boldsymbol{F}'_{N1}+\boldsymbol{G}_2=m_2\boldsymbol{a}_2$$

在 Oxy 坐标系中的分量式为

$$F-F'_{f01}-F_{f2}=m_2a_2 \tag{4}$$

$$F_{N2}-F'_{N1}-G_2=0 \tag{5}$$

此外有

$$F_{f2}=\mu_2F_{N2} \tag{6}$$

根据牛顿第三定律有

$$F'_{N1}=F_{N1},F'_{f01}=F_{f01},$$

由(4)(5)(6)式可求出

$$a_2=\frac{F-\mu_1m_1g-\mu_2(m_1+m_2)g}{m_2}$$

要将下面的木板抽出来要求 $a_2>a_1$，即要求 $F>(\mu_1+\mu_2)(m_1+m_2)g$.

[物理学中处理问题的基本方式可简单归纳为：(1) 物理→(2) 数学→(3) 物理.即：(1) 经过建立模型(如上，把物体视为质点)，建立坐标系，受力分析，定性分析等，根据物理规律建立动力学方程组(如上，包括由牛顿第二定律列出的动力学方程和由牛顿第三定律等列出的辅助方程)，把物理问题转化为一个数学方程组，这个过程很“物理”，是处理物理问题的核心.(2) 几乎是一个纯数学的过程——求解动力学方程组；现在主要是求解代数方程组，还有一些是微分方程组(将来还会遇到更复杂的数学问题，需要在数学课程中慢慢学习)；从上述题解可见，如果数学问题简单，这个过程可以表述得很简略，因为它不太“物理”，当然，对一些新的数学方法(比如解微分方程)，应表述得比较详尽，读者完成作业时也要如此.(3) 求解动力学方程组之后，要弄清解的物理意义并做出正确表述，必要时应做讨论.这个处理问题的思想方法非常重要、非常有效，已经被许多学科所借鉴，读者应很好地掌握.]

[解法中列出牛顿第二定律矢量方程的一步可以略去，直接列出分量形式的动力学方程即可.当然，先列出矢量方程再向坐标系投影，从而得到分量形式的动力学方程，既有利于熟悉矢量的概念，也不易出错，是适合初学时使用的较好方法.]

3.4.5 如图所示，质量为 m_2 的斜面可在光滑的水平面上滑动，斜面倾角为 α.质量为 m_1 的运动员与斜面之间亦无摩擦，求运动员相对斜面的加速度及其对斜面的压力.

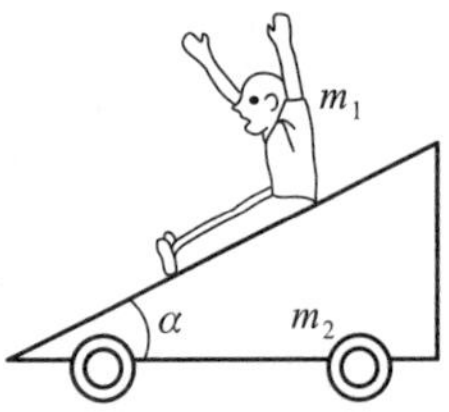

3.4.5 题图

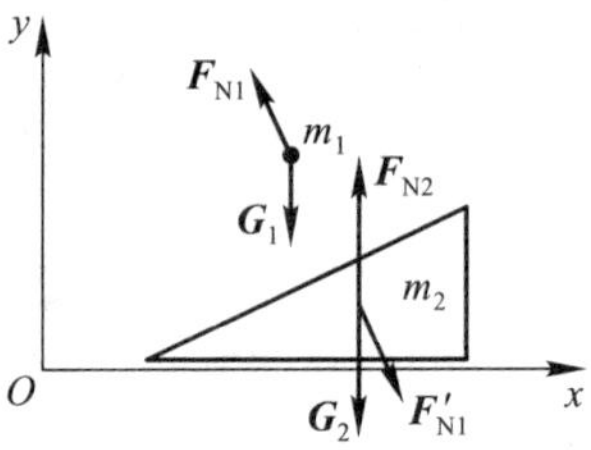

3.4.5 题解图

解法 1：以地面为惯性参考系，建立坐标系 Oxy 如图所示.视 m_1、m_2 为质点，并分别取作隔离体，受力分析如图所示.对 m_1 根据牛顿第二定律，有 $\boldsymbol{F}_{N1}+\boldsymbol{G}_1=m_1\boldsymbol{a}_1$，其分量形式的方

程为

$$-F_{N1}\sin\alpha=m_1a_{1x} \tag{1}$$

$$F_{N1}\cos\alpha-m_1g=m_1a_{1y} \tag{2}$$

对 m_2 根据牛顿第二定律，有 $m_2\boldsymbol{a}_2=\boldsymbol{F}'_{N1}+\boldsymbol{F}_{N2}+\boldsymbol{G}_2$，其分量形式的方程为

$$F'_{N1}\sin\alpha=m_2a_{2x} \tag{3}$$

$$F_{N2}-m_2g-F'_{N1}\cos\alpha=0 \tag{4}$$

根据牛顿第三定律有 $F'_{N1}=F_{N1}$.

以地面为基本参考系，斜面为运动参考系，m_1 为运动质点，则 $\boldsymbol{v}_1=\boldsymbol{v}_{相对}+\boldsymbol{v}_2$，求时间导数可得 $\boldsymbol{a}_1=\boldsymbol{a}_{相对}+\boldsymbol{a}_2$.$\boldsymbol{a}_{相对}$ 沿斜面方向，即（考虑到 $a_{2y}=0$）

$$\tan\alpha=\frac{a_{相对y}}{a_{相对x}}=\frac{a_{1y}-a_{2y}}{a_{1x}-a_{2x}}=\frac{a_{1y}}{a_{1x}-a_{2x}} \tag{5}$$

由(1)(2)式得

$$a_{1y}=-g-\frac{a_{1x}}{\tan\alpha} \tag{6}$$

由(1)(3)(5)式得

$$a_{1y}=(a_{1x}-a_{2x})\tan\alpha=\left(a_{1x}+\frac{m_1a_{1x}}{m_2}\right)\tan\alpha=\frac{m_1+m_2}{m_2}a_{1x}\tan\alpha \tag{7}$$

因(6)(7)式中 a_{1y} 相同，即可求出

$$a_{1x}=-\frac{m_2\sin\alpha\cos\alpha}{m_2+m_1\sin^2\alpha}g$$

$$a_{1y}=\frac{m_2+m_1}{m_2}a_{1x}\tan\alpha=-g\,\frac{(m_2+m_1)\sin^2\alpha}{m_2+m_1\sin^2\alpha}$$

$$a_{2x}=-\frac{m_1}{m_2}a_{1x}=\frac{m_1\sin\alpha\cos\alpha}{m_2+m_1\sin^2\alpha}g$$

m_1 相对于 m_2 的加速度的大小为

$$a_{相对}=\sqrt{a^2_{相对x}+a^2_{相对y}}=\sqrt{(a_{2x}-a_{1x})^2+a^2_{1y}}=\frac{(m_1+m_2)\sin\alpha}{m_2+m_1\sin^2\alpha}g$$

m_1 对 m_2 的压力为

$$F'_{N1}=\frac{-m_1a_{1x}}{\sin\alpha}=\frac{m_1m_2\cos\alpha}{m_2+m_1\sin^2\alpha}g$$

[根据牛顿第二定律列出矢量方程 $m\boldsymbol{a}=\sum\boldsymbol{F}$，右侧是力的矢量和，每一力前都是加号.在写出其分量形式的方程时，要特别注意其中的正负号的确定：① 对已知方向的矢量，如已知方向的力，当力沿坐标轴方向的分力与坐标轴同向时，力的分量前取正号，如(2)式中的 $F_{N1}\cos\alpha(\alpha<90°)$；当力沿坐标轴方向的分力与坐标轴反向时，力的分量前取负号，如(1)式中的 $-F_{N1}\sin\alpha(\alpha<90°)$.② 对方向未知的矢量，如加速度，列方程时各分量前均取正号，如

(1)(2)式中的 a_{1x} 和 a_{1y}，解方程组求出 a_{1x} 和 a_{1y}(可正可负)决定加速度的真实方向.]

[读者学习 §3.5 以后，可利用斜面非惯性参考系求解此题，见下面的提示.]

解法 2 的提示：设斜面相对于地的加速度为 $\boldsymbol{a}_2$，在斜面非惯性参考系中，建立坐标系 $O'x'y'$，x' 轴沿斜面向下，y' 轴垂直斜面向上.以 m_1 为研究对象，除相互作用力外还受惯性力 $\boldsymbol{F}^* = -m_1\boldsymbol{a}_2$ 作用，根据直线加速参考系中的动力学方程，可得

$$m_1 g\sin\alpha + m_1 a_2\cos\alpha = m_1 a_{相对}$$

$$F_{N1} - m_1 g\cos\alpha + m_1 a_2\sin\alpha = 0$$

再以地面为参考系(惯性系)，以 m_2 为研究对象，如解法 1 列出(3)(4)式.联立求解这四个方程，解法较为简单.

3.4.6 在图示的装置中两物体的质量分别为 m_1、m_2.物体之间及物体与桌面间的摩擦因数都为 μ.求在力 $\boldsymbol{F}$ 的作用下两物体的加速度及绳内的张力.不计滑轮和绳的质量及轴承摩擦，绳不可伸长.

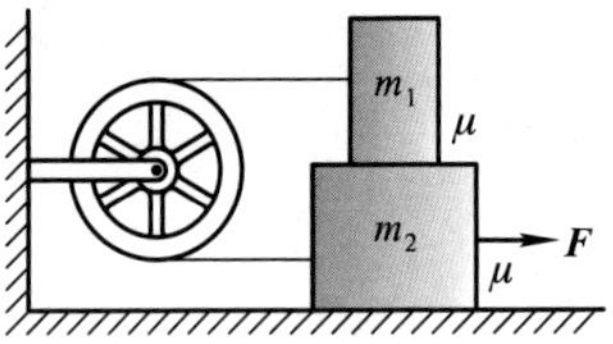

3.4.6 题图

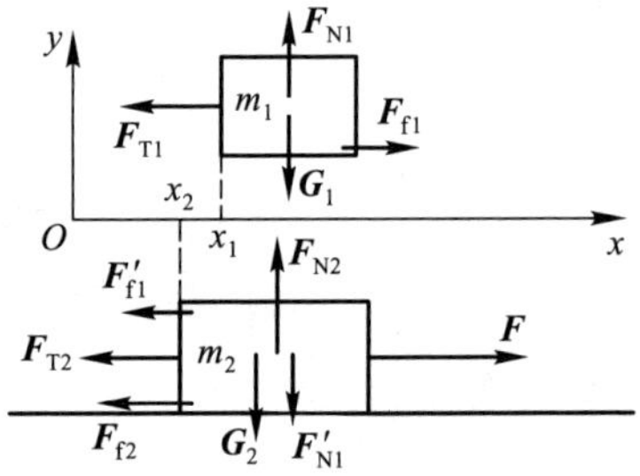

3.4.6 题解图

提示：以地面为惯性参考系，视 m_1 和 m_2 为质点，分别取作隔离体，受力分析如图所示.以定滑轮的轴为原点，x 轴沿水平方向，建立坐标系 Oxy 如图所示，两质点位置用 x_1 和 x_2 标志.

根据牛顿第二定律，对 m_1 有 $m_1\boldsymbol{a}_1 = \boldsymbol{F}_{f1} + \boldsymbol{F}_{T1} + \boldsymbol{F}_{N1} + \boldsymbol{G}_1$，其分量方程为

$$F_{f1} - F_{T1} = m_1 a_{1x} \tag{1}$$

$$F_{N1} - m_1 g = 0 \tag{2}$$

对 m_2 有 $m_2\boldsymbol{a}_2 = \boldsymbol{F} + \boldsymbol{F}'_{f1} + \boldsymbol{F}_{f2} + \boldsymbol{F}_{T2} + \boldsymbol{F}'_{N1} + \boldsymbol{F}_{N2} + \boldsymbol{G}_2$，其分量方程为

$$F - F'_{f1} - F_{f2} - F_{T2} = m_2 a_{2x} \tag{3}$$

$$F_{N2} - m_2 g - F'_{N1} = 0 \tag{4}$$

设 l 为绳长(绳不可伸长，l=常量)，b 为常量，则 $x_1 + x_2 + b = l$，求时间二阶导数，得

$$a_{1x} = -a_{2x} \tag{5}$$

由于不计滑轮和绳的质量及轴承摩擦，所以

$$F_{T1} = F_{T2} = F_T \tag{6}$$

根据牛顿第三定律有

$$F'_{N1} = F_{N1} \tag{7}$$

联立(1)—(7)式求解，可以得出 $a_{1x} = -a_{2x} = -\dfrac{F-(3m_1+m_2)\mu g}{m_1+m_2}$ 和 $F_T = \dfrac{m_1(F-2\mu m_1 g)}{m_1+m_2}$.

讨论：上述解答仅当 $F \geqslant (3m_1+m_2)\mu g$，即 $a_{1x} = -a_{2x} \leqslant 0$ 时符合题意.$F<(3m_1+m_2)\mu g$ 时，两质点均静止

不动,不在上述讨论范围之内.

[请读者关注列出(5)式的过程,绳子的不可伸长形成对两质点位置的约束 $x_1+x_2+b=l$ (b 是定滑轮的半周长),通过求导数得到两质点加速度的关系 $a_{1x}=-a_{2x}$,说明两质点加速度大小相等方向相反.这个方法在习题 2.3.5 中已经应用过,是重要的常规方法.]

[质量和轴承摩擦力都忽略不计的滑轮称为理想滑轮.(6)式说明理想滑轮两侧的轻绳内张力相等,读者姑且记住.学习了第七章,参考教材 P221 选读材料就会明了其中的道理.]

[注意解题后做必要的讨论.]

[为节省篇幅,此题的解答略去了求解方程组的过程,其他步骤是完整的.读者完成作业和解算习题时,除非简单得一目了然,都应保留求解方程组的主要步骤,这样有利于验算核对,避免错误.解题思路的清楚表达是解题的一个基本要求.]

3.4.7 在图示的装置中,物体 A、B、C 的质量分别为 m_1、m_2、m_3,且两两不等.若物体 A、B 与桌面间的摩擦因数均为 μ,求三个物体的加速度及绳内的张力.不计绳和滑轮质量,不计轴承摩擦,绳不可伸长.

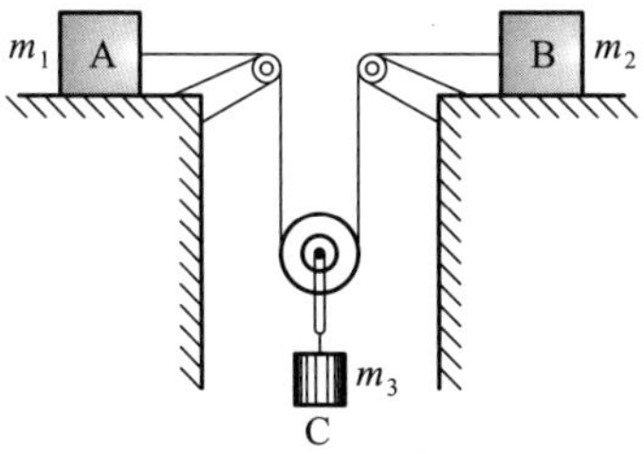

3.4.7 题图

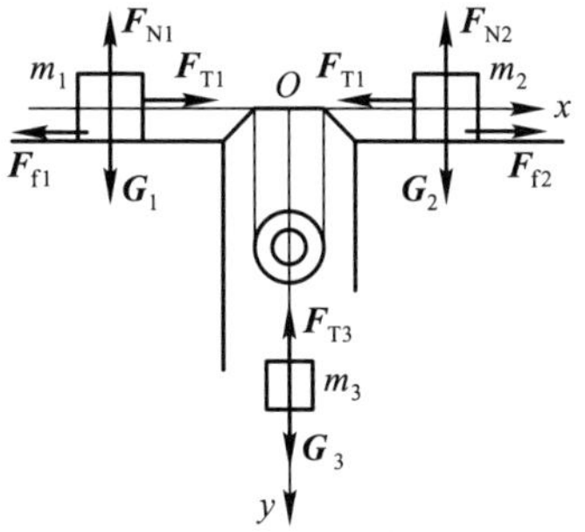

3.4.7 题解图

提示:以地面为惯性参考系,建立坐标系 Oxy 如图所示.视 m_1、m_2、m_3 为质点,分别取作隔离体,受力分析如图所示.根据牛顿第二定律,对 m_1 有

$$F_{T1}-F_{f1}=m_1a_{1x}$$
$$F_{N1}-m_1g=0$$

由于 $F_{f1}=\mu F_{N1}$,所以

$$F_{T1}-\mu m_1g=m_1a_{1x} \quad (1)$$

同理,对 m_2 有

$$\mu m_2g-F_{T2}=m_2a_{2x} \quad (2)$$

对 m_3 有

$$m_3g-F_{T3}=m_3a_{3y} \quad (3)$$

因不计绳与滑轮的质量及轴承摩擦,所以 $F_{T1}=F_{T2}$,$F_{T3}=F_{T1}+F_{T2}=2F_{T1}$.因绳不可伸长,设绳长为 l,所以 $-x_1+x_2+2y_3+b=l$(b 为常量),对此式求其时间二阶导数可得

$$a_{1x}-a_{2x}=2a_{3y} \quad (4)$$

联立(1)—(4)式求解,可得

$$a_{1x}=\left[\frac{2m_2m_3(1+\mu)}{(m_1+m_2)m_3+4m_1m_2}-\mu\right]g$$

$$a_{2x}=\left[\mu-\frac{2m_1m_3(1+\mu)}{(m_1+m_2)m_3+4m_1m_2}\right]g$$

$$a_{3y}=\left[\frac{(m_1+m_2)m_3(1+\mu)}{(m_1+m_2)m_3+4m_1m_2}-\mu\right]g$$

$$F_{T1}=F_{T2}=\frac{2m_1m_2m_3(1+\mu)}{(m_1+m_2)m_3+4m_1m_2}g$$

3.4.8 如图所示,天平左端挂一定滑轮,一轻绳跨过滑轮,绳的两端分别系上质量为 m_1、m_2 的物体($m_1\neq m_2$).天平右端的托盘内放有砝码.问天平托盘和砝码的总重量为多少,才能保持天平平衡?不计滑轮和绳的质量及轴承摩擦,绳不伸长.

提示:讨论天平保持平衡的情况,把天平左侧滑轮视为定滑轮,可求出滑轮两侧绳的张力 $F_{T1}=\dfrac{2m_1m_2}{m_1+m_2}g$,进而得到滑轮上方绳的张力为 $F_{T2}=\dfrac{4m_1m_2}{m_1+m_2}g$,于是可知天平托盘及砝码的总重量 $G=\dfrac{4m_1m_2}{m_1+m_2}g$.

以下四题用积分.

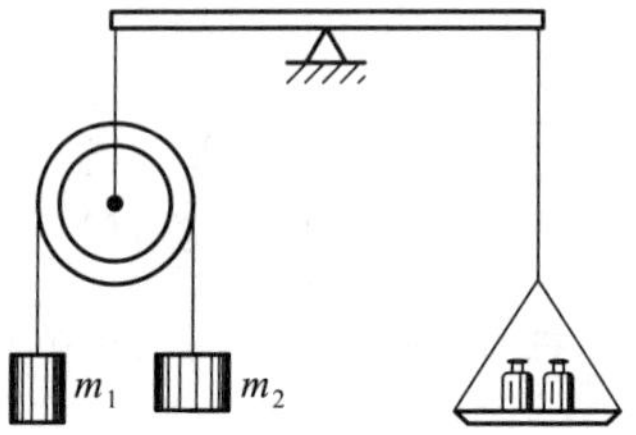

3.4.8 题图

3.4.9 题图

* **3.4.9** 如图所示,跳伞运动员初张伞时的速度为 $v_0=0$,阻力大小与速度平方成正比:αv^2,人伞总质量为 m.求 $v=v(t)$ 的函数$\left(提示:积分时可利用式\dfrac{1}{1-v^2}=\dfrac{1}{2(1+v)}+\dfrac{1}{2(1-v)}\right)$.

解:视人伞为质点,以初张伞时刻为计时起点,初张伞时质点所在位置为坐标原点,建立坐标系 Oy 竖直向下.质点受重力 $\boldsymbol{G}=mg\boldsymbol{j}$ 和空气阻力 $\boldsymbol{F}=-\alpha v^2\boldsymbol{j}$.根据牛顿第二定律可得质点动力学微分方程:

$$m\boldsymbol{a}=m\frac{\mathrm{d}\boldsymbol{v}}{\mathrm{d}t}=\boldsymbol{G}+\boldsymbol{F}$$

向 Oy 方向投影,因 $v_y\geqslant 0$,故可以把 v_y 写为 v,则

$$m\frac{\mathrm{d}v}{\mathrm{d}t}=mg-\alpha v^2$$

将其分离变量得

$$\frac{\mathrm{d}v}{1-\frac{\alpha}{mg}v^2}=g\mathrm{d}t$$

令 $\beta=\sqrt{\frac{\alpha}{mg}}$,则上式化为

$$\frac{\mathrm{d}v}{1-\beta^2v^2}=g\mathrm{d}t$$

因 $\frac{1}{1-\beta^2v^2}=\frac{1}{2(1+\beta v)}+\frac{1}{2(1-\beta v)}$,得到

$$\frac{\mathrm{d}v}{2(1+\beta v)}+\frac{\mathrm{d}v}{2(1-\beta v)}=g\mathrm{d}t$$

对上式积分得

$$\int_0^v\frac{\mathrm{d}v}{2(1+\beta v)}+\int_0^v\frac{\mathrm{d}v}{2(1-\beta v)}=\int_0^t g\mathrm{d}t$$

变换积分变量,得

$$\int_0^v\frac{\mathrm{d}(1+\beta v)}{1+\beta v}-\int_0^v\frac{\mathrm{d}(1-\beta v)}{1-\beta v}=2\beta\int_0^t g\mathrm{d}t$$

积分得

$$\ln(1+\beta v)-\ln(1-\beta v)=\ln\frac{1+\beta v}{1-\beta v}=2\beta gt$$

$$v=v(t)=\frac{1}{\beta}\frac{\mathrm{e}^{2\beta gt}-1}{\mathrm{e}^{2\beta gt}+1}$$

讨论:$t\to\infty$ 时 $v=v(t)=\frac{1}{\beta}=\sqrt{\frac{mg}{\alpha}}$,质点将匀速下降.对应的物理情况是:人伞开始加速下降,速度越大空气阻力越大,当空气阻力与重力平衡时,$mg=\alpha v^2$,人伞开始做匀速运动,$v=\sqrt{\frac{mg}{\alpha}}$,此速度称为终极速度.

* **3.4.10** 如图所示,一巨石与斜面因地震而分裂,脱离斜面下滑至水平石面的速度为 v_0,求在水平面上巨石速度与时间的关系,摩擦因数为 $\mu=(v+3.308)^{-2.342}$(注:不必求 v 作为 t 的显函数).

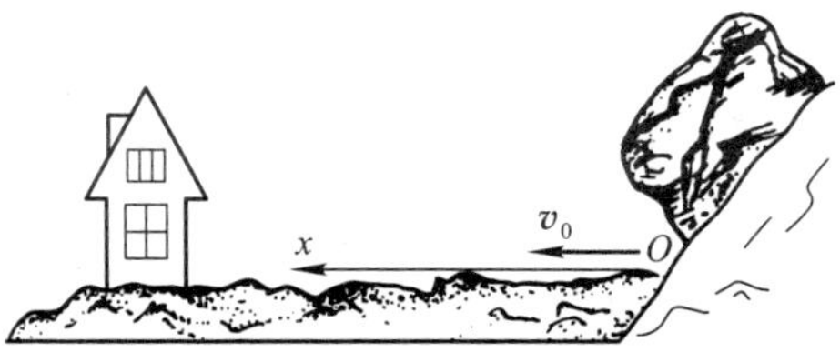

3.4.10 题图

解：以巨石刚好下滑至水平面的时刻为计时起点，并选取此位置为坐标原点，建立坐标系 Oxy，x 轴如图所示，y 轴竖直向上. 视巨石为质点，受重力 $\boldsymbol{G}=-mg\boldsymbol{j}$、支撑力 $\boldsymbol{F}_N=F_N\boldsymbol{j}$ 和摩擦力 $\boldsymbol{F}_f=-\mu F_N\boldsymbol{i}$. 根据牛顿第二定律可得

$$m\frac{\mathrm{d}\boldsymbol{v}}{\mathrm{d}t}=\boldsymbol{G}+\boldsymbol{F}_N+\boldsymbol{F}_f$$

向坐标系 Oxy 投影得

$$m\frac{\mathrm{d}v}{\mathrm{d}t}=-F_f$$

$$0=F_N-mg$$

考虑到 $F_f=\mu F_N$，则

$$m\frac{\mathrm{d}v}{\mathrm{d}t}=-\mu mg=-(v+3.308)^{-2.342}mg$$

$$(v+3.308)^{2.342}\mathrm{d}v=-g\mathrm{d}t$$

积分

$$\int(v+3.308)^{2.342}\mathrm{d}v=-\int g\mathrm{d}t$$

得

$$\frac{1}{3.342}(v+3.308)^{3.342}=-gt+C$$

用初始条件 $t=0$ 时 $v=v_0$ 定出积分常量 $C=\frac{1}{3.342}(v_0+3.308)^{3.342}$，则

$$(v+3.308)^{3.342}=(v_0+3.308)^{3.342}-3.342gt$$

3.4.11 棒球质量为 0.14 kg. 用棒击棒球的力随时间的变化如图所示. 设棒被击前后速度增量大小为 70 m/s. 求力的最大值. 打击时，不计重力.

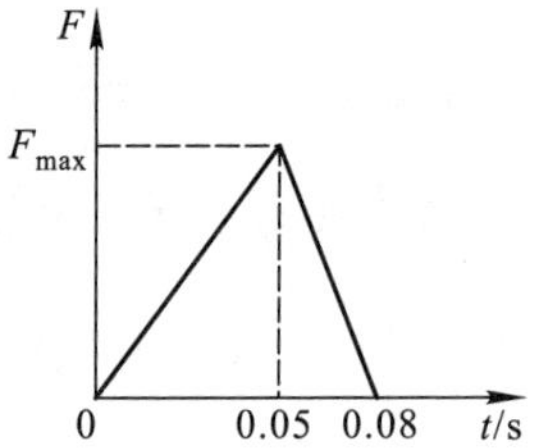

3.4.11 题图

解：打击作用时间短，力的大小变化迅速，近似看成一维问题处理. 根据题图可写出打击力的函数表达式：

$$F=\frac{F_{max}}{0.05}t=20F_{max}t \qquad (0\leqslant t\leqslant 0.05\ \mathrm{s})$$

$$F=F_{max}\frac{0.08-t}{0.03}=F_{max}\left(\frac{8}{3}-\frac{100}{3}t\right)$$

$$(0.05\ \mathrm{s}\leqslant t\leqslant 0.08\ \mathrm{s})$$

根据牛顿第二定律 $m\frac{\mathrm{d}v}{\mathrm{d}t}=F$ 有

$$F\mathrm{d}t=m\mathrm{d}v$$

两侧同时积分得

$$m\int_{v(0)}^{v(0.08)}\mathrm{d}v=\int_0^{0.08}F(t)\,\mathrm{d}t$$

$$m[v(0.08)-v(0)]=\int_0^{0.05}20F_{\max}t\,\mathrm{d}t+\int_{0.05}^{0.08}F_{\max}\left(-\frac{100}{3}t+\frac{8}{3}\right)\mathrm{d}t$$

$$0.14\times70=0.04F_{\max}$$

所以 $F_{\max}=245\ \mathrm{N}$.

3.4.12 沿竖直向上发射玩具火箭的推力随时间变化如图所示.火箭质量为 2 kg,$t=0$ 时处于静止.求火箭发射后的最大速率和最大高度(注意:推力>重力时才启动).忽略空气阻力.

解: 火箭做一维运动,根据 3.4.12 题图可知,$F=4.9t(0\leqslant t\leqslant 20\ \mathrm{s})$.设 $t=t_1$ 时刻推力等于重力,此时

$$F=4.9t_1=mg$$

可得 $t_1=4\ \mathrm{s}$.

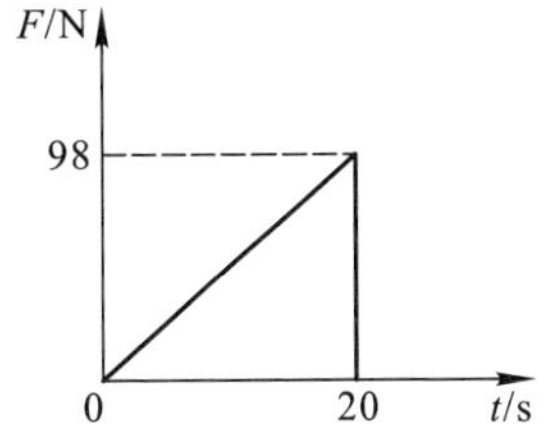

3.4.12 题图

火箭发射分为三个阶段:$0\leqslant t\leqslant 4\ \mathrm{s}$ 为第一阶段,推力小于重力,火箭静止;$4\ \mathrm{s}\leqslant t\leqslant 20\ \mathrm{s}$ 为第二阶段,火箭受重力和推力作用,做变加速直线运动;$t\geqslant 20\ \mathrm{s}$ 为第三阶段,火箭只受重力作用,做竖直上抛运动.所以火箭发射后的最大速率在 $t=20\ \mathrm{s}$ 时刻,最大高度在竖直上抛运动的最高点.

在第二阶段,根据牛顿第二定律可得动力学微分方程

$$m\frac{\mathrm{d}v}{\mathrm{d}t}=F-mg$$

分离变量得

$$\mathrm{d}v=\left(\frac{F}{m}-g\right)\mathrm{d}t=\left(\frac{4.9}{2}t-g\right)\mathrm{d}t$$

对上式积分

$$\int_0^v\mathrm{d}v=\int_4^t\left(\frac{4.9t}{2}-g\right)\mathrm{d}t$$

$$v=\frac{4.9}{4}(t^2-16)-g(t-4)=\frac{4.9}{4}t^2-9.8t+19.6$$

当 $t=20\ \mathrm{s}$ 时,速率达到最大值,$v_{\max}\approx 314\ \mathrm{m/s}$,火箭达到的高度为

$$h_2=\int_4^{20}\left[\frac{4.9}{4}t^2-9.8t+19.6\right]\mathrm{d}t\approx 1\ 673\ \mathrm{m}$$

第三阶段为初速度为 $v_{\max}\approx 314\ \mathrm{m/s}$ 的竖直上抛运动,达到最高点时上升高度为

$$h_3=\frac{v_{\max}^2}{2g}=\frac{314^2}{2\times9.8}\ \mathrm{m}\approx 5\ 030\ \mathrm{m}$$

所以火箭能达到的最大高度 $h=h_2+h_3=1\ 673\ \mathrm{m}+5\ 030\ \mathrm{m}=6\ 703\ \mathrm{m}$.

3.4.13 如图所示,抛物线形弯管的表面光滑,绕竖直轴以匀角速率转动,抛物线方程为 $y=ax^2$,a 为正常量.小环套于弯管上.(1) 弯管角速度多大,小环可在管上任意位置相对弯管

静止？(2) 若为圆形光滑弯管,情况如何？

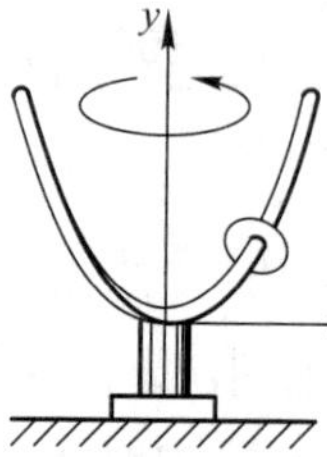

3.4.13 题图

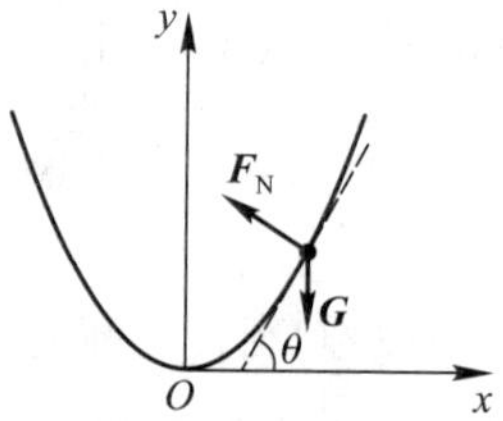

3.4.13 题解图

提示:(1) 建立坐标系及受力分析如图所示,在小环相对弯管静止条件下,根据牛顿第二定律有

$$-F_N\sin\theta=-m\omega^2x$$

$$F_N\cos\theta-mg=0$$

求出 $\omega=\sqrt{\dfrac{g\tan\theta}{x}}$,再由抛物线方程 $y=ax^2$ 得 $\tan\theta=\dfrac{\mathrm{d}y}{\mathrm{d}x}=2ax$,所以 $\omega=\sqrt{\dfrac{2axg}{x}}=\sqrt{2ag}$.

(2) 圆方程 $x^2+(y-R)^2=R^2$,$y<R$ 时小环才可能相对弯管静止,$\tan\theta=\dfrac{\mathrm{d}y}{\mathrm{d}x}=\dfrac{x}{R-y}$,$\omega=\sqrt{\dfrac{g}{R-y}}=\sqrt{\dfrac{g}{\sqrt{R^2-x^2}}}$.

3.4.14 北京设有供实验用高速列车环形铁路,回转半径为 9 km.将要建设的京沪列车时速 250 km/h.若在环路上做此项列车实验且欲使铁轨不受侧压力,外轨应比内轨高多少？设轨距 1.435 m.

提示:设轨距为 l,内外轨道高度差为 h,由内外轨表面决定的轨道平面与水平面夹角为 θ, $\sin\theta=\dfrac{h}{l}$,$h\ll l$ 情况下 $\cos\theta\approx1$.画出轨道与火车的横截面图,在轨道不受侧压力的情况下分析火车受力,根据牛顿第二定律有

$$F_N\sin\theta=m\frac{v^2}{R}$$

$$F_N\cos\theta-mg=0$$

可得 $\tan\theta=\dfrac{v^2}{Rg}\approx\sin\theta=\dfrac{h}{l}$,所以 $h=l\dfrac{v^2}{Rg}\approx\dfrac{1.435\times69.4^2}{9\,000\times9.8}\ \mathrm{m}\approx0.078\ \mathrm{m}$.

3.4.15 汽车质量为 1.2×10^3 kg,在半径为 100 m 的水平圆形弯道上行驶.公路内外侧倾斜 15°.沿公路取自然坐标,汽车运动学方程为 $s=0.5t^3+20t$(单位:m、s),自 $t=5$ s 开始匀速运动.问公路面作用于汽车与前进方向垂直的摩擦力是由公路内侧指向外侧,还是由外侧指向内侧？

提示:画出公路与汽车的横截面图,分析汽车受力,设静摩擦力指向外侧,根据牛顿第二定律有

$$F_N\sin\theta-F_f\cos\theta=m\frac{v^2}{R}$$

$$F_N\cos\theta+F_f\sin\theta-mg=0$$

求出 $F_f=m\left(g\sin\theta-\dfrac{v^2}{R}\cos\theta\right)$.因 $s=0.5t^3+20t$,所以 $t=5$ s 时 $v=\dfrac{\mathrm{d}s}{\mathrm{d}t}=\dfrac{3}{2}t^2+20=57.5(\mathrm{m/s})$,$F_f\approx-353$ N.F_f 为负,表示假设的静摩擦力方向与真实方向相反,实际指向内侧.

[当不能判断静摩擦力的方向时，可以先假设一个方向，如果最后求出的静摩擦力取正值，说明开始假设的方向正确；如果求出的静摩擦力取负值，说明其真实方向与假设方向相反. 但应注意，滑动摩擦力由 $F_f=\mu F_N$ 求出，不可能取负值，所以分析力时，滑动摩擦力的方向必须按真实方向画出，否则就会发生错误.]

3.4.16 速度选择器原理如图，在平行板电容器间有匀强电场 $\boldsymbol{E}=E\boldsymbol{j}$，又有与之垂直的匀强磁场 $\boldsymbol{B}=B\boldsymbol{k}$. 现有带电粒子以速度 $\boldsymbol{v}=v\boldsymbol{i}$ 进入场中. 问具有何种速度的粒子方能保持沿 x 轴运动. 此装置用于选出具有特定速度的粒子. 请你用量纲法则检验计算结果.

[因为通常情况下电磁相互作用比万有引力相互作用强得多，所以一般在存在电磁力的情况下，万有引力(重力)均可忽略.]

提示：带电粒子受到的电场力和洛伦兹力相平衡时，$qE=qvB$，粒子做匀速直线运动，可求出 $v=\dfrac{E}{B}$.

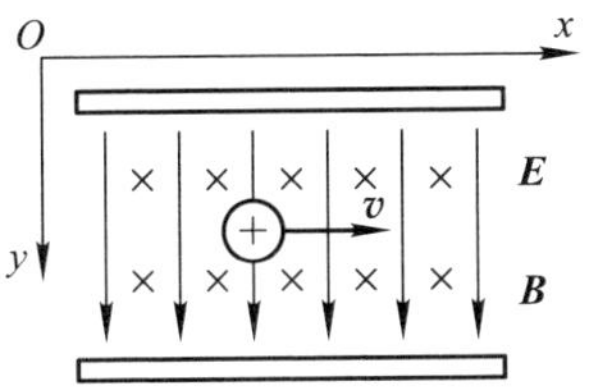

3.4.16 题图

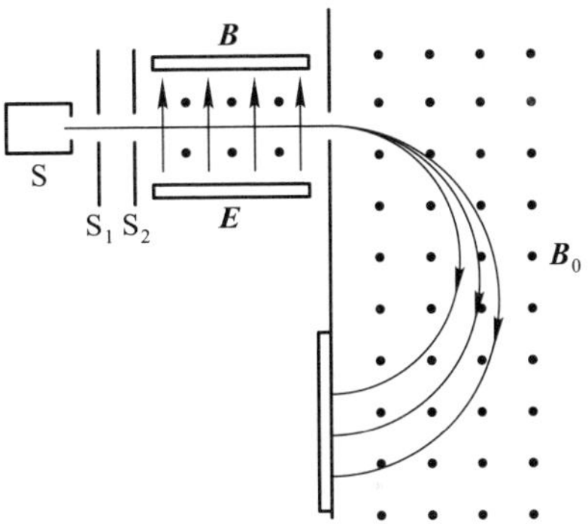

3.4.17 题图

3.4.17 如图所示，带电粒子束经狭缝 S_1 和 S_2 的选择，然后进入速度选择器(习题 3.4.16)，其中电场强度和磁感应强度分别为 $\boldsymbol{E}$ 和 $\boldsymbol{B}$. 具有"合格"速度的粒子再进入与速度垂直的磁场 $\boldsymbol{B}_0$ 中，并开始做圆周运动，经半周后打在荧光屏上. 试证明粒子质量为

$$m=qBB_0r/E$$

r 和 q 分别表示轨道半径和粒子电荷. 该装置能检查出 0.01% 的质量差别，可用于分离同位素，检测杂质或污染物.

提示：由上题可知 $v=\dfrac{E}{B}$. 粒子在磁场 $\boldsymbol{B}_0$ 中受洛伦兹力与速度方向垂直，即为法向力，根据牛顿第二定律有

$$m\frac{v^2}{r}=qvB_0$$

所以 $m=\dfrac{qB_0Br}{E}$.

3.4.18 某公司欲开设太空旅馆. 其设计如图，为用 32 m 长的棒连接质量相同的两客舱. 问两客舱围绕两舱中点转动的角速度多大，可使旅客感到和在地面上那样受重力作用，而没有"失重"的感觉.

3.4.18 题图

提示:客舱绕绳中点做匀速圆周运动,设其角速度为 ω.当舱底板对人的支持力和人在地面上所受的重力大小相同时,$m\omega^2 R=F_N=mg$,旅客就没有失重感觉,所以 $\omega=\sqrt{\dfrac{g}{R}}=\sqrt{\dfrac{9.8}{16}}\ \mathrm{rad/s}\approx 0.78\ \mathrm{rad/s}$.

* **3.4.19** 离子电荷量与质量之比为荷质比.汤姆森实验产生的离子束中离子速度颇不相同,亦可测荷质比.图中速度为 $\boldsymbol{v}$ 的离子在沿 x 轴电场 $\boldsymbol{E}$ 和沿 y 轴磁感应强度 $\boldsymbol{B}$ 下偏转,偏转后打在 T 靶上.证明不管离子速度如何,离子均落在靶上的抛物线上[3.4.19 题图(b)],近似取 $A=vt$,t 为离子运动时间,A 表示运动距离.

$$y^2=\frac{q}{m}\frac{B^2A^2}{2E}x$$

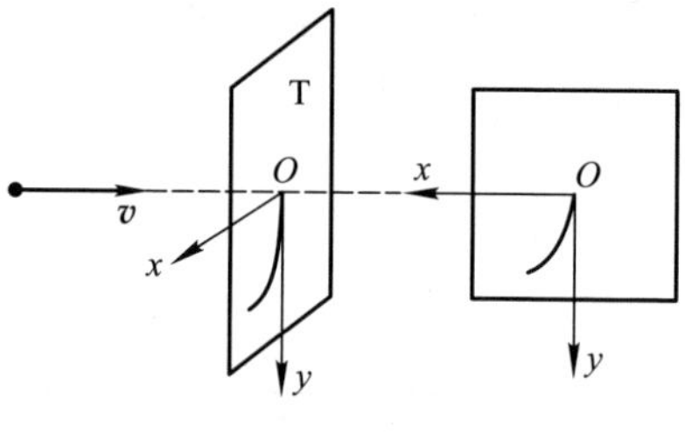

(a) (b)

3.4.19 题图

证:忽略重力.离子在电磁场中运动受电场力和洛伦兹力的作用,由牛顿第二定律有

$$\boldsymbol{F}=qE\boldsymbol{i}+q\boldsymbol{v}\times B\boldsymbol{i}=m\boldsymbol{a}$$

因 $\boldsymbol{v}\times\boldsymbol{i}=(v_x\boldsymbol{i}+v_y\boldsymbol{j}+v_z\boldsymbol{k})\times\boldsymbol{i}=-v_y\boldsymbol{k}+v_z\boldsymbol{j}$,所以

$$\boldsymbol{F}=qE\boldsymbol{i}+qBv_z\boldsymbol{j}-qBv_y\boldsymbol{k}=m\boldsymbol{a}$$

其投影式为

$$m\frac{\mathrm{d}v_x}{\mathrm{d}t}=qE$$

$$m\frac{\mathrm{d}v_y}{\mathrm{d}t}=qBv_z$$

积分,考虑到 $t=0$,$v_x=v_y=0$,$v_z=v$ 近似不变,得

$$v_x=\frac{qE}{m}t$$

$$v_y=\frac{qBv}{m}t$$

再积分,考虑到 $t=0$,$x=y=0$,得

$$x=\frac{qE}{2m}t^2$$

$$y=\frac{qBv}{2m}t^2$$

由上式，令 $A=vt$，得 $y^2=\frac{q^2B^2}{4m^2}A^2t^2=\frac{q}{m}\ \frac{B^2A^2}{2E}\ \frac{qE}{2m}t^2=\frac{q}{m}\ \frac{B^2A^2}{2E}x$.

3.4.20 如图所示，圆柱 A 重 500 N，半径 $R_A=0.30$ m，圆柱 B 重 1 000 N，半径 $R_B=0.50$ m，都放置在宽度 $l=1.20$ m 的槽内.各接触点都是光滑的.求 A、B 柱间的压力及 A、B 柱与槽壁和槽底间的压力.

解：取 A、B 为隔离体，建立坐标系 Oxy，设 A、B 圆心连线与水平方向夹角为 α，受力分析如图所示.A、B 处于平衡状态，根据质点平衡方程，对 A、B 分别有

$$\boldsymbol{F}_{N1}+\boldsymbol{F}_{N2}+\boldsymbol{G}_1=0$$

$$\boldsymbol{F}_{N3}+\boldsymbol{F}_{N4}+\boldsymbol{F}_{N5}+\boldsymbol{G}_2=0$$

根据牛顿第三定律，$F_{N3}=F_{N2}$，上述两式的分量方程为

$$F_{N1}-F_{N2}\cos\alpha=0$$

$$F_{N2}\sin\alpha-G_1=0$$

$$F_{N2}\cos\alpha-F_{N4}=0$$

$$F_{N5}-F_{N2}\sin\alpha-G_2=0$$

由 $l=R_A+R_B+(R_A+R_B)\cos\alpha$ 得

$$\cos\alpha=\frac{l-R_A-R_B}{R_A+R_B}$$

代入数据可得 $\alpha=60°$，即可求出 $F_{N2}=F_{N3}=\frac{G_1}{\sin\alpha}\approx 577$ N，$F_{N1}=F_{N4}=F_{N2}\cos\alpha\approx 289$ N，$F_{N5}=F_{N2}\sin\alpha+G_2\approx 1\ 500$ N，压力的方向如图所示.

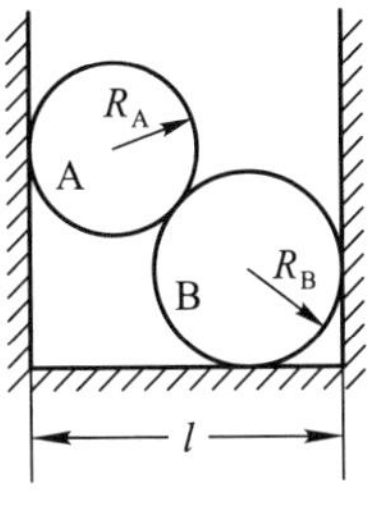

3.4.20 题图

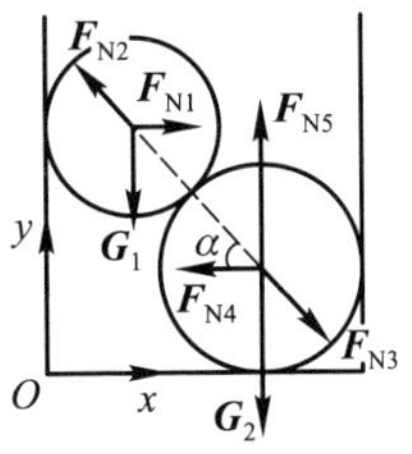

3.4.20 题解图

3.4.21 图示为哺乳动物的下颌骨.假如肌肉提供的力 $\boldsymbol{F}_1$ 和 $\boldsymbol{F}_2$ 均与水平方向成 45°.食物作用于牙齿的力为 $\boldsymbol{F}$.假设 $\boldsymbol{F}$、$\boldsymbol{F}_1$ 和 $\boldsymbol{F}_2$ 共点.求 F_1 和 F_2 的关系以及与 F 的关系.$\boldsymbol{F}$ 沿竖直方向.

提示：根据质点平衡方程，对下颌骨有

$$F_1\cos\theta=F_2\cos\theta$$

$$F_1\sin\theta+F_2\sin\theta=F$$

可解得 $F_1=F_2$，$F=\sqrt{2}F_1=\sqrt{2}F_2$.

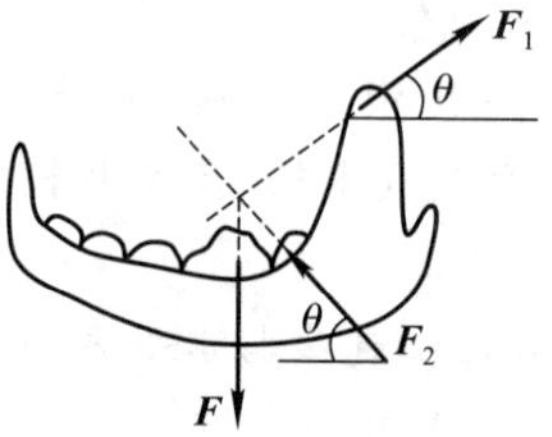

3.4.21 题图

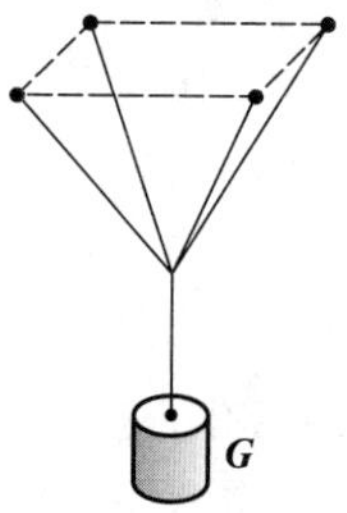

3.4.22 题图

3.4.22 如图所示，四根等长且不可伸长的轻线端点悬于水平面正方形的四个顶点处.另一端固结于一处悬挂重物，重量为 G，线与竖直方向夹角为 α，求各线内张力.若四根均不等长，已知诸线的方向余弦，能算出线内张力吗？

提示：四根轻线等长，具有对称性，张力均相等，设为 F_T.由质点沿竖直方向的平衡方程 $4F_T\cos\alpha=G$ 可求出 $F_T=G/(4\cos\alpha)$.

若四根轻线均不等长，则四根轻线内的张力不相等，由于有四个未知量，质点平衡方程仅含三个标量方程，问题不可解，此类问题称为静不定问题(静力学不能定解问题).

3.5.1 如图所示，小车以匀加速度 $\boldsymbol{a}$ 沿倾角为 α 的斜面向下运动，摆锤相对于小车保持静止，求悬线与竖直方向的夹角(分别自惯性系和非惯性系中求解).

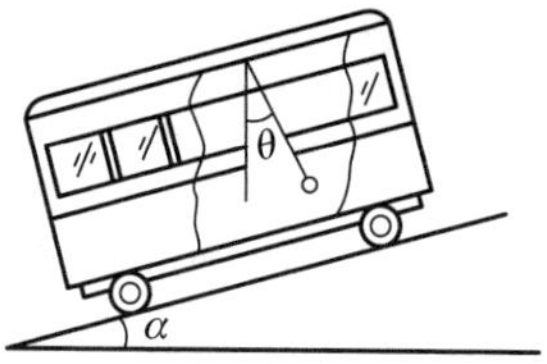

3.5.1 题图

解法 1：以地面为参考系(惯性系)，建立坐标系 Oxy 如 3.5.1 题解图(a)所示.视摆锤为质点，受重力 $\boldsymbol{G}$ 和线拉力 $\boldsymbol{F}_T$ 的作用，加速度 $\boldsymbol{a}$ 沿斜面向下，根据牛顿第二定律，有 $\boldsymbol{F}_T+\boldsymbol{G}=m\boldsymbol{a}$，其分量式为

$$-F_T\sin\theta=-ma\cos\alpha$$

$$F_T\cos\theta-mg=-ma\sin\alpha$$

解得 $\tan\theta=\dfrac{a\cos\alpha}{g-a\sin\alpha}$，所以 $\theta=\arctan\dfrac{a\cos\alpha}{g-a\sin\alpha}$.

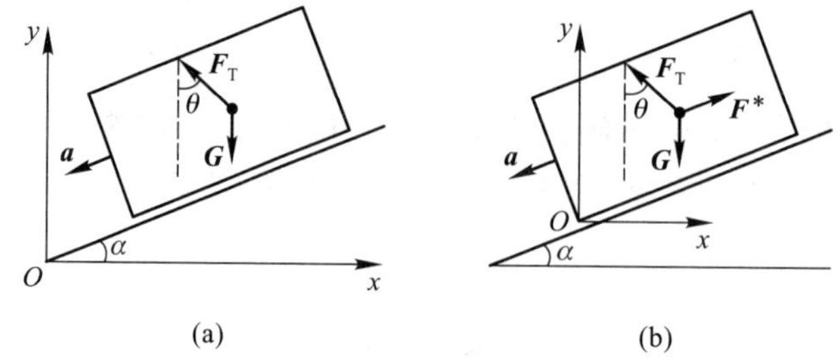

3.5.1 题解图

解法 2：以小车为参考系(非惯性系)，摆锤除受重力 $\boldsymbol{G}$、线拉力 $\boldsymbol{F}_T$ 外，还受惯性力 $\boldsymbol{F}^*=-m\boldsymbol{a}$ 的作用，摆锤在三个力的作用下平衡，根据质点在直线加速参考系中的动力学方程，有

$\boldsymbol{F}_{\mathrm{T}}+\boldsymbol{G}+\boldsymbol{F}^{*}=0$，其分量方程为

$$-F_{\mathrm{T}}\sin\theta+ma\cos\alpha=0$$

$$F_{\mathrm{T}}\cos\theta+ma\sin\alpha-mg=0$$

解方程得 $\theta=\arctan\dfrac{a\cos\alpha}{g-a\sin\alpha}$.

3.5.2 升降机 A 内有一装置如图所示.悬挂的两物体的质量分别为 m_1、m_2 且 $m_1\neq m_2$. 若不计绳及滑轮质量，不计轴承处摩擦，绳不可伸长，求当升降机以加速度 $\boldsymbol{a}$（方向向下）运动时，两物体的加速度各是多少？绳内的张力是多少？

解：以升降机为参考系（非惯性系），建立坐标系 Ox，视 m_1、m_2 为质点并分别取作隔离体，受力分析如图所示.质点除相互作用力外还受惯性力 $\boldsymbol{F}_1^{*}=-m_1\boldsymbol{a}$，$\boldsymbol{F}_2^{*}=-m_2\boldsymbol{a}$.以 $\boldsymbol{a}_1'$、$\boldsymbol{a}_2'$ 分别表示 m_1、m_2 相对升降机的加速度，根据质点在直线加速参考系中的动力学方程有

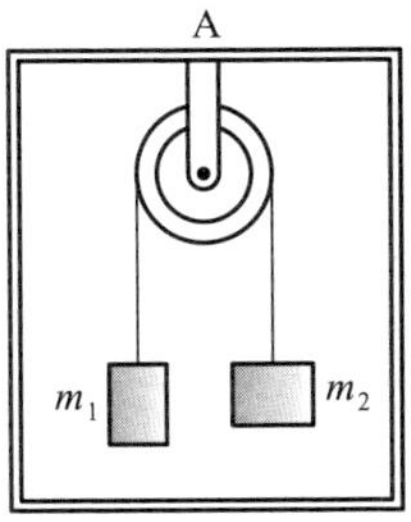

3.5.2 题图

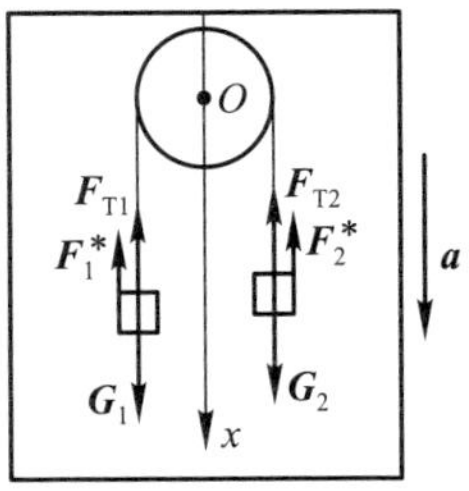

3.5.2 题解图

$$\begin{cases}m_1g-F_{\mathrm{T1}}-m_1a=m_1a'_{1x}\\ m_2g-F_{\mathrm{T2}}-m_2a=m_2a'_{2x}\end{cases}$$

因绳不可伸长，所以

$$a'_{1x}=-a'_{2x}$$

因不计绳和滑轮质量及轴承处的摩擦，所以

$$F_{\mathrm{T1}}=F_{\mathrm{T2}}=F_{\mathrm{T}}$$

联立求解上述方程组得

$$a'_{1x}=\frac{(m_1-m_2)(g-a)}{m_1+m_2}$$

$$a'_{2x}=-\frac{(m_1-m_2)(g-a)}{m_1+m_2}$$

$$F_{\mathrm{T}}=\frac{2m_1m_2}{m_1+m_2}(g-a)$$

设 m_1、m_2 的（相对于地）加速度分别为 $\boldsymbol{a}_1$、$\boldsymbol{a}_2$，根据 $\boldsymbol{a}_{绝对}=\boldsymbol{a}_{相对}+\boldsymbol{a}_{牵连}$，有

$$a_{1x}=\frac{(m_1-m_2)(g-a)}{m_1+m_2}+a=\frac{2m_2a+(m_1-m_2)g}{m_1+m_2}$$

$$a_{2x}=-\frac{(m_1-m_2)(g-a)}{m_1+m_2}+a=\frac{2m_1a-(m_1-m_2)g}{m_1+m_2}$$

3.5.3 图示为柳比莫夫摆，框架上悬挂小球，将摆移开平衡位置而后放手，小球随即摆动起来.（1）当小球摆至最高位置时，释放框架使它沿导轨自由下落，如图(a)所示.问框架自由下落时，摆锤相对于框架如何运动？（2）当小球摆至平衡位置时，释放框架，如图(b)所示，小球相对于框架如何运动？小球质量比框架小得多.

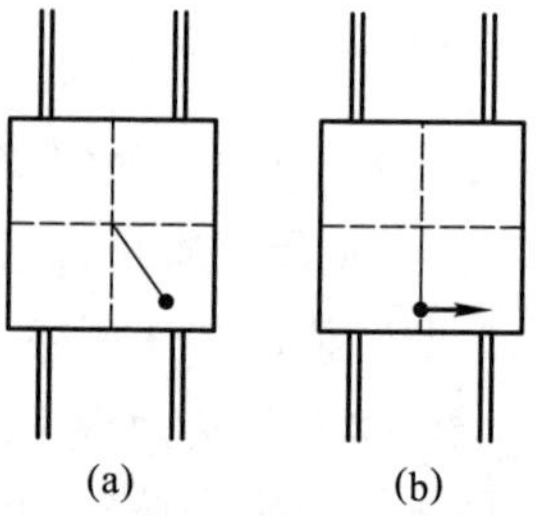

3.5.3 题图

说明：设摆线为不可伸长的轻绳，因此即使小球只受绳张力 $\boldsymbol{F}_T$，也不会引起小球沿绳方向的运动.比如，用弹性绳悬挂小球，用手向下拉小球，然后松手，小球就会向上弹起；绳的弹性越小，小球向上弹起的现象就越不明显；如果绳不可伸长，完全没有弹性，则小球就不会向上弹起.

提示：小球质量比框架小得多，则小球的运动不会影响框架的运动，框架被释放后在重力场中自由降落，其加速度 $\boldsymbol{a}=\boldsymbol{g}$.以框架为参考系（非惯性系），小球所受的惯性力 $\boldsymbol{F}^*=-m\boldsymbol{g}$ 与重力 $\boldsymbol{G}=m\boldsymbol{g}$ 平衡，小球处于失重状态，仅需考虑绳张力 $\boldsymbol{F}_T$ 对小球运动的影响.

（1）当小球摆至最高位置时，相对地速度为零 $\boldsymbol{v}=0$，相对框架的速度也为零，$\boldsymbol{v}'=0$.框架被释放后以框架为参考系，小球处于失重状态.$\boldsymbol{F}_T$ 沿法向，切向加速度 $a_t=0$；法向加速度 $a_n=\frac{v'^2}{r}=0$，$\boldsymbol{F}_T=0$（框架被释放前 $\boldsymbol{F}_T\neq 0$.在从 $\boldsymbol{F}_T\neq 0$ 到 $\boldsymbol{F}_T=0$ 的过程中，由于绳不可伸长，小球运动状态不变）.小球相对框架的速度为零，加速度为零，因此小球相对框架静止不动.

（2）当小球摆至平衡位置时释放框架，小球相对框架的速度为 $\boldsymbol{v}'\neq 0$.框架被释放后以框架为参考系，小球处于失重状态.$a_n=\frac{v'^2}{r}$，$F_T=ma_n$；$\boldsymbol{F}_T$ 沿法向，切向加速度 $a_t=0$，小球速度的大小不变.因此小球在拉力的作用下相对框架做匀速圆周运动.

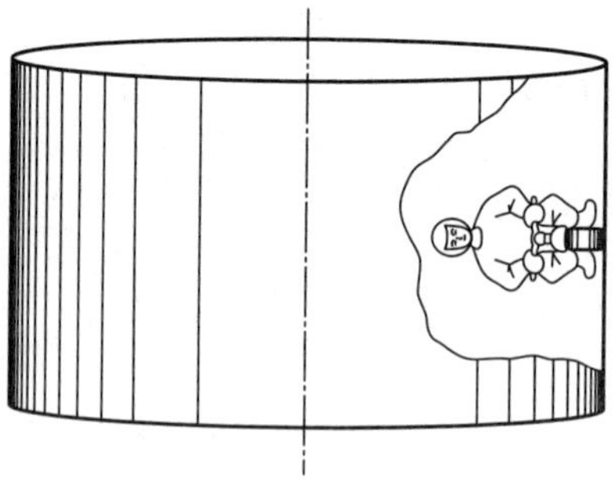
3.5.4 题图

3.5.4 如图所示，摩托车选手在竖直放置的圆筒内壁于水平面内旋转.筒内壁半径为 3.0 m.轮胎与壁面静摩擦因数为0.6.求摩托车最小线速度（取非惯性系求解）.

提示：设摩托车绕通过圆筒中心的竖直轴以角速度 ω 在水平面内旋转，取与摩托车同轴同角速度匀速转动的非惯性系为参考系，则摩托车和人相对非惯性系静止.将摩托车和人视为质点，受重力 $\boldsymbol{G}$、圆筒支撑

力 $\boldsymbol{F}_N$、圆筒静摩擦力 $\boldsymbol{F}_{f0}$、惯性离心力 $\boldsymbol{F}_C^* = m\omega^2\boldsymbol{r}$. 当最大静摩擦力 $F_{f0max}=\mu_0 F_N$ 可与重力平衡时，对应质点最小速度，$mg=F_{f0max}=\mu_0 F_N=\mu_0 m\dfrac{v_{min}^2}{r}$，所以 $v_{min}=\sqrt{\dfrac{gr}{\mu_0}}=\sqrt{\dfrac{9.8\times3.0}{0.6}}$ m/s = 7 m/s.

3.5.5 如图所示，一杂技演员令雨伞绕竖直轴转动.一小圆盘在伞面上滚动但相对于地面在原地转动，即盘中心不动.(1) 小圆盘相对于伞如何运动？(2) 以伞为参考系，小圆盘受力如何？若保持牛顿第二定律形式不变，应如何解释小圆盘的运动？

说明：此题的情景是可以实现的，读者目前不必深究小圆盘可以如此运动的机制.现在把小圆盘视为质点，把雨伞视为水平圆盘，水平圆盘绕竖直轴匀速转动，如 3.5.5 题解图所示.

3.5.5 题图

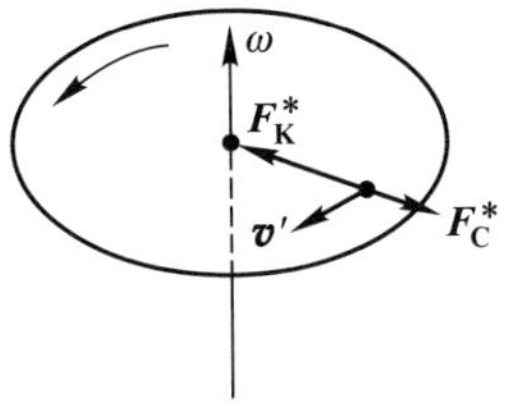

3.5.5 题解图

提示：将小圆盘视作质点.

(1) 质点相对于伞做匀速圆周运动.

(2) 以地面为参考系（惯性系），质点静止，受合力为零.

以伞为参考系（非惯性系），质点相对于伞做匀速圆周运动.相对速度 $\boldsymbol{v}'$ 沿圆周轨道的切向，其大小 $v'=\omega r$ 如图所示.质点所受惯性离心力的大小 $F_C^*=m\omega^2 r$，沿圆周半径方向向外；科里奥利力 $\boldsymbol{F}_K^*=2m\boldsymbol{v}'\times\boldsymbol{\omega}$ 的大小 $F_K^*=2mv'\omega=2m\omega^2 r$，沿圆周半径方向向内；如图所示.惯性离心力和科里奥利力的合力的大小为 $m\omega^2 r$，沿圆周半径方向向内，为质点做匀速圆周运动提供了向心力.

3.5.6 设在北纬 60° 自南向北发射一弹道导弹，其速率为 400 m/s，打击相距 6.0 km 远的目标.问该导弹受地球自转影响否？如受影响，偏离目标多少（自己找其他所需数据）？

提示：地球自转角速度 $\omega=\dfrac{2\pi}{24\times60\times60}$ rad/s $\approx 7.27\times10^{-5}$ rad/s，考虑地球自转，地球是绕地轴匀速转动的非惯性系，如图所示.

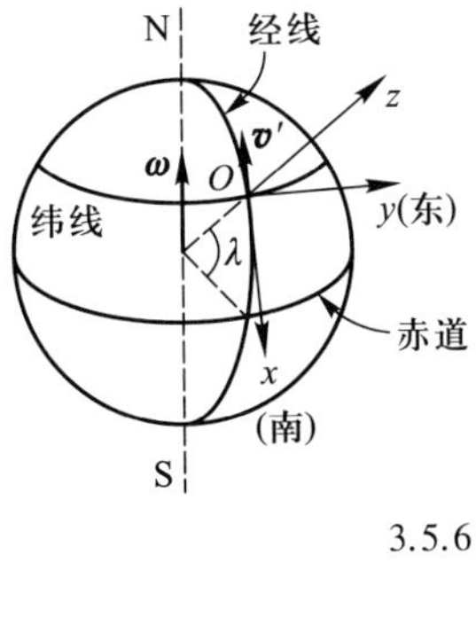

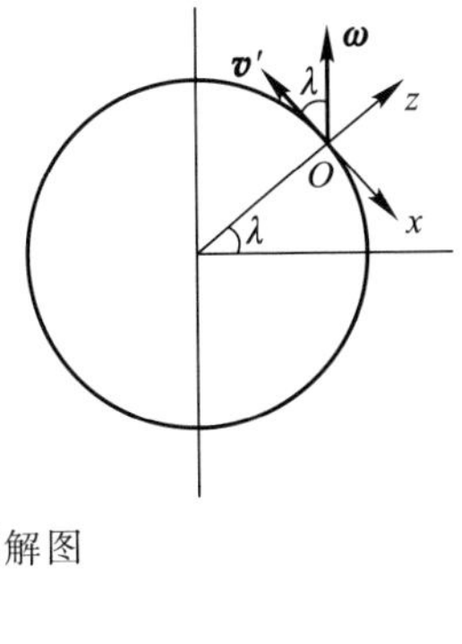

3.5.6 题解图

以视为非惯性系的地球为参考系，导弹受重力 $\boldsymbol{G}$、空气阻力 $\boldsymbol{F}$、惯性离心力 $\boldsymbol{F}_{C}^{*}$ 和科里奥利力 $\boldsymbol{F}_{K}^{*}=2m\boldsymbol{v}'\times\boldsymbol{\omega}$.科里奥利力的方向垂直于速度方向，可使导弹前进方向向东偏离，近似认为导弹做匀速直线运动进行估算.

导弹击中目标所需时间 $t=\dfrac{s}{v}=15\ \mathrm{s}$，科里奥利力产生的加速度为 $a_y=2v'\omega\sin 60°$，在 $t=15\ \mathrm{s}$ 内导弹在科里奥利力的作用下向东偏离目标的距离 $l=\dfrac{1}{2}a_y t^2=\dfrac{1}{2}\times 2v'\omega\sin 60°\cdot t^2\approx 5.7\ \mathrm{m}$.

3.6.1 就下面两种受力情况：

（1）$\boldsymbol{F}=2t\boldsymbol{i}+2\boldsymbol{j}$，　（2）$\boldsymbol{F}=2t\boldsymbol{i}+(1-t)\boldsymbol{j}$

（单位：N、s）分别求出 $t=0$、$\dfrac{1}{4}$、$\dfrac{1}{2}$、$\dfrac{3}{4}$、1 s时的力并用图表示；再求自 $t=0$ s至 $t=1$ s时间内的冲量，也用图表示.

提示：（1）$t=0$，$\boldsymbol{F}=2\boldsymbol{j}$；$t=\dfrac{1}{4}$，$\boldsymbol{F}=\dfrac{1}{2}\boldsymbol{i}+2\boldsymbol{j}$；$t=\dfrac{1}{2}$，$\boldsymbol{F}=\boldsymbol{i}+2\boldsymbol{j}$；$t=\dfrac{3}{4}$，$\boldsymbol{F}=\dfrac{3}{2}\boldsymbol{i}+2\boldsymbol{j}$；$t=1$，$\boldsymbol{F}=2\boldsymbol{i}+2\boldsymbol{j}$.

$$\boldsymbol{I}=\int_{t_1}^{t_2}\boldsymbol{F}\mathrm{d}t=\int_0^1(2t\boldsymbol{i}+2\boldsymbol{j})\mathrm{d}t=(t^2\boldsymbol{i}+2t\boldsymbol{j})\Big|_0^1=\boldsymbol{i}+2\boldsymbol{j}(\mathrm{N\cdot s})$$

（2）$t=0$，$\boldsymbol{F}=\boldsymbol{j}$；$t=\dfrac{1}{4}$，$\boldsymbol{F}=\dfrac{1}{2}\boldsymbol{i}+\dfrac{3}{4}\boldsymbol{j}$；$t=\dfrac{1}{2}$，$\boldsymbol{F}=\boldsymbol{i}+\dfrac{1}{2}\boldsymbol{j}$；$t=\dfrac{3}{4}$，$\boldsymbol{F}=\dfrac{3}{2}\boldsymbol{i}+\dfrac{1}{4}\boldsymbol{j}$；$t=1$，$\boldsymbol{F}=2\boldsymbol{i}$.

$$\boldsymbol{I}=\int_{t_1}^{t_2}\boldsymbol{F}\mathrm{d}t=\int_0^1[2t\boldsymbol{i}+(1-t)\boldsymbol{j}]\mathrm{d}t=\left[t^2\boldsymbol{i}+\left(t-\frac{1}{2}t^2\right)\boldsymbol{j}\right]\Big|_0^1=\boldsymbol{i}+\frac{1}{2}\boldsymbol{j}\ (\mathrm{N\cdot s})$$

图示请读者完成.

3.6.2 一个质量为 m 的质点在 Oxy 平面上运动，其位置矢量为

$$\boldsymbol{r}=a\cos\omega t\boldsymbol{i}+b\sin\omega t\boldsymbol{j}$$

求质点的动量.

提示：$\boldsymbol{v}=\dfrac{\mathrm{d}\boldsymbol{r}}{\mathrm{d}t}=-a\omega\sin\omega t\boldsymbol{i}+b\omega\cos\omega t\boldsymbol{j}$，$\boldsymbol{p}=m\boldsymbol{v}=-ma\omega\sin\omega t\boldsymbol{i}+mb\omega\cos\omega t\boldsymbol{j}$.

3.6.3 自动步枪连发时每分钟可射出120发子弹，每颗子弹质量为7.9 g，出口速率为735 m/s.求射击时所需的平均力.

提示：$\overline{F}=\dfrac{\Delta p}{\Delta t}=\dfrac{m\Delta v}{\Delta t}=\dfrac{120\times 7.9\times 10^{-3}\times(735-0)}{60}\ \mathrm{N}\approx 11.6\ \mathrm{N}$

3.6.4 棒球质量为0.14 kg.棒球沿水平方向以速率50 m/s投来，经棒击球后，球沿与水平方向成30°角飞出，速率为80 m/s，如图所示.球与棒接触时间为0.02 s，求棒击球的平均力.

解：以地面为参考系，视棒球为质点，建立坐标系 Oxy 如图所示.根据平均力的定义及质点的动量定理

$$\overline{\boldsymbol{F}}\Delta t=\boldsymbol{I}=\Delta\boldsymbol{p}=m\boldsymbol{v}-m\boldsymbol{v}_0$$

所以

$$\begin{aligned}\overline{\boldsymbol{F}}&=\frac{m(\boldsymbol{v}-\boldsymbol{v}_0)}{\Delta t}=\frac{0.14[(-80\cos 30°\boldsymbol{i}+80\sin 30°\boldsymbol{j})-50\boldsymbol{i}]}{0.02}\ \mathrm{N}\\&\approx(-835\boldsymbol{i}+280\boldsymbol{j})\ \mathrm{N}\end{aligned}$$

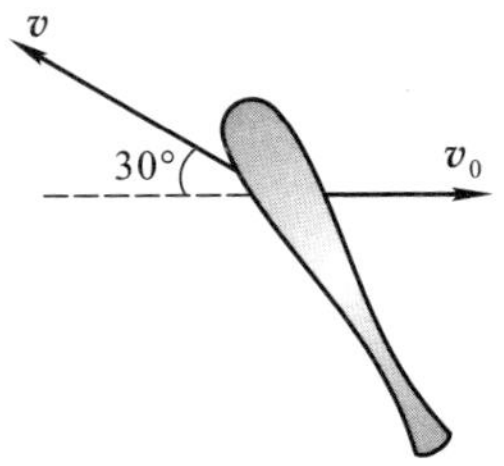

3.6.4 题图

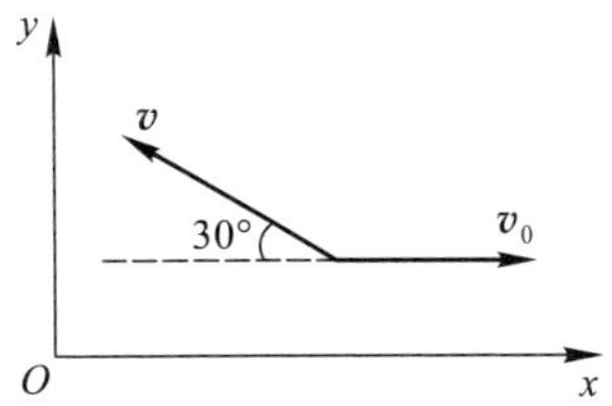

3.6.4 题解图

3.6.5 如图所示，质量为 m_1 的滑块与水平台面间的静摩擦因数为 μ_0，质量为 m_2 的滑块与 m_1 均处于静止.绳不可伸长，绳与滑轮质量可不计，不计滑轮轴摩擦.问将 m_2 托起多高，松手后可利用绳对 m_1 冲力的平均力拖动 m_1？设当 m_2 下落 h 后经过极短的时间 Δt 后与绳的竖直部分相对静止.

提示：根据匀变速直线运动公式 $v_x^2-v_{0x}^2=2a(x-x_0)$，m_2 被托起 h 后，自由释放再回到原静止位置时的速率 $v_2=\sqrt{2gh}$.

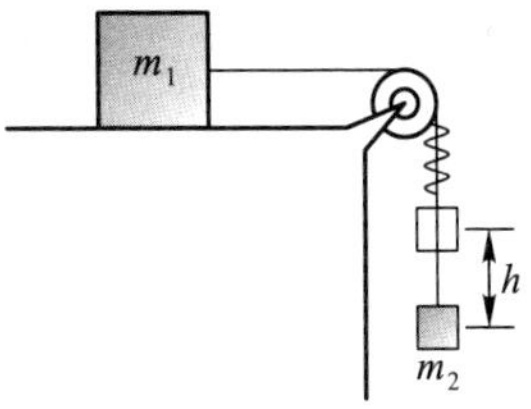

3.6.5 题图

对 m_2，根据平均力定义及质点动量定理，可得 $\overline{F}=\dfrac{m_2\sqrt{2gh}}{\Delta t}$.

再研究 m_1，在 Δt 内，在水平方向仅受静摩擦力和绳子施与的平均冲力 $\overline{F}=\dfrac{m_2\sqrt{2gh}}{\Delta t}$.能拖动 m_1 的条件是 $\overline{F}\geqslant\mu_0F_N=\mu_0m_1g$，所以 $h>\dfrac{1}{2}g\left(\dfrac{\mu_0m_1\Delta t}{m_2}\right)^2$.

上述解法中隐含了 $m_2g\ll\overline{F}$ 的条件，但由于题中未给出此条件，故略欠严谨.应修订为：绳张力 $F_T=\overline{F}+m_2g$，能拖动 m_1 的条件是 $\overline{F}+m_2g\geqslant\mu_0F_N=\mu_0m_1g$，所以 $h>\dfrac{1}{2}g\left[\dfrac{(\mu_0m_1-m_2)\Delta t}{m_2}\right]^2$.

3.6.6 质量 $m_1=1$ kg，$m_2=2$ kg，$m_3=3$ kg 和 $m_4=4$ kg；m_1、m_2 和 m_4 三质点形成的质心坐标顺次为 $(x,y)=(-1,1)$、$(-2,0)$ 和 $(3,-2)$.质心位于 $(x,y)=(1,-1)$.求 m_3 的位置.

解：根据质心定义，有

$$x_C=\frac{\sum m_ix_i}{m}=\frac{1\times(-1)+2\times(-2)+3x_3+4\times3}{1+2+3+4}=\frac{3x_3+7}{10}=1$$

$$y_C=\frac{\sum m_iy_i}{m}=\frac{1\times1+2\times0+3y_3+4\times(-2)}{1+2+3+4}=\frac{3y_3-7}{10}=-1$$

所以 $x_3=1$，$y_3=-1$，即 m_3 的位置在 $(1,-1)$.

以下三题用质心运动定理和质点系动量定理两种方法做.

3.7.1 如图所示，质量为 1 500 kg 的汽车在静止的驳船上在 5 s 内自静止加速至5 m/s.问缆绳作用于驳船的平均力有多大？（用牛顿定律做出结果，并以此验证你的计算.）

提示：建立 Ox 坐标沿汽车运动方向，将汽车和驳船视为位于其质心处的质点，设汽车为质点 1，坐标为 x_1；驳船为质点 2，坐标为 x_2；此二质点构成质点系.质点 2 静止，故不考虑水的阻力作用.

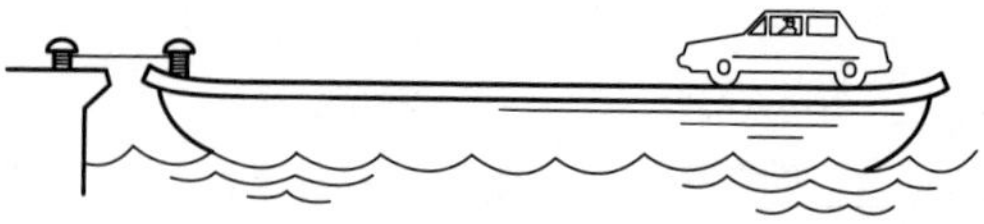

3.7.1 题图

(1) 用质心运动定理求解.质点系所受水平外力仅为缆绳张力 $\boldsymbol{F}_T$.根据质心定义,有

$$x_C=\frac{\sum m_i x_i}{m}=\frac{m_1x_1+m_2x_2}{m_1+m_2}$$

$$v_{Cx}=\frac{\mathrm{d}x_C}{\mathrm{d}t}=\frac{m_1v_{1x}+m_2v_{2x}}{m_1+m_2}=\frac{m_1v_{1x}}{m_1+m_2}$$

$$a_{Cx}=\frac{\mathrm{d}v_{Cx}}{\mathrm{d}t}=\frac{m_1a_{1x}}{m_1+m_2},\quad \overline{a}_{Cx}=\frac{m_1}{m_1+m_2}\cdot\frac{\Delta v_{1x}}{\Delta t}$$

所以 $\overline{F}_T=m\,\overline{a}_{Cx}=(m_1+m_2)\dfrac{m_1}{m_1+m_2}\cdot\dfrac{\Delta v_{1x}}{\Delta t}=\dfrac{m_1\Delta v_{1x}}{\Delta t}=\dfrac{1\ 500\times(5-0)}{5}\ \mathrm{N}=1\ 500\ \mathrm{N}$.

(2) 用质点系动量定理求解.

$$\overline{F}_T=\frac{\Delta(m_1v_{1x}+m_2v_{2x})}{\Delta t}=\frac{m_1\Delta v_{1x}}{\Delta t}=\frac{1\ 500\times(5-0)}{5}\ \mathrm{N}=1\ 500\ \mathrm{N}$$

(3) 用牛顿定律求解.设质点 1 受质点 2 的摩擦力为 F_{f21},质点 2 受质点 1 的摩擦力为 F_{f12}.

对质点 1,根据牛顿第二定律有

$$\overline{F}_{f21}=m_1\overline{a}_{1x}=m_1\frac{\Delta v_{1x}}{\Delta t}=1\ 500\times\frac{5-0}{5}\ \mathrm{N}=1\ 500\ \mathrm{N}$$

对质点 2,由质点平衡方程可得 $\overline{F}_T=\overline{F}_{f12}=\overline{F}_{f21}=1\ 500\ \mathrm{N}$.

3.7.2 若上题中驳船质量为 6 000 kg.当汽车相对船静止时,由于船尾螺旋桨的转动,可使船载着汽车以加速度 0.2 $\mathrm{m/s^2}$ 前进.若正在前进时,汽车自静止开始相对船以加速度 0.5 $\mathrm{m/s^2}$ 与船前进相反方向行驶,船的加速度如何?

提示:建立 Ox 坐标沿驳船运动方向,将汽车和驳船视为位于其质心处的质点,设汽车为质点 1,坐标为 x_1;驳船为质点 2,坐标为 x_2;此二质点构成质点系.无论汽车相对驳船静止还是运动,螺旋桨的推力不变,即质点系所受外力不变.

(1) 用质心运动定理求解.

根据质心定义,有

$$x_C=\frac{\sum m_i x_i}{m}=\frac{m_1x_1+m_2x_2}{m_1+m_2}$$

$$a_{Cx}=\frac{\mathrm{d}^2x_C}{\mathrm{d}t^2}=\frac{m_1a_{1x}+m_2a_{2x}}{m_1+m_2}$$

已知 $a_{Cx}=0.2\ \mathrm{m/s^2}$,利用相对运动公式 $a_{1x}=-0.5\ \mathrm{m/s^2}+a_{2x}$,所以

$$\frac{m_1(-0.5\ \mathrm{m/s^2}+a_{2x})+m_2a_{2x}}{m_1+m_2}=a_{Cx}=0.2\ \mathrm{m/s^2}$$

可解得 $a_{2x}=\left(0.2+\dfrac{0.5m_1}{m_1+m_2}\right)\ \mathrm{m/s^2}=\left(0.2+\dfrac{0.5\times1\ 500}{1\ 500+6\ 000}\right)\ \mathrm{m/s^2}=0.3\ \mathrm{m/s^2}$.

(2) 用质点系动量定理求解.

车静止时,把车、船视为质量为(m_1+m_2)的质点,加速度$a_x=0.2\ \text{m/s}^2$,根据牛顿第二定律有

$$F_x=(m_1+m_2)a_x \tag{1}$$

根据质点系动量定理的微分形式$\sum F_{ix}=\dfrac{\text{d}(\sum p_{ix})}{\text{d}t}$,得

$$F_x=m_1\frac{\text{d}v_{1x}}{\text{d}t}+m_2\frac{\text{d}v_{2x}}{\text{d}t}=m_1a_{1x}+m_2a_{2x}=m_1(-0.5\ \text{m/s}^2+a_{2x})+m_2a_{2x} \tag{2}$$

由(1)、(2)式即可求出$a_{2x}=0.3\ \text{m/s}^2$.

3.7.3 气球下悬软梯,总质量为m_1,软梯上站一质量为m_2的人,共同在气球所受浮力F作用下加速上升.若人以相对于软梯的加速度a_r上升,问气球的加速度如何?

解:竖直向上建立坐标系Ox如图所示,将气球和软梯看成整体,视为质点1,人视为质点2,此二质点构成质点系.质点系所受外力为浮力$\boldsymbol{F}$,二质点重力$\boldsymbol{G}_1$和$\boldsymbol{G}_2$,如图所示,所受合外力$\boldsymbol{F}+(m_1+m_2)\boldsymbol{g}$在运动过程中保持不变.

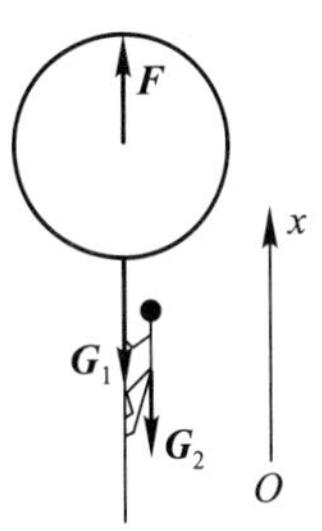

3.7.3 题解图

[因本题用质心运动定理或质点系动量定理求解,此两个定理均与内力无关,所以只需分析外力即可.]

(1) 用质心运动定理求解.

由质心定义式可知

$$a_{Cx}=\frac{\text{d}^2x_C}{\text{d}t^2}=\frac{m_1a_{1x}+m_2a_{2x}}{m_1+m_2}$$

利用相对运动公式,可得$a_{2x}=a_r+a_{1x}$,所以

$$(m_1+m_2)a_{Cx}=m_1a_{1x}+m_2(a_r+a_{1x}) \tag{1}$$

根据质心运动定理,得

$$F-(m_1+m_2)g=(m_1+m_2)a_{Cx} \tag{2}$$

由(1)(2)式可得

$$F-(m_1+m_2)g=m_1a_{1x}+m_2(a_r+a_{1x})$$

即可求出$a_{1x}=\dfrac{F-(m_1+m_2)g-m_2a_r}{m_1+m_2}$.

(2) 用质点系动量定理求解.

根据质点系动量定理的微分形式$\sum F_{ix}=\dfrac{\text{d}(\sum p_{ix})}{\text{d}t}$,得

$$F-(m_1+m_2)g=m_1\frac{\text{d}v_{1x}}{\text{d}t}+m_2\frac{\text{d}v_{2x}}{\text{d}t}=m_1a_{1x}+m_2a_{2x}=m_1a_{1x}+m_2(a_r+a_{1x})$$

即可求出 $a_{1x}=\dfrac{F-(m_1+m_2)g-m_2a_r}{m_1+m_2}$.

3.7.4 如图所示，水流冲击在静止的涡轮叶片上，水流冲击叶片曲面前后的速率都等于 v，每单位时间投向叶片的水的质量保持不变且等于 μ，求水作用于叶片的力.忽略重力及水的黏性.

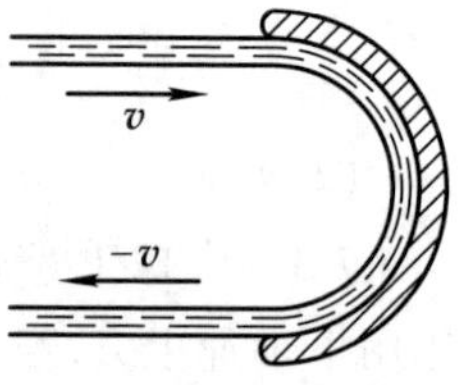

3.7.4 题图

提示：将水流分成许多微团，每一微团均视作质点.以 Δt 时间内，速度由 $\boldsymbol{v}$ 变为 $-\boldsymbol{v}$ 的一段水流为质点系，质点系质量为 $m=\mu\Delta t$，沿 $-\boldsymbol{v}$ 方向（参见 3.7.4 题图）所受外力即为叶片施与的力 $\boldsymbol{F}$.根据质点系动量定理

$$F\Delta t=-mv-mv=-2mv=-2\mu v\Delta t$$

可求出 $F=-2\mu v$.

根据牛顿第三定律，水作用于叶片的力 $\boldsymbol{F}'=-\boldsymbol{F}$，$F'=2\mu v$，指向右侧.

3.7.5 质量为 70 kg 的人和质量为 210 kg 的小船最初处于静止.后来人从船后向船头走了 3.2 m 停下来.问船向哪个方向运动，移动了几米？不计船所受的阻力.

解：以地面为参考系，建立坐标系 Ox 从船后指向船头.将人视为质点 1，坐标为 x_1；船视为质点 2，坐标为 x_2；此两个质点构成质点系.

质点系所受合外力为零，由质心运动定理可知质点系质心加速度为零；质点系初始状态静止，所以质心位置保持不变，即

$$\frac{m_1x_1+m_2x_2}{m_1+m_2}=x_C=x_{C0}=\frac{m_1x_{10}+m_2x_{20}}{m_1+m_2}$$

$$m_1\Delta x_1+m_2\Delta x_2=0$$

利用相对运动公式可得 $\Delta x_1=3.2+\Delta x_2$ m，代入上式得

$$\Delta x_2=-\frac{3.2m_1}{m_1+m_2}\ \text{m}=-\frac{3.2\times70}{70+210}\ \text{m}=-0.8\ \text{m}$$

即船向后移动了 0.8 m.

3.7.6 如图所示，炮车固定在车厢内，最初均处于静止.向右发射一枚弹丸，车厢则向左方运动.弹丸射在对面墙上后随即顺墙壁落下.问此过程中车厢移动的距离是多少？已知炮车和车厢总质量为 m，弹丸质量为 m'，炮口到对面墙上的距离为 L.不计铁轨作用于车厢的阻力.

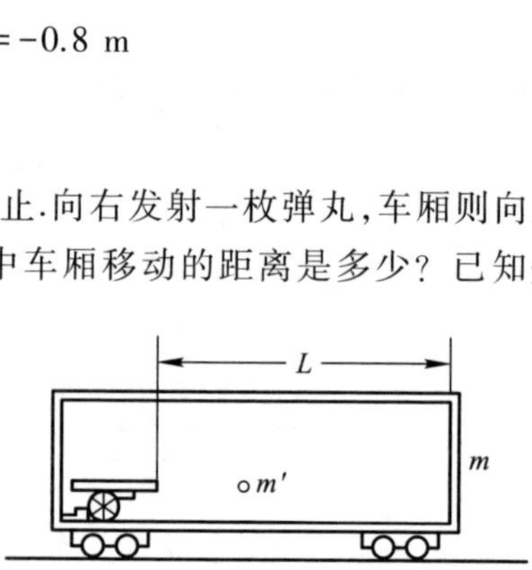

3.7.6 题图

提示：以地面为参考系，沿弹丸运动方向建立坐标系 Ox.将炮车和车厢整体视为质点 1，弹丸视为质点 2，此两个质点构成质点系.质点系所受合外力为零，初始状态静止，质心位置保持不变，所以

$$m\Delta x_1+m'\Delta x_2=0$$

利用相对运动公式可得 $\Delta x_2=L+\Delta x_1$，代入上式得 $\Delta x_1=-\dfrac{Lm'}{m+m'}$（车厢向左移动）.

3.7.7 载人的切诺基和桑塔纳汽车质量分别为 $m_1=165\times10$ kg 和 $m_2=115\times10$ kg，分别以速率 $v_1=90$ km/h 和 $v_2=108$ km/h 向东和向北行驶，如图所示.相撞后连在一起滑出，求滑出的速度.不计摩擦（请用质心参考系求解）.

3.7.7 题图

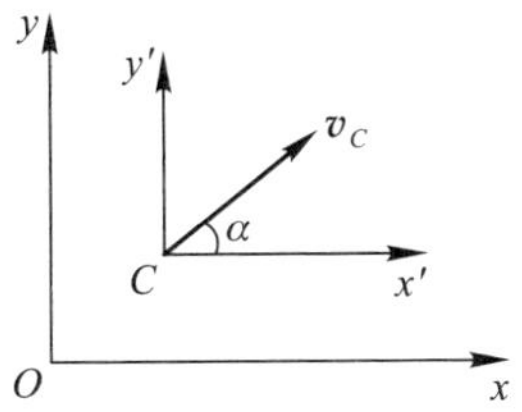

3.7.7 题解图

解法 1：如图所示，建立坐标系 Oxy.x 轴向东，y 轴向北.视 m_1、m_2 为质点，此二质点构成质点系.根据质心定义，有

$$x_C=\frac{m_1x_1+m_2x_2}{m_1+m_2},\quad y_C=\frac{m_1y_1+m_2y_2}{m_1+m_2}$$

相碰前质心的速度

$$v_{Cx}=\frac{\mathrm{d}}{\mathrm{d}t}\left(\frac{m_1x_1+m_2x_2}{m_1+m_2}\right)=\frac{m_1v_{1x}+m_2v_{2x}}{m_1+m_2}$$

$$=\frac{1\ 650\times90}{1\ 650+1\ 150}\text{ km/h}\approx53.0\text{ km/h}$$

$$v_{Cy}=\frac{\mathrm{d}}{\mathrm{d}t}\left(\frac{m_1y_1+m_2y_2}{m_1+m_2}\right)=\frac{m_1v_{1y}+m_2v_{2y}}{m_1+m_2}=\frac{1\ 150\times108}{1\ 650+1\ 150}\text{ km/h}\approx44.4\text{ km/h}$$

以质点系的质心为原点，建立质心参考系 $Cx'y'$，如图所示.因质点系对质心参考系的总动量恒为零，所以碰撞后两车连在一起对质心参考系总动量仍为零，一起以质点系质心速度滑出.

碰撞过程中，因为冲击内力远大于摩擦力和空气阻力，可近似认为所受合外力为零，故质点系质心速度不变.所以两车相撞后连在一起滑出的速度为 $\boldsymbol{v}_C=(53.0\boldsymbol{i}+44.4\boldsymbol{j})$ km/h，其大小 $v_C\approx69$ km/h，$\alpha=\arctan\dfrac{v_{Cy}}{v_{Cx}}\approx40^\circ$，滑出方向东偏北 40°.

解法 2 的提示：用质点系动量守恒定律求解.

视车为质点，两车为质点系，以碰撞前后为过程始末，在碰撞过程中，冲击内力远大于摩擦力和空气阻力，可用动量守恒定律求近似解：

$$m_1\boldsymbol{v}_1+m_2\boldsymbol{v}_2=(m_1+m_2)\boldsymbol{v}$$

$$m_1v_{1x}\boldsymbol{i}+m_2v_{2y}\boldsymbol{j}=(m_1+m_2)v_x\boldsymbol{i}+(m_1+m_2)v_y\boldsymbol{j}$$

所以 $v_x=\dfrac{m_1v_{1x}}{m_1+m_2}\approx53.0$ km/h，$v_y=\dfrac{m_2v_{2y}}{m_1+m_2}\approx44.4$ km/h.

3.8.1 如图所示，一枚手榴弹投出方向与水平面成45°角，投出的速率为25 m/s.在刚要接触与发射点同一水平面的目标时爆炸，设分成质量相等的三块，一块以速度 v_3 竖直朝下，一块顺爆炸处切线方向以 $v_2=15$ m/s 飞出，一块沿法线方向以 v_1 飞出，求 v_1 和 v_3.不计空气阻力.

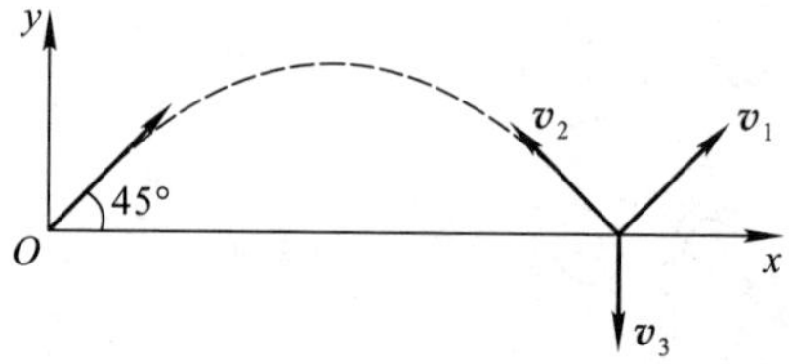

3.8.1 题图

解：因不计空气阻力，由斜抛运动规律可知手榴弹爆炸前的速度为 $\boldsymbol{v}=\frac{\sqrt{2}}{2}v_0\boldsymbol{i}-\frac{\sqrt{2}}{2}v_0\boldsymbol{j}$.

将手榴弹三个弹片视为质点系，以爆炸前后为过程始末，在爆炸过程中，由于弹片所受的重力远小于弹片之间的爆炸内力，因此可用质点系动量守恒定律求近似解.设手榴弹质量为 m，则有

$$m\boldsymbol{v}=\frac{m}{3}\boldsymbol{v}_1+\frac{m}{3}\boldsymbol{v}_2+\frac{m}{3}\boldsymbol{v}_3$$

即

$$3\boldsymbol{v}=\boldsymbol{v}_1+\boldsymbol{v}_2+\boldsymbol{v}_3$$

其分量方程为

$$\frac{\sqrt{2}}{2}\times3v=\frac{\sqrt{2}}{2}v_1-\frac{\sqrt{2}}{2}v_2$$

$$-\frac{\sqrt{2}}{2}\times3v=\frac{\sqrt{2}}{2}v_1+\frac{\sqrt{2}}{2}v_2-v_3$$

即可解得 $v_1=3v+v_2=90$ m/s，$v_3=(3v+v_1+v_2)/\sqrt{2}\approx127$ m/s.

[用守恒定律解决问题是物理学中非常重要的方法，在可能的情况下，应优先选用守恒定律解题！用守恒定律解题时必须注意：① 守恒定律只能在一个特定的过程中成立，因此要说明在什么过程中研究问题；② 守恒定律只能在守恒条件被满足时成立，因此应用之前要说明相应的物理过程满足守恒条件.]

3.8.2 铀-238的核（质量为238原子质量单位）放射一个 α 粒子（氦原子的核，质量为4原子质量单位）后蜕变为钍-234的核.设铀核原来是静止的，α 粒子射出时的速率为 1.4×10^7 m/s，求钍核反冲的速率.

提示：以 α 粒子和钍核构成质点系，以反应前后为过程始末，反应过程中质点系不受外力，质点系动量守恒.用 v 表示钍核反冲速率.初始时质点系静止，所以 $234\text{u}v=4\text{u}\times1.4\times10^7$ m/s，解得 $v\approx2.4\times10^5$ m/s.

3.8.3 三只质量均为 m 的小船鱼贯而行，速度都是 v.中间一船同时以水平速度 u（相对

于此船）把两个质量均为 m_0 的物体抛到前后两只船上，问当两个物体落入船后，三只船的速度分别如何？

解：以岸为参考系，沿船前进方向建立坐标系 Ox.

视物体与船为质点，由中间的船和两个被抛出的物体构成质点系，以两个物体被抛出的前后为过程始末，在两个物体被抛出的过程中，质点系沿 Ox 方向不受外力，质点系沿 Ox 方向动量守恒，设两个物体被抛出后中间船的速率为 v_2，则

$$mv=(m-2m_0)v_2+m_0(u+v_2)+m_0(-u+v_2)$$

求得 $v_2=v$.

[**注意**：① 如果过程延长到物体落入其他船，则质点系受外力，质点系动量不再守恒. ② 如果过程延长到物体落入其他船，为使质点系不受外力，必须把其他船包括在质点系内，这样质点系的动量守恒了，但动量守恒方程会含有多个未知量，无法求解.所以质点系和过程的适当选取是重要的，请读者细心领悟.]

因不受空气阻力，故物体从抛出到落入船前，其水平速度不变.

视向前抛出的物体与前面的船为质点系，以物体落入船的前后为过程的始末，该过程中质点系沿 Ox 方向不受外力，沿 Ox 方向动量守恒，设物体落入后前面船的速率为 v_1，则

$$m_0(u+v)+mv=(m+m_0)v_1$$

求出 $v_1=v+\dfrac{m_0}{m+m_0}u$.

同理，由向后抛出的物体与后面的船构成质点系，在物体落入船的过程中质点系沿 Ox 方向的动量守恒，设物体落入后，后面船的速率为 v_3，则

$$m_0(-u+v)+mv=(m+m_0)v_3$$

求出 $v_3=v-\dfrac{m_0}{m+m_0}u$.

结果说明，中间船的速度没有发生变化，前面船速度变快，后面船速度变慢.

第四章　动能和势能

思　考　题

4.1　起重机吊起重物.问在加速上升、匀速上升、减速上升以及加速下降、匀速下降、减速下降六种情况下合力之功的正负.

又:在加速上升和匀速上升了距离 h 这两种情况中,起重机吊钩对重物的拉力所做的功是否一样多?

提示:合力指拉力与重力的合力.在加速上升、匀速上升、减速上升以及加速下降、匀速下降、减速下降六种情况下合力之功的正负分别为:正、零、负;正、零、负.

加速上升 $F_T>mg$,匀速上升 $F_T=mg$,在位移相同的情况下,力大者做功多,即在加速上升过程中拉力所做的功多.

4.2　弹簧 A 和 B 的弹性系数 $k_A>k_B$.(1) 将弹簧拉长同样的距离;(2) 拉长两个弹簧到某个长度时,所用的力相同.在这两种情况下拉伸弹簧的过程中,对哪个弹簧做的功更多?

提示:以弹簧自由伸张时质点所在位置为原点,沿弹簧轴线建立坐标系 Ox 如图所示.外力拉弹簧做的功为弹簧弹性力做功的负值,由自由伸张位置开始拉时

$$A_{外}=\int_0^x kx\mathrm{d}x=\int_0^x \mathrm{d}\left(\frac{1}{2}kx^2\right)=\frac{1}{2}kx^2$$

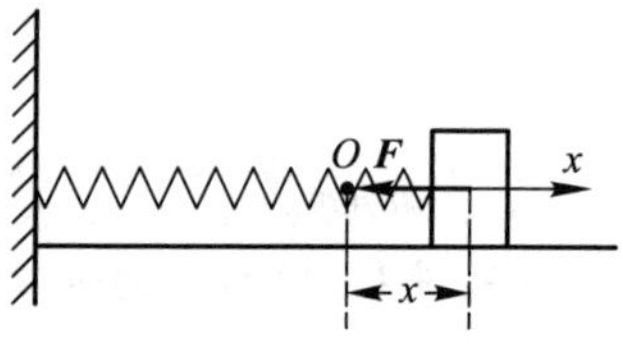

4.2 题解图

(1) 将弹簧拉长同样的距离,对弹性系数 k 较大的 A 弹簧做的功更多.

(2) 拉长两个弹簧到某一长度,所用的力 $F_{外}$ 相同,因为 $x_A=\dfrac{F_{外}}{k_A}$、$x_B=\dfrac{F_{外}}{k_B}$,所以

$$A_{外A}=\frac{1}{2}k_Ax_A^2=\frac{1}{2}k_A\left(\frac{F_{外}}{k_A}\right)^2=\frac{1}{2}\frac{F_{外}^2}{k_A}$$

$$A_{外B}=\frac{1}{2}k_Bx_B^2=\frac{1}{2}k_B\left(\frac{F_{外}}{k_B}\right)^2=\frac{1}{2}\frac{F_{外}^2}{k_B}$$

可见对弹性系数 k 较小的 B 弹簧做的功更多.

4.3　"弹簧拉伸或压缩时,弹性势能总是正的."这一论断是否正确?如果不正确,在什么情况下,弹性势能会是负的?

提示:参见 4.2 题解图.弹簧弹性势能 $E_p=\dfrac{1}{2}kx^2+C$,若规定弹簧自由伸张时质点所在位置 $x=0$ 处 $E_p=$

0，则 $C=0$，从而弹簧弹性势能 $E_p=\frac{1}{2}kx^2$，此时"当弹簧拉伸或压缩时，弹簧势能总是正的".

如取其他位置为势能零点，则弹簧弹性势能有可能为负值.例如规定弹簧伸长 $2x_0$ 时为势能零点，即质点位于 $x=2x_0$ 处 $E_p=0$，则 $C=-2kx_0^2$，从而 $E_p=\frac{1}{2}kx^2-2kx_0^2$；此时若弹簧伸长 x_0，则其势能为 $E_p=-\frac{3}{2}kx_0^2$，为负值.

4.4 一同学问："两个质点相距很远，引力很小，但引力势能大；反之，相距很近，引力势能反而小.想不通."你能否给他解决这个疑难？

提示：引力势能 $E_p=-G\frac{mm'}{r}+C$.一般取无穷远为引力势能零点，即 $r\to\infty$ 时 $E_p=0$，则 $C=0$，引力势能 $E_p=-G\frac{mm'}{r}$，为负值.在这种情况下，r 越小，引力势能 E_p 越小.

4.5 人从静止开始步行，如鞋底不在地面上打滑，作用于鞋底的摩擦力是否做了功？人体的动能是哪里来的？分析这个问题，用质点系动能定理还是用能量守恒定律较为方便？

提示：人从静止开始步行，如鞋底不在地面上打滑，作用于鞋底的摩擦力是静摩擦力.由于受力质点位移为零，静摩擦力不做功.

人体的动能的增加是人体肌肉收缩、内力做功的结果.用质点系动能定理分析这个问题较为方便.

4.6 一对静摩擦力所做功的代数和是否总是负的？还是正的，或为零？

提示：由于一对以静摩擦力相互作用的质点间的相对位移为零，所以一对静摩擦力所做功的代数和总是为零.

4.7 力的功是否与参考系有关？一对作用力和反作用力所做功的代数和是否和参考系有关？

提示：由于位移的大小与参考系选取有关，所以力的功与参考系有关.

由于相对位移与参考系选取无关，所以一对作用力和反作用力所做功的代数和与参考系无关.

4.8 取弹簧自由伸展时为弹性势能零点，画出势能曲线.再以弹簧拉伸（或压缩）到某一位置时为势能零点，画出势能曲线.根据不同势能零点可画出若干条势能曲线.对重力势能和万有引力势能也可以这样做，请研究一下.

提示：(1) 取弹簧自由伸展时为弹性势能零点，则弹簧弹性势能 $E_p=\frac{1}{2}kx^2$.

以弹簧拉伸（或压缩）到某一位置时为势能零点，例如取 $x=x_0$ 时，$E_p=0$，则 $C=-\frac{1}{2}kx_0^2$，从而弹簧弹性势能 $E_p=\frac{1}{2}kx^2-\frac{1}{2}kx_0^2$.

(2) 对重力势能，取 $h=0$ 处为势能零点，则重力势能 $E_p=mgh$.

以 $h=h_0$ 为势能零点，则重力势能 $E_p=mgh-mgh_0$.

(3) 引力势能零点选为无穷远，则引力势能 $E_p=-G\frac{mm'}{r}$.

若以两质点相距 $r=r_0$ 为引力势能零点，则引力势能为 $E_p=-G\frac{mm'}{r}+G\frac{mm'}{r_0}$.

请读者画图，比较分析.

习　题

*4.2.1 通过实践估计骑自行车时你付出的平均功率.(提示:设你“站”在脚镫子上骑车,如图所示,当脚镫子沿半圆自 A 至 B 向下运动时,作用于脚镫子向下的力等于你的重量,而另一沿圆周向上运动的脚丝毫不使力.如此下去两脚轮番用力.你的重量、脚镫子回转半径和快慢等均由你自己测量取值,设人、车在空气阻力下匀速运动,不同人所得结果可能不同.)

4.2.1 题图

提示:设 r 为脚镫子转动半径,n 为脚镫子在单位时间内转过的圈数,人的质量为 m.脚镫子一圈,人做的功等于 $4rmg$.故人的平均功率为 $\overline{P}=\frac{\Delta A}{\Delta t}=\frac{4rmg}{1/n}=4rmgn$.

4.2.2 如图所示,表示测定运动体能的装置.绳拴在腰间沿水平展开跨过理想滑轮,下悬重物 50 kg.人用力向后蹬传送带而人的质心相对于地面不动.设传送带上部以 2 m/s 的速率向后运动.问运动员对传送带做功否?功率如何?

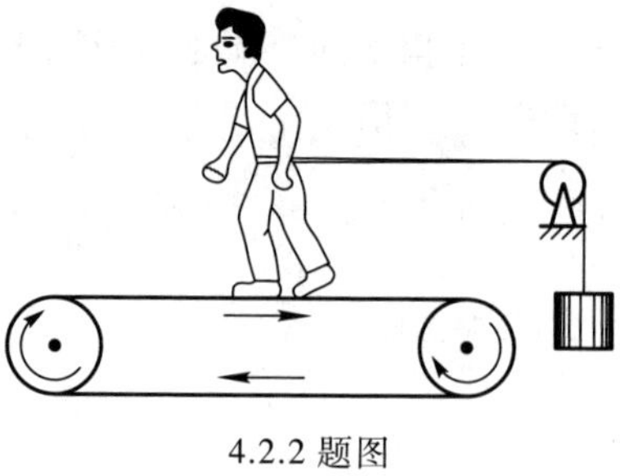
4.2.2 题图

提示:重物静止,故绳拉力的大小等于重物重力,$F_{\mathrm{T}}=mg$.

人的质心相对于地面不动,人受力平衡,水平方向上所受静摩擦力 F_{f} 的大小等于绳拉力,即 $F_{\mathrm{f}}=F_{\mathrm{T}}=mg$.

水平方向上传送带受到人施与的静摩擦力 F_{f}',由牛顿第三定律 $F_{\mathrm{f}}'=F_{\mathrm{f}}=mg$.因传送带运动,受力质点有位移,所以运动员对传送带做功,其功率为

$$P=F_{\mathrm{f}}'v=mgv=50\times9.8\times2\ \mathrm{W}=980\ \mathrm{W}$$

4.2.3 一非线性拉伸弹簧的弹性力的大小为 $F=k_1l+k_2l^3$，l 表示弹簧的伸长量，k_1 为正.（1）分别研究当 $k_2>0$，$k_2<0$ 和 $k_2=0$ 时弹簧的弹性系数$\frac{\mathrm{d}F}{\mathrm{d}l}$有何不同；（2）求出将弹簧由 l_1 拉长至 l_2 时弹簧对外界所做的功.

解：（1）根据题意，弹簧的弹性系数为$\frac{\mathrm{d}F}{\mathrm{d}l}=k_1+3k_2l^2$.

当 $k_2>0$ 时，弹簧的弹性系数随弹簧的伸长量的增加而增加. 由于 $k_1>0$，所以$\frac{\mathrm{d}F}{\mathrm{d}l}>0$.

当 $k_2<0$ 时，弹簧的弹性系数随弹簧的伸长量的增加而减小. 若$-\sqrt{\frac{k_1}{-3k_2}}<l<\sqrt{\frac{k_1}{-3k_2}}$，则$\frac{\mathrm{d}F}{\mathrm{d}l}>0$；若 $l=\pm\sqrt{\frac{k_1}{-3k_2}}$，则$\frac{\mathrm{d}F}{\mathrm{d}l}=0$；若 $l<-\sqrt{\frac{k_1}{-3k_2}}$ 或 $l>\sqrt{\frac{k_1}{-3k_2}}$，则$\frac{\mathrm{d}F}{\mathrm{d}l}<0$.

当 $k_2=0$ 时，$\frac{\mathrm{d}F}{\mathrm{d}l}=k_1$，弹簧的弹性系数与弹簧的伸长量无关.

（2）将弹簧由 l_1 拉伸至 l_2 时，弹簧对外界所做的功为

$$
\begin{aligned}
A &= \int_{l_1}^{l_2} F\mathrm{d}l = -\int_{l_1}^{l_2}(k_1l+k_2l^3)\,\mathrm{d}l = -\left[\frac{1}{2}k_1l^2+\frac{1}{4}k_2l^4\right]\Bigg|_{l_1}^{l_2} \\
&= \frac{1}{2}k_1(l_1^2-l_2^2)+\frac{1}{4}k_2(l_1^4-l_2^4) \\
&= \frac{1}{2}\left[k_1+\frac{1}{2}k_2(l_1^2+l_2^2)\right](l_1^2-l_2^2)
\end{aligned}
$$

4.2.4 如图所示，一轻细线系一小球，小球在光滑水平桌面上沿螺旋线运动，绳穿过桌中心光滑圆孔，用力 $\boldsymbol{F}$ 向下拉绳. 证明力 $\boldsymbol{F}$ 对线做的功等于线作用于小球的拉力所做的功.（线不可伸长.）

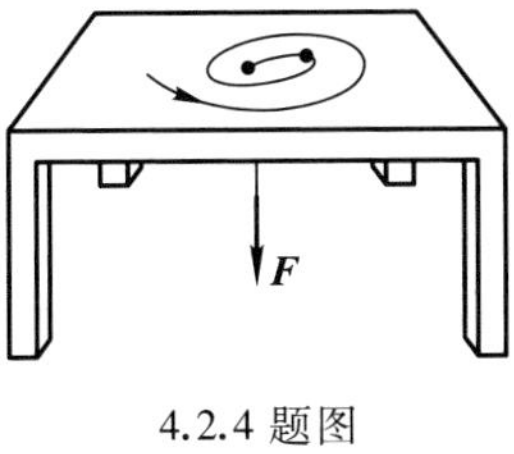

4.2.4 题图

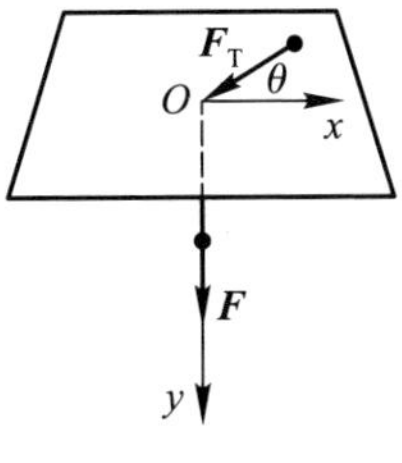

4.2.4 题解图

证：以圆孔为原点 O 在桌面上建立极坐标系，如图所示，设小球的位置由(r_1,θ_1)变为(r_2,θ_2). 极坐标系中的元功表达式为 $\mathrm{d}A=F_r\mathrm{d}r+F_\theta r\mathrm{d}\theta$，则线拉力 F_T 对小球所做的功为

$$
A_{F_\mathrm{T}} = \int_{(r_1,\theta_1)}^{(r_2,\theta_2)}(F_r\mathrm{d}r+F_\theta r\mathrm{d}\theta) = -\int_{r_1}^{r_2}F_\mathrm{T}\mathrm{d}r = F_\mathrm{T}(r_1-r_2)
$$

以圆孔为原点竖直向下建立坐标系 Oy，设力 F 的作用点的位置由 y_1 变为 y_2，则力 F 对

线所做的功为

$$A_F=F(y_2-y_1)$$

因为是轻线，桌面和圆孔光滑，所以 $F_T=F$. 由于线不可伸长，所以 $r_1-r_2=y_2-y_1$. 故 $A_F=A_{F_T}$.

4.2.5 一辆卡车能够沿着斜坡以 15 km/h 的速率向上行驶，斜坡与水平面夹角的正切 $\tan\alpha=0.02$，所受的阻力等于卡车重量的 0.04，如果卡车以同样的功率匀速下坡，卡车的速率是多少？

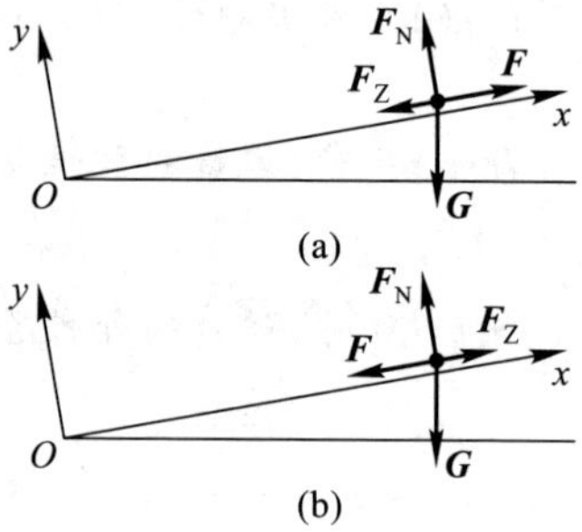

4.2.5 题解图

提示：视卡车为质点，建立坐标系 Oxy 如图所示. 卡车上坡时受力分析如图(a)所示，$\boldsymbol{F}_Z$ 为阻力，$\boldsymbol{F}$ 为牵引力[见题后学习指导]. 卡车沿斜面向上做匀速直线运动，由牛顿第二定律

$$F_N-mg\cos\alpha=0$$

$$F-mg\sin\alpha-F_Z=0$$

所以 $F=mg\sin\alpha+F_Z=mg\sin\alpha+0.04mg$，卡车的功率 $P=(mg\sin\alpha+0.04mg)v_1$.

下坡时如图(b)所示，同理可得[这里是提示，解题时要完整表述!]

$$P=(0.04mg-mg\sin\alpha)v_2$$

依题意 α 很小，$\sin\alpha=\tan\alpha=0.02$，所以 $v_2=\dfrac{0.04+0.02}{0.04-0.02}v_1=45\ \text{km/h}$.

[把卡车视为质点，这个质点实际是质心运动定理中的“假想质点”，意思是只研究卡车质心的运动. 在质心运动定理的观点下，卡车所受所有外力均作用于质心，如图所示，图(a)中沿斜面向上的力 $\boldsymbol{F}$ 实际是卡车车轮所受的，地面施与的静摩擦力，可以理解为牵引力. 提示中所说牛顿第二定律实际是质心运动定理.]

4.3.1 如图所示，质量为 $m=0.5$ kg 的木块可在水平光滑直杆上滑动. 木块与一不可伸长的轻绳相连，绳跨过一固定的光滑小环. 绳端作用着大小不变的力 $F=50$ N. 木块在 A 点时具有向右的速率 $v_0=6$ m/s. 求力 $\boldsymbol{F}$ 将木块自 A 拉至 B 点时的速度.

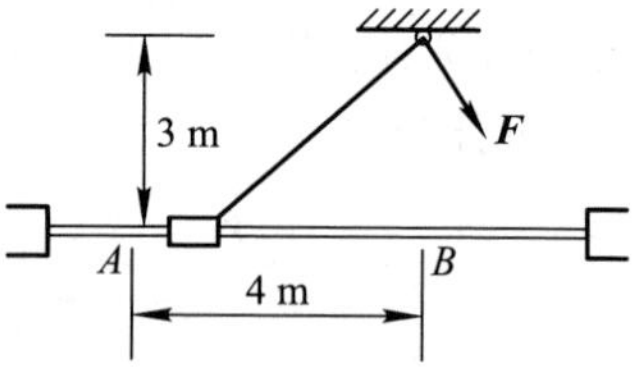

4.3.1 题图

解：力 $\boldsymbol{F}$ 做功 $A=\int_{A\,(l)}^{B}\boldsymbol{F}\cdot\mathrm{d}\boldsymbol{r}=F(\sqrt{4^2+3^2}-3)=2F=100(\text{J})$.

由于轻绳不可伸长，小环光滑，力 $\boldsymbol{F}$ 所做的功与绳拉力对木块做的功相等. 因水平直杆光滑，故木块所受重力和直杆施与的压力均不做功，由质点的动能定理

$$A=\frac{1}{2}mv^2-\frac{1}{2}mv_0^2$$

求出 $v=\sqrt{\dfrac{2A}{m}+v_0^2}\approx21$ m/s，速度方向向右.

[微积分的发明是人类思想史中的重大事件. 学习微积分十分重要，比如学习了微元法

就可使读者的思维方式发生变化.应该学习较多的数学知识,这样才可以有较多的方法处理物理问题.但读者应注意,处理物理问题时简约为上,简单的方法才是好方法!]

[如果读者有兴趣,作为微积分应用的练习,可试用积分的方法求绳拉力(变力)对木块做的功,见下面的提示.]

提示:以 A 为原点建立坐标系 Ax,沿杆向右,则

$$A=\int_{A\atop(l)}^{B}\boldsymbol{F}\cdot\mathrm{d}\boldsymbol{r}=\int_0^4F_x\mathrm{d}x=\int_0^4F\cos\theta\mathrm{d}x=\int_0^4F\frac{4-x}{\sqrt{(4-x)^2+3^2}}\mathrm{d}x$$

利用积分公式 $\int\frac{u\mathrm{d}u}{\sqrt{u^2+a^2}}=\sqrt{u^2+a^2}$,可求得 $A=100\ \mathrm{J}$.

4.3.2 如图所示,质量为 1.2 kg 的木块套在光滑竖直杆上.不可伸长的轻绳跨过固定的光滑小环,孔的直径远小于它到杆的距离.绳端作用以恒力 $\boldsymbol{F}$,$F=60\ \mathrm{N}$.木块在 A 处有向上的速度 $v_0=2\ \mathrm{m/s}$,求木块被拉至 B 时的速度.

提示:力 $\boldsymbol{F}$ 做功 $A=\int_{A\atop(l)}^{B}\boldsymbol{F}\cdot\mathrm{d}\boldsymbol{r}=F(\sqrt{0.5^2+0.5^2}-0.5)=60\times0.5\times(\sqrt{2}-1)\approx12.4(\mathrm{J})$.

在木块运动过程中,直杆压力不做功,重力做功 $A_G\approx-5.9\ \mathrm{J}$,绳张力做功 $A_T=A$,由质点的动能定理 $A_G+A_T=\frac{1}{2}mv^2-\frac{1}{2}mv_0^2$ 可求出 $v=\sqrt{\frac{2(A_G+A_T)}{m}+v_0^2}\approx3.85\ \mathrm{m/s}$.

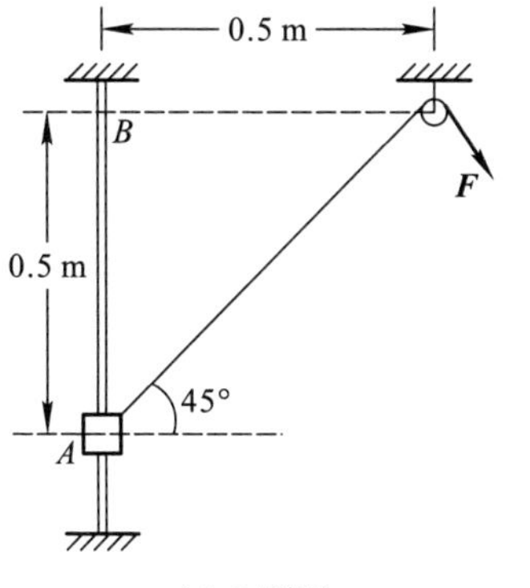

4.3.2 题图

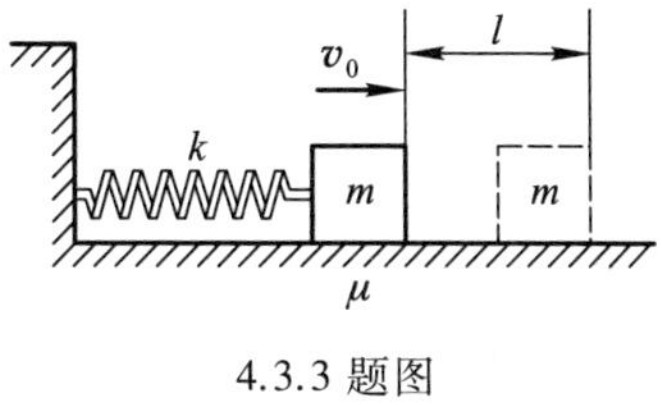

4.3.3 题图

4.3.3 如图所示,质量为 m 的物体与轻弹簧相连,最初 m 处于使弹簧既未压缩也未伸长的位置,并以速度 $\boldsymbol{v}_0$ 向右运动.弹簧的弹性系数为 k,物体与支承面间的滑动摩擦因数为 μ.求证物体能达到的最远距离 l 为

$$l=\frac{\mu mg}{k}\left(\sqrt{1+\frac{kv_0^2}{\mu^2mg^2}}-1\right).$$

提示:m 由初始位置开始运动到最远距离 l 的过程中,所受重力和支持力不做功,弹簧弹力 $\boldsymbol{F}$ 和滑动摩擦力 $\boldsymbol{F}_\mathrm{f}$ 做负功,$A_F=\int_{A\atop(l)}^{B}\boldsymbol{F}\cdot\mathrm{d}\boldsymbol{r}=-\int_0^lkl\mathrm{d}l=-\frac{1}{2}kl^2$,$A_{F_\mathrm{f}}=-\mu mgl$.根据质点的动能定理

$$A_F+A_{F_\mathrm{f}}=0-\frac{1}{2}mv_0^2$$

可化为 $kl^2+2\mu mgl-mv_0^2=0$,舍去不合题意的负根,即可证明.

4.3.4 圆柱形容器内装有气体,容器内壁光滑.质量为 m 的活塞将气体密封.气体膨胀前后的体积分别为 V_1 和 V_2,膨胀前的压强为 p_1.活塞初速率为 v_0.设活塞沿水平方向运动,不计活塞外大气压强的影响.(1) 求气体膨胀后活塞的末速率,已知气体膨胀时气体压强与体积满足 $pV=$ 常量.(2) 若气体压强和体积的关系为 $pV^\gamma=$ 常量,γ 为常量,活塞末速率又如何?(本题用积分)

提示:视活塞为质点,根据质点的动能定理,容器内气体压力做功

$$A=\frac{1}{2}mv^2-\frac{1}{2}mv_0^2$$

所以活塞的末速率 $v=\sqrt{\frac{2A}{m}+v_0^2}$.

(1) 若 $pV=$ 常量,$p_1V_1=pV$,则

$$A=\int_{V_1}^{V_2}pS\mathrm{d}x=\int_{V_1}^{V_2}p\mathrm{d}V=\int_{V_1}^{V_2}\frac{p_1V_1}{V}\mathrm{d}V=p_1V_1\ln\frac{V_2}{V_1}$$

所以 $v=\sqrt{\frac{2p_1V_1}{m}\ln\frac{V_2}{V_1}+v_0^2}$.

(2) 若 $pV^\gamma=$ 常量,$p_1V_1^\gamma=pV^\gamma$,则

$$A=\int_{V_1}^{V_2}p\mathrm{d}V=\int_{V_1}^{V_2}\frac{p_1V_1^\gamma}{V^\gamma}\mathrm{d}V=p_1V_1^\gamma\int_{V_1}^{V_2}V^{-\gamma}\mathrm{d}V=\frac{p_1V_1^\gamma}{1-\gamma}(V_2^{1-\gamma}-V_1^{1-\gamma})$$

所以 $v=\sqrt{\frac{2p_1V_1^\gamma}{m(1-\gamma)}(V_2^{1-\gamma}-V_1^{1-\gamma})+v_0^2}$.

4.3.5 O'坐标系与 O 坐标系各对应轴平行.O'系相对于 O 系沿 x 轴以 v_0 做匀速直线运动.对于 O 系,质点动能定理为

$$F\Delta x=\frac{1}{2}mv_2^2-\frac{1}{2}mv_1^2$$

$\boldsymbol{v}_1$、$\boldsymbol{v}_2$ 沿 x 轴.根据伽利略变换证明:相对于 O'系,动能定理也取这种形式.

证:根据伽利略变换,有

$$x=x'+v_0t,\ \Delta x=\Delta x'+v_0\Delta t$$

$$v_{1x}=v'_{1x}+v_0,\ v_{2x}=v'_{2x}+v_0$$

代入 $F\Delta x=\frac{1}{2}mv_2^2-\frac{1}{2}mv_1^2$ 得

$$\begin{aligned}F\Delta x'+Fv_0\Delta t&=\frac{1}{2}m(v'_{2x}+v_0)^2-\frac{1}{2}m(v'_{1x}+v_0)^2\\&=\frac{1}{2}mv'^2_{2x}-\frac{1}{2}mv'^2_{1x}+mv_0(v'_{2x}-v'_{1x})\end{aligned}$$

因 $F\Delta t=\Delta p_x=m(v'_{2x}-v'_{1x})$,所以

$$F\Delta x'=\frac{1}{2}mv'^2_2-\frac{1}{2}mv'^2_1$$

说明相对于 O' 系，动能定理的形式不变.

4.3.6 电荷量为 e 的粒子在均匀磁场中的偏转.如图所示，A 表示发射带电粒子的离子源，发射出的粒子在加速管道 B 中加速，得到一定速率后于 C 处在磁场洛伦兹力作用下偏转，然后进入漂移管道 D.若离子质量不同或电荷量不同或速率不同，在一定磁场中偏转的程度也不同.在本题装置中，管道 C 中心轴线偏转的半径一定，磁场磁感应强度一定，离子的电荷量和速率一定，则只有一定质量的离子能自漂移管道 D 中引出.这种装置能将特定的粒子引出，称为“质量分析器”.各种正离子自离子源 A 引出后，在加速管中受到电压为 U 的电场加速.设偏转磁感应强度为 $\boldsymbol{B}$，偏转半径为 R.求证在 D 管中得到的离子的质量为

$$m=\frac{eB^2R^2}{2U}.$$

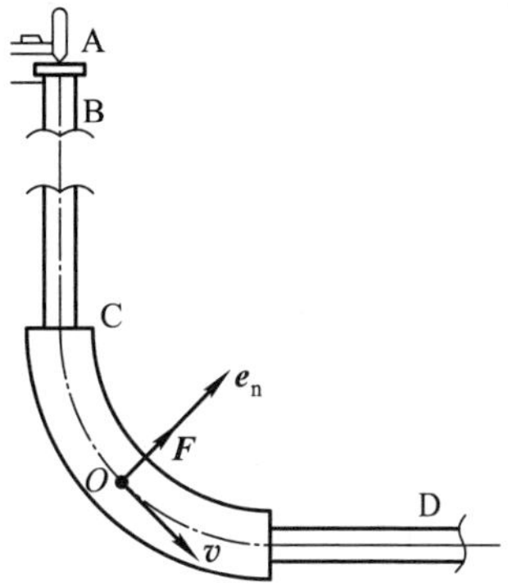

4.3.6 题图

证：设加速前正离子初速度为零，根据质点的动能定理

$$eU=\frac{1}{2}mv^2$$

所以 $v=\sqrt{\dfrac{2eU}{m}}$.

正离子在匀强磁场 $\boldsymbol{B}$ 中，在洛伦兹力 $\boldsymbol{F}=q\boldsymbol{v}\times\boldsymbol{B}$ 作用下发生偏转.由于正离子受到一个与速度 $\boldsymbol{v}$ 垂直、大小不变的力的作用，故正离子做匀速率圆周运动，洛伦兹力 $\boldsymbol{F}$ 提供做匀速率圆周运动所需的向心力.由牛顿第二定律可得

$$evB=m\frac{v^2}{R}$$

所以

$$m=\frac{evBR}{v^2}=\frac{eBR}{v}=\frac{eBR\sqrt{m}}{\sqrt{2eU}}$$

上式平方后化简即可得 $m=\dfrac{eB^2R^2}{2U}$.

4.3.7 如图所示，轻且不可伸长的线悬挂质量为 500 g 的圆柱体.圆柱体又套在可沿水平方向移动的框架内，框架槽沿铅直方向.框架质量为 200 g.自悬线静止于竖直位置开始，框架在水平力 $F=20.0$ N 作用下移至图中位置，求圆柱体的速度，线长 20 cm，不计摩擦.

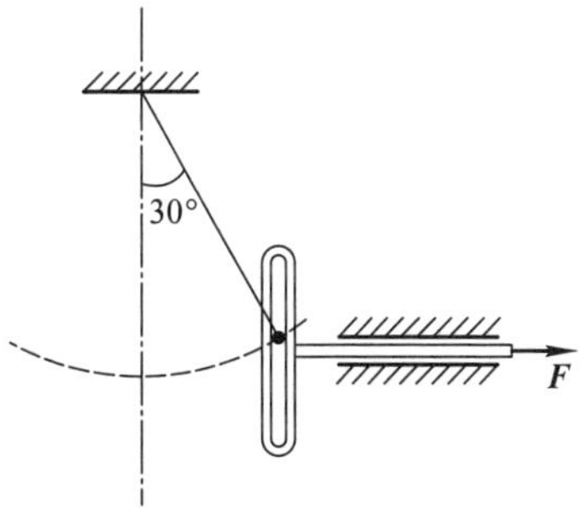

4.3.7 题图

解：设线长 l，圆柱体质量为 m_1，框架质量为 m_2，以 m_1 和 m_2 构成质点系.设在图示位置圆柱体的速度为 v_1，框架的速度为 v_2.

质点系所受外力中，水平力 $\boldsymbol{F}$ 做功 $A_F=Fl\sin 30°$，圆柱体重力 $\boldsymbol{G}_1$ 做功 $A_{G_1}=-m_1gl(1-\cos 30°)$；轻线拉力 $\boldsymbol{F}_T$、框架重力 $\boldsymbol{G}_2$ 和框架所受框架槽支持力 $\boldsymbol{F}_N$ 均不做功（力与受力质点位移垂直）.质点系内力是 m_1 和 m_2 间的相互作用力，它们与受力质点相对位移垂直，做功之和为零.根据质点系动能定理，有

$$-m_1gl(1-\cos 30°)+Fl\sin 30°=\frac{1}{2}m_1v_1^2+\frac{1}{2}m_2v_2^2$$

由于 $v_2=v_1\cos 30°$，则

$$\frac{1}{2}m_1v_1^2+\frac{1}{2}m_2\ (v_1\cos 30°)^2=Fl\sin 30°-m_1gl(1-\cos 30°)$$

解得 $v_1\approx 2.4\ \mathrm{m/s}$.

4.4.1 如图所示，两个仅可压缩的弹簧组成一可变弹性系数的弹簧组，弹簧 1 和 2 的弹性系数分别为 k_1 和 k_2.它们自由伸展的长度相差 l.坐标原点置于弹簧 2 自由伸展处.求弹簧组在 $0\leqslant x\leqslant l$ 和 $x<0$ 时弹性势能的表示式.

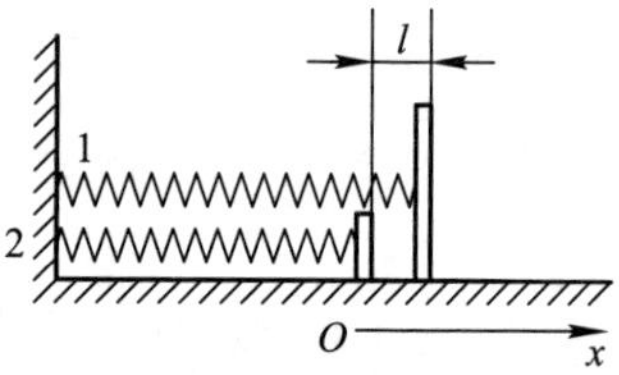

4.4.1 题图

解：规定坐标原点为势能零点.

当 $0\leqslant x\leqslant l$ 时，弹簧 2 未发生形变，只有弹簧 1 有势能.由于 $F=F_1=k_1(l-x)$，所以

$$E_p=-A_1=-\int_0^x k_1(l-x)\,\mathrm{d}x=\frac{1}{2}k_1x^2-k_1lx$$

当 $x<0$ 时，弹簧 1 和 2 均发生形变，两者均有势能.

$$E_p=-(A_1+A_2)=-\left[\int_0^x -k_2x\mathrm{d}x+\int_0^x k_1(l-x)\,\mathrm{d}x\right]$$

$$=\frac{1}{2}(k_1+k_2)x^2-k_1lx$$

4.5.1 如图所示，滑雪运动员自 A 自由下滑，经 B 越过宽为 d 的横沟到达平台 C 时，其速度 v_C 刚好在水平方向，已知 A、B 两点的垂直高度为 25 m.坡道在 B 点的切线方向与水平面成30°角，不计摩擦.求（1）运动员离开 B 处的速率 v_B；（2）B、C 的垂直高度差 h 及沟宽 d；（3）运动员到达平台时的速率 v_C.

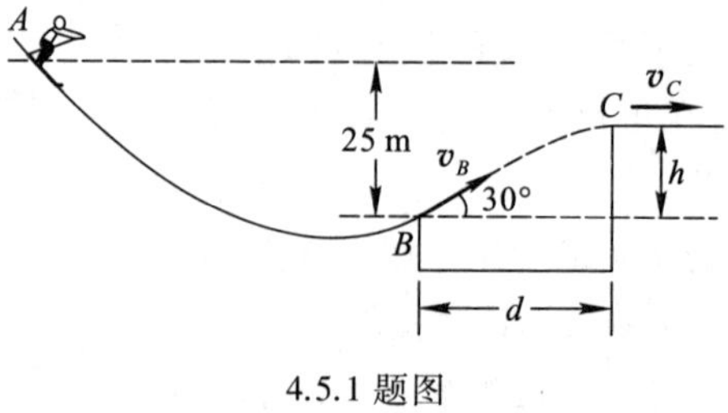

4.5.1 题图

解：（1）视运动员为质点.在运动员由 A 到 B 的滑动过程中，忽略摩擦力；地面支持力不

做功；只有重力做功，重力为保守力；故质点机械能守恒. 以 B 点为重力势能零点，则

$$0+mgH=\frac{1}{2}mv_B^2+0$$

所以 $v_B=\sqrt{2gH}=\sqrt{2\times9.8\times25}\ \mathrm{m/s}\approx22.1\ \mathrm{m/s}$.

(2)(3) 质点从 B 到 C 作斜抛运动. 当到达 C 点时，v_C 沿水平方向，说明此时正好到达抛物线的最高点. 此过程只有重力做功，质点机械能守恒，故

$$\frac{1}{2}mv_B^2+0=\frac{1}{2}mv_C^2+mgh$$

所以

$$h=\frac{v_B^2-v_C^2}{2g}=\frac{2gH-v_C^2}{2g}=H-\frac{v_C^2}{2g}$$

利用 $v_C=v_B\cos 30°\approx19.2\ \mathrm{m/s}$，即可求出 $h=\left(25-\frac{19.2^2}{2\times9.8}\right)\ \mathrm{m}\approx6.2\ \mathrm{m}$.

运动员从 B 到 C 所用时间为 $t=\frac{v_B\sin 30°}{g}=\frac{22.1\times0.5}{9.8}\ \mathrm{s}\approx1.13\ \mathrm{s}$，所以沟宽

$$d=v_Ct=19.2\times1.13\ \mathrm{m}\approx21.7\ \mathrm{m}$$

4.5.2 装置如图所示. 球 B 的质量为 5 kg，杆 AB 长 1 m，AC 长 0.1 m，A 点距 O 点 0.5 m，弹簧的弹性系数为 800 N/m，杆 AB 在水平位置时恰为弹簧自由状态，此时释放小球，小球由静止开始运动. 求小球到竖直位置时的速度. 不计弹簧质量及杆的质量，不计摩擦.

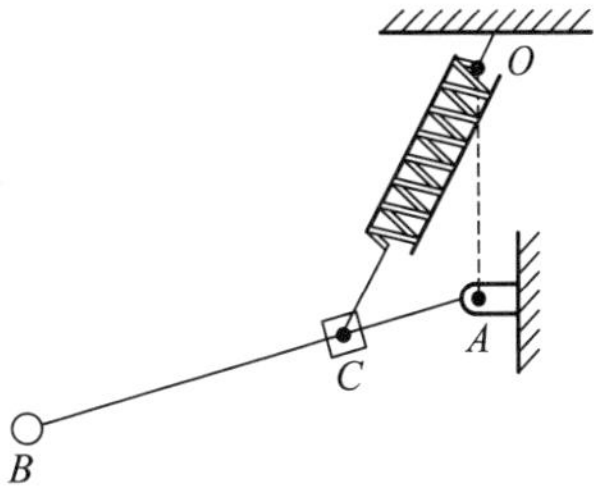

4.5.2 题图

解：小球 m 和杆构成质点系. 在小球从水平位置运动到竖直位置的过程中，小球和杆之间及杆内部内力做功之和为零，A 点支撑力不做功，仅有小球所受保守重力和弹簧保守弹性力做功，系统的机械能守恒. 取杆水平时小球所在位置为重力势能零点，弹簧自由状态为弹性势能零点，则

$$0=\frac{1}{2}mv^2-mg|AB|+\frac{1}{2}k(|OA|+|AC|-l_0)^2$$

式中 v 为小球运动到竖直位置时的速率，$l_0=\sqrt{|AC|^2+|OA|^2}\approx0.51\ \mathrm{m}$，所以

$$v=\sqrt{2\times9.8\times1-\frac{800\times(0.5+0.1-0.51)^2}{5}}\ \mathrm{m/s}\approx4.3\ \mathrm{m/s}$$

4.5.3 如图所示，物体 Q 与一弹性系数为 24 N/m 的橡皮筋连接，并在一水平圆环轨道上运动。物体 Q 在 A 处的速度为 1.0 m/s，已知圆环的半径为 0.24 m，物体 Q 的质量为 5 kg，由橡皮筋固定端 E 至 B 为 0.16 m，恰等于橡皮筋的自由长度. 求：(1) 物体 Q 的最大速度；(2) 物体 Q 能否达到 D 点，并求出在此点的速度.

原题说明：不计摩擦.

提示：(1) 根据机械能守恒定律，有

$$\frac{1}{2}mv_A^2+\frac{1}{2}k(\Delta l)^2=\frac{1}{2}mv_B^2$$

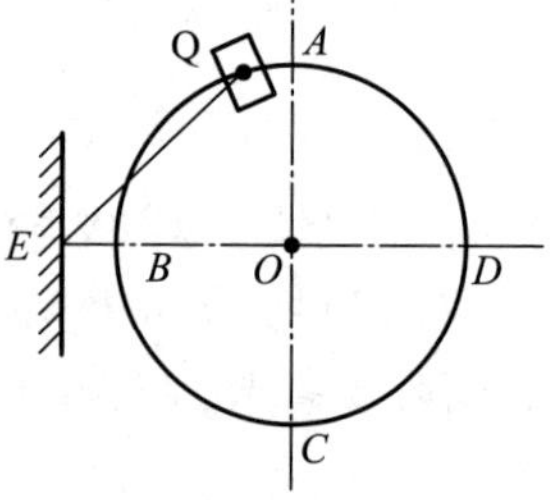

4.5.3 题图

所以 $v_B=\sqrt{v_A^2+\frac{k}{m}(\Delta l)^2}$.再求出

$$\Delta l=|EA|-|EB|=\sqrt{(|EB|+R)^2+R^2}-|EB|\approx 0.31\ \text{m}$$

即可求得 $v_B\approx 1.2$ m/s.

(2) 由于 B 点的动能 $E_{kB}=\frac{1}{2}mv_B^2=3.6$ J 大于 D 点的弹性势能 $E_{pD}=\frac{1}{2}k(2R)^2\approx 2.76$ J,所以物体能达到 D 点.根据机械能守恒定律,有

$$\frac{1}{2}mv_B^2=\frac{1}{2}mv_D^2+E_{pD}$$

所以 $v_D=\sqrt{v_B^2-\frac{2E_{pD}}{m}}\approx 0.58$ m/s.

4.6.1 卢瑟福在一篇文章中写道:可以预言,当 α 粒子和氢原子相碰时,可使之迅速运动起来.按正碰撞考虑很容易证明,氢原子速度可达 α 粒子碰撞前速度的 1.6 倍,即占入射 α 粒子能量的 64%.试证明此结论(碰撞是完全弹性的,且 α 粒子质量接近氢原子质量的 4 倍).

证:分别用 m_α 和 m_H 表示 α 粒子和氢原子质量.设碰前 α 粒子速率为 v_0,氢原子静止;碰后它们的速率分别为 v_1 和 v_2.将 α 粒子和氢原子视为质点系,两质点正碰撞是质点连线上的一维运动过程,忽略外界影响,质点系动量守恒,即

$$m_\alpha v_0+0=m_\alpha v_1+m_H v_2 \tag{1}$$

碰撞是完全弹性的,质点系机械能守恒,所以碰撞前后质点系动能不变,即

$$\frac{1}{2}m_\alpha v_0^2=\frac{1}{2}m_\alpha v_1^2+\frac{1}{2}m_H v_2^2 \tag{2}$$

考虑到 $m_\alpha=4m_H$,(1)(2)式可化为

$$4v_0=4v_1+v_2$$
$$4v_0^2=4v_1^2+v_2^2$$

由以上二式求出 $v_1=0.6v_0$,$v_2=1.6v_0$.入射 α 粒子的能量为 $E_{\alpha0}=\frac{1}{2}m_\alpha v_0^2$,氢原子碰后的能量

$$E_H=\frac{1}{2}m_H v_2^2=\frac{1}{2}\frac{m_\alpha}{4}(1.6v_0)^2=0.64\times\frac{1}{2}m_\alpha v_0^2$$

占入射 α 粒子能量的 64%.

4.6.2 如图所示,m_2 为静止车厢的质量,质量为 m_1 的机车在水平轨道上自右方以速率 v 滑行并与 m_2 碰撞挂钩.挂钩后前进了距离 s 然后静止.求轨道作用于车的阻力.

提示:以机车 m_1 和车厢 m_2 构成质点系.碰后 m_1 和 m_2 连成一体,具有共同速度 v',为完全非弹性碰撞.碰撞过程中,因冲击内力远大于阻力,可用质点系动量守恒方程求近似解,有

$$m_1v+0=(m_1+m_2)v'$$

所以 $v'=\frac{m_1v}{m_1+m_2}$.

4.6.2 题图

碰撞后，把 m_1 和 m_2 视为一个质点，在合外力（阻力 F_f）的作用下前进了距离 s 后静止.由动能定理得

$$-F_f s=0-\frac{1}{2}(m_1+m_2)v'^2$$

所以 $F_f=\dfrac{m_1^2v^2}{2s(m_1+m_2)}$.忽略空气阻力，阻力 F_f 即为轨道作用于车的阻力.

4.6.3 如图所示，两球具有相同的质量和半径，悬挂于同一高度.静止时，两球恰能接触且悬线平行.碰撞的恢复系数为 e.若球 A 自高度 h_1 释放，求该球弹回后能达到的高度.又问若两球发生完全弹性碰撞，会发生什么现象，试描述之.

解：建立坐标系，x 轴沿水平方向，如图所示。设两球质量均为 m.球 A 从高度 h_1 释放到与球 B 刚要接触的过程中，球 A 受重力和绳拉力，而绳拉力与速度方向垂直，不做功；重力为保守力，所以机械能守恒.设 x 轴为重力势能零点，碰撞前球 A 水平速度为 v_{A0x}，则由

$$\frac{1}{2}mv_{A0x}^2=mgh_1$$

所以 $v_{A0x}=\sqrt{2gh_1}$.

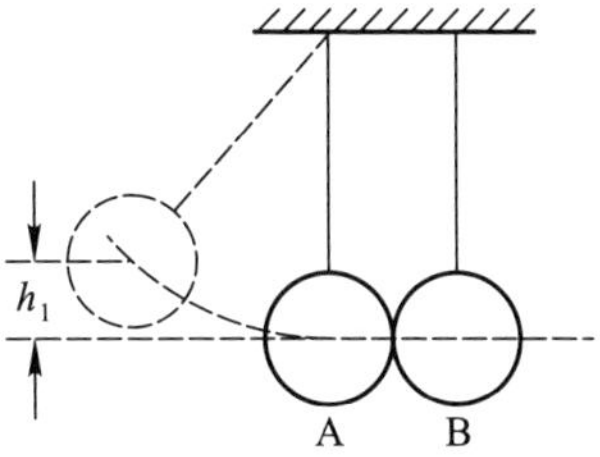

4.6.3 题图

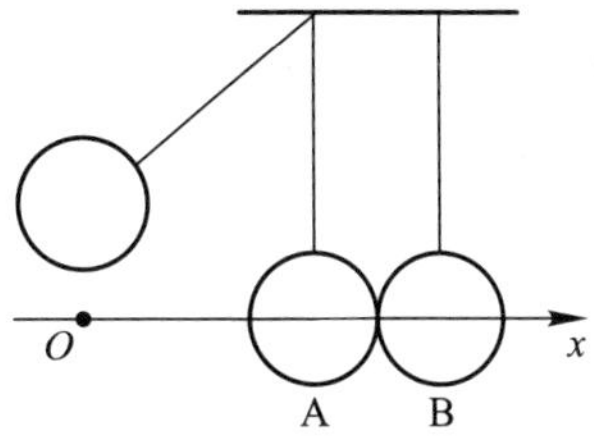

4.6.3 题解图

A、B 两球在 x 轴上发生非弹性碰撞，重力和线内的拉力平衡，忽略空气阻力，外力矢量和为零，质点系动量守恒.设 A、B 两球碰后速度分别为 v_{Ax} 和 v_{Bx}，则

$$mv_{A0x}=mv_{Ax}+mv_{Bx}$$

$$e=\frac{v_{Bx}-v_{Ax}}{v_{A0x}-v_{B0x}}=\frac{v_{Bx}-v_{Ax}}{v_{A0x}}$$

由以上二式得

$$v_{Ax}=\frac{(1-e)v_{A0x}}{2}=\frac{(1-e)\sqrt{2gh_1}}{2}$$

$$v_{Bx}=\frac{(1+e)v_{A0x}}{2}=\frac{(1+e)\sqrt{2gh_1}}{2}$$

碰撞后 A、B 两球都做圆周运动，A 球的速度小于 B 球的速度，但因为 $0\leqslant e\leqslant 1$，所以 $v_{Ax}\geqslant 0$，因此 A 球不会弹回.

球 A 碰撞后向前摆动，摆动过程中，只有保守重力做功，故机械能守恒

$$mgh=\frac{1}{2}mv_{Ax}^2$$

所以碰撞后可达最大高度 $h=\frac{v_{Ax}^2}{2g}=\frac{(1-e)^2h_1}{4}$.

若两球发生完全弹性碰撞，$e=1$（碰撞过程中质点系机械能守恒），则 $v_{Ax}=0$，$v_{Bx}=v_{A0x}$，即碰后球 A 静止，球 B 以球 A 原来的速度向右运动；之后球 B 达到高度 h_1，返回后又与静止球 A 发生完全弹性碰撞，球 A 向左运动达到 h_1；返回后再与静止的球 B 碰撞，如此往复不止.

[对于较复杂的问题，要把它分为若干个过程来研究.比如在这个习题中，球 A 下摆是第一个过程，研究作为质点的球 A；两球碰撞是第二个过程，研究球 A 和球 B 构成的质点系；第三个过程再研究球 A.注意：在不同的过程中使用的物理规律是不同的，不可以相互混淆.]

[建立和使用适当的坐标系，是读者在大学学习物理的过程中应注意学习的问题.按矢量的符号约定，v 表示速度矢量的模，是非负标量；v_x 是速度矢量的分量，为可正可负的标量.在这个习题中，球 A 和球 B 都可能向两个方向运动，所以要建立坐标系 Ox，速度的分量 v_{Ax}、v_{Bx} 等均可取负值（取负值表示沿 x 轴负方向运动）.在习题 4.6.1 和 4.6.2 中，由于质点只可能向一个方向运动，不建立坐标系，使用符号 v_1、v_2 和 v、v' 等，也是可以的.请读者注意：① 学习坐标系的使用很重要，但又不是每题必建坐标系，对很简单的问题不必复杂化；② 但对于类似本题的习题，速度分量取值可正可负，如果不建立坐标系，使用 v_A、v_B 等符号，而求出的 v_A、v_B 等可能取负值，就失去表述的严谨性了；③ 不太有把握时，还是建立坐标系为好，以便从中学习坐标系的使用.]

4.6.4 参考图 4.17(a)所示装置，质量为 2 g 的子弹以 500 m/s 的速度射向质量为 1 kg、用 1 m 长的绳子悬挂着的摆.子弹穿过摆后仍然有 100 m/s 的速度.问摆沿竖直方向升起多少？

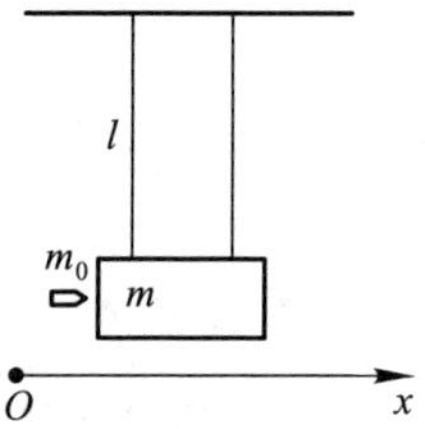

4.6.4 题图

提示：m_0 与 m 碰撞过程，视 m_0 与 m 为质点系，水平方向内力远大于外力，用沿水平方向的质点系动量守恒方程求近似解，则

$$m_0v_{1x}+mv_{2x}=m_0v_{10x}$$

所以 $v_{2x}=\frac{m_0(v_{10x}-v_{1x})}{m}=0.8$ m/s.

m 向上摆动过程，视 m 为质点，因机械能守恒，则

$$mgh=\frac{1}{2}mv_{2x}^2$$

所以 $h=\frac{v_{2x}^2}{2g}\approx 0.033$ m.

4.6.5 一质量为 200 g 的框架，用一弹簧悬挂起来，使弹簧伸长 10 cm. 今有一质量为 200 g 的铅块在高 30 cm 处从静止开始落进框架，如图所示. 求此框架向下移动的最大距离. 弹簧质量不计，空气阻力不计.

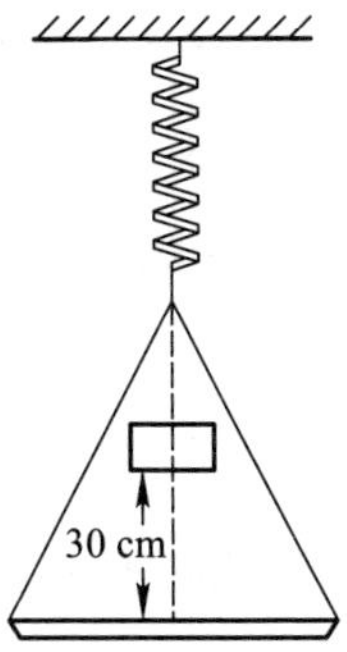

4.6.5 题图

提示：设框架和铅块质量均为 m，框架静止时，$k\Delta l=mg$，所以 $k=19.6$ N/m. 铅块自静止下落到与框架碰撞前，视铅块为质点，由机械能守恒定律，得

$$\frac{1}{2}mv_0^2=mgh$$

所以铅块与框架碰撞前的速度 $v_0=\sqrt{2gh}\approx 2.42$ m/s.

视框架和铅块为质点系，发生完全非弹性碰撞，获得共同速度 v. 此过程时间极短，框架尚未发生移动，弹簧伸长没有变化，内力远大于铅块的重力，可用动量守恒方程求近似解，则

$$(m+m)v=mv_0$$

所以 $v=\frac{1}{2}v_0\approx 1.21$ m/s.

在框架和铅块向下移动的过程中，如把框架和铅块视为一个质点，则系统机械能守恒. 以弹簧自由伸展时为弹性势能零点，以初始时刻框架底面为重力势能零点，设框架向下移动的最大距离为 b，则

$$\frac{1}{2}k(\Delta l+b)^2-(m+m)gb=\frac{1}{2}(m+m)v^2+\frac{1}{2}k\Delta l^2$$

所以 $b_1=0.3$ m 或 $b_2=-0.1$ m，舍去 b_2，故框架向下移动的最大距离为 0.3 m.

4.6.6 如图所示，质量为 $m_1=0.790$ kg 和 $m_2=0.800$ kg 的物体以弹性系数为 10 N/m 的轻弹簧相连，置于光滑水平桌面上. 最初弹簧自由伸展. 质量为 0.01 kg 的子弹以速率 $v_0=100$ m/s 从右边向左沿水平方向射于 m_1 内，问弹簧最多压缩了多少？

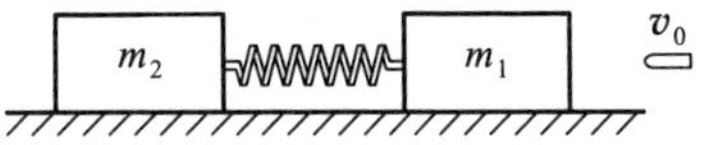

4.6.6 题图

提示：视子弹 m 和物体 m_1 为质点系，m 射入 m_1 内，发生完全非弹性碰撞. 由于碰撞过程时间极短，弹簧伸长来不及变化，外力矢量和为零，质点系动量守恒，则

$$(m+m_1)v_1=mv_0$$

所以碰撞后 m 和 m_1 的速度 $v_1=\frac{mv_0}{m+m_1}$.

再视 m、m_1、m_2 及弹簧为质点系，m 和 m_1 以共同速度 v_1 开始压缩弹簧，至 m、m_1 和 m_2 有相同的速度 v_2 时弹簧被压缩最厉害. 在此过程中，质点系所受外力矢量和为零，质点系动量守恒；只有保守的弹簧弹性力做功，质点系机械能守恒；以弹簧自由伸展时为弹性势能零点，则

$$(m+m_1+m_2)v_2=(m+m_1)v_1 \tag{1}$$

$$\frac{1}{2}kl^2+\frac{1}{2}(m+m_1+m_2)v_2^2=\frac{1}{2}(m+m_1)v_1^2 \tag{2}$$

由(1)式得

$$v_2=\frac{m+m_1}{m+m_1+m_2}v_1=\frac{mv_0}{m+m_1+m_2}$$

再由(2)式得

$$l^2=\frac{m^2v_0^2}{k(m+m_1)}-\frac{m^2v_0^2}{k(m+m_1+m_2)}$$

所以弹簧最大压缩量 $l=mv_0\sqrt{\dfrac{m_2}{k(m+m_1+m_2)(m+m_1)}}=0.25\ \text{m}$.

4.6.7 一颗 10 g 的子弹沿水平方向以速率 110 m/s 击中并嵌入质量为 100 g 小鸟体内.小鸟原来站在离地面 4.9 m 高的树枝上,求小鸟落地处与树枝的水平距离.

提示:忽略空气阻力.视子弹 m_1 与小鸟 m_2 为质点系,子弹击中小鸟,两者发生完全非弹性碰撞,由于质点系动量守恒,$m_1v_0=(m_1+m_2)v_1$,求出碰撞后具有的相同的水平末速度 $v_1=\dfrac{m_1v_0}{m_1+m_2}$.

再将 m_1 和 m_2 整体视为质点,质点做平抛运动,即可求出小鸟落地处与树枝的水平距离:

$$s=v_1t=\frac{m_1v_0}{m_1+m_2}\sqrt{\frac{2h}{g}}=10\ \text{m}$$

4.6.8 如图所示,在一竖直面内有一个光滑的轨道,左边是一个上升的曲线,右边是足够长的水平直线,二者平滑连接.现有 A、B 两个质点,B 在水平轨道上静止,A 在曲线部分高 h 处由静止滑下,与 B 发生完全弹性碰撞.碰后 A 仍可返回上升到曲线轨道某处,并再度滑下.已知 A、B 两质点的质量分别为 m_1 和 m_2,求 A、B 至少发生两次碰撞的条件.

4.6.8 题图

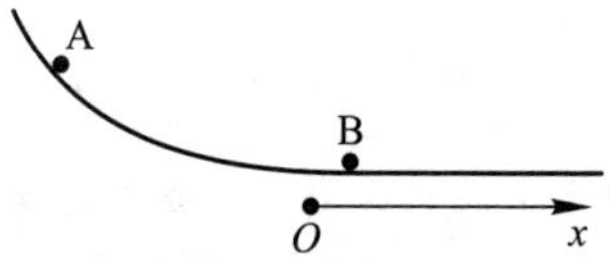

4.6.8 题解图

解:如图所示,建立坐标系 Ox.以 A 和 B 构成质点系,在两个质点发生完全弹性碰撞过程中,水平方向不受外力,质点系动量守恒;质点系机械能守恒,恢复系数 $e=1$.设碰撞前 A 的速度为 $v_{10x}>0$,碰后 A 和 B 的速度分别为 v_{1x} 和 v_{2x},则

$$m_1v_{1x}+m_2v_{2x}=m_1v_{10x}$$

$$e=\frac{v_{2x}-v_{1x}}{v_{10x}}=1$$

所以

$$v_{1x}=\frac{m_1-m_2}{m_1+m_2}v_{10x},\quad v_{2x}=\frac{2m_1}{m_1+m_2}v_{10x}$$

要使质点 A 返回,必须 $v_{1x}<0$,即 $m_1<m_2$.

质点 A 返回后沿轨道上升,然后再下滑至水平轨道.在此过程中,A 所受轨道支持力不做功,只有保守重力做功,机械能守恒.以水平轨道处为重力势能零点,设 A 再度下滑到水平轨道的速度为 v'_{1x},则

$$\frac{1}{2}m_1v'^2_{1x}=\frac{1}{2}m_1v^2_{1x}$$

所以 $v'^2_{1x}=v^2_{1x}$.考虑到 $v'_{1x}>0$,因此

$$v'_{1x}=-v_{1x}=\frac{m_2-m_1}{m_1+m_2}v_{10x}$$

A 与 B 要再次发生碰撞，要求 $v'_{1x}>v_{2x}$，即

$$\frac{m_2-m_1}{m_1+m_2}v_{10x}>\frac{2m_1}{m_1+m_2}v_{10x}$$

即 $m_2>3m_1$，这就是 A 和 B 至少发生两次碰撞的条件.

[当读者不记得恢复系数的定义式时，可以根据碰撞前后动能相等列出的方程，$\frac{1}{2}m_1v_{1x}^2+\frac{1}{2}m_2v_{2x}^2=\frac{1}{2}m_1v_{10x}^2$，用以代替恢复系数的定义式，$e=\frac{v_{2x}-v_{1x}}{v_{10x}}=1$.]

[题中给出的高度 h 不是必要的，即 A 和 B 是否发生第二次碰撞与 h 无关. 当我们研究一个问题时，所给的数据不一定都是必需的，这不应视为习题的失误.]

4.6.9 一钢球静止地放在铁箱的光滑底面上，如图所示. CD 长 l，铁箱与地面间无摩擦. 铁箱被加速至 v_0 时开始做匀速直线运动. 后来，钢球与箱壁发生完全弹性碰撞. 问碰后再经过多长时间钢球与 BD 壁相碰？

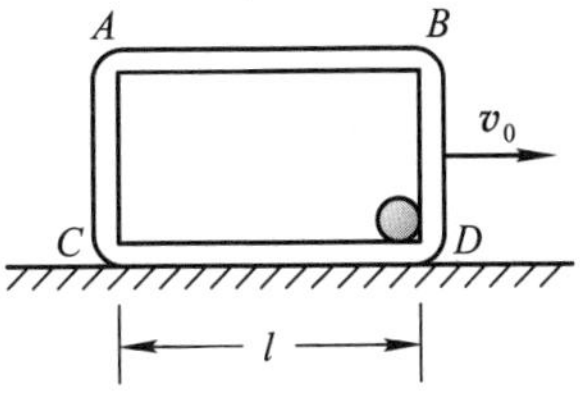

4.6.9 题图

提示：从铁箱加速到钢球与 AC 壁发生碰撞的过程中，钢球受合力为零，相对地面保持静止.

在钢球与 AC 壁发生碰撞的过程中，视铁箱和钢球为质点系，设 $v_{10}=v_0$，v_1 为铁箱碰撞后的速度；$v_{20}=0$，v_2 为钢球碰撞后的速度. 因碰撞完全弹性，故

$$e=\frac{v_2-v_1}{v_0}=1$$

所以 $v_2-v_1=v_0$，可见碰撞后钢球相对铁箱的速度为 v_0.

在钢球与 AC 壁碰撞后到与 BD 壁相碰前的过程中，钢球受合力为零，铁箱受合力也为零，所以钢球相对铁箱的速度保持不变，因此钢球与 AC 壁碰撞后经 $\Delta t=\frac{l}{v_0}$ 时间后与 BD 壁相碰.

4.6.10 如图所示，两车厢质量均为 m. 左边车厢与其地板上质量为 m 的货箱共同向右以 v_0 运动. 另一车厢以 $2v_0$ 从相反方向向左运动并与左车厢碰撞挂钩，货箱在地板上滑行的最大距离为 l. 求：(1) 货箱与车厢地板间的摩擦因数；(2) 车厢在挂钩后走过的距离，不计车地间摩擦.

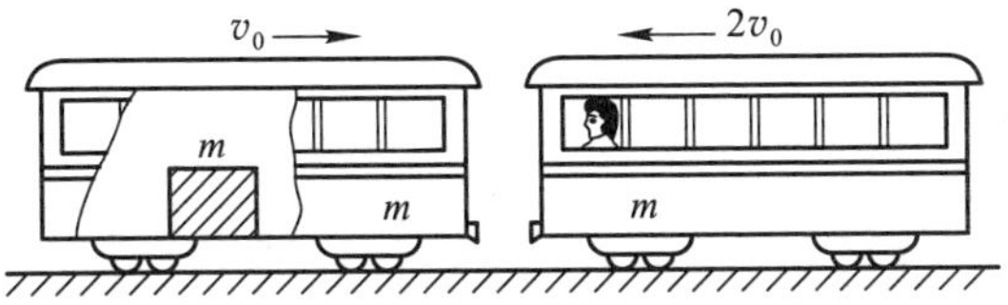

4.6.10 题图

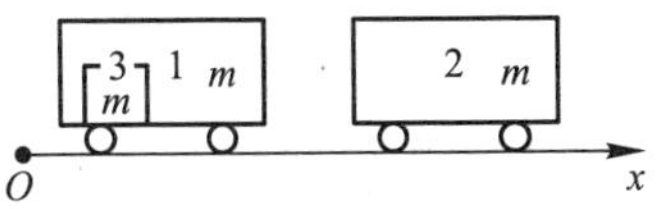

4.6.10 题解图

提示：如图所示，建立坐标系 Ox. 两车厢 1、2 和货箱 3 均视为质点.

在车厢1和2发生完全非弹性碰撞的过程中，视两车厢为质点系.因为冲击内力远大于车厢1与货箱3之间的摩擦力，所以可用质点系动量守恒方程求近似解.设碰撞后两车厢的共同速度为v_x，则

$$2mv_x=mv_0-2mv_0$$

所以$v_x=-\frac{v_0}{2}$.

下面讨论两车厢碰撞后到三个质点具有共同速度v_x'的过程.在此过程中，由三个质点构成质点系，质点系所受外力矢量和为零，质点系动量守恒，则

$$3mv_x'=2mv_x+mv_0=-2m\frac{v_0}{2}+mv_0=0$$

所以最终三个质点均静止.

由于质点系动量$p_x=3mv_C$，可知此过程中质心速度$v_C\equiv 0$，质心位置不变，$x_C=x_{C0}$.设车厢在挂钩后走过的距离为s，则（参见习题3.7.5的解答）

$$m(l-s)+2m(-s)=0$$

得$s=l/3$.

再考虑到此过程中，只有货箱3与车厢1间的一对摩擦力（$F_f=\mu mg$）做功，消耗了全部的动能，由质点系动能定理得

$$-F_f l=0-\left(\frac{1}{2}mv_0^2+\frac{1}{2}\times 2mv_x^2\right)=-\left[\frac{1}{2}mv_0^2+\frac{1}{2}\times 2m\left(\frac{v_0}{2}\right)^2\right]$$

所以$\mu=\frac{3v_0^2}{4gl}$.

4.7.1 质量为m、速率为u的氘核与静止的质量为$2m$的α粒子发生完全弹性碰撞，氘核以与原方向成90°角散射.（1）求α粒子的运动方向；（2）用u表示α粒子的末速度；（3）百分之几的能量由氘核传给α粒子？

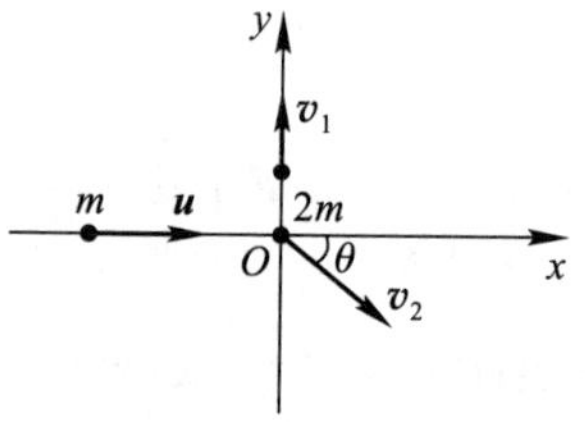

4.7.1题解图

解：沿氘核碰前速度$\boldsymbol{u}$和碰后速度$\boldsymbol{v}_1$的方向建立坐标系Oxy，如图所示.设α粒子碰后速度为$\boldsymbol{v}_2$，与x轴正方向夹角为θ.在碰撞过程中，可忽略外力作用，系统动量守恒，则

$$2mv_2\cos\theta=mu \qquad (1)$$

$$mv_1-2mv_2\sin\theta=0 \qquad (2)$$

又已知这个过程是完全弹性碰撞，系统机械能守恒，则

$$\frac{1}{2}mv_1^2+\frac{1}{2}\times 2mv_2^2=\frac{1}{2}mu^2 \qquad (3)$$

联立求解(1)(2)(3)式可得$v_2=\frac{\sqrt{3}}{3}u$，$\theta=30°$.

由氘核传给α粒子的能量为

$$E_\alpha=\frac{1}{2}\times 2mv_2^2=\frac{1}{2}\times 2m\left(\frac{\sqrt{3}}{3}u\right)^2=\frac{1}{3}mu^2=\frac{2}{3}\times\frac{1}{2}mu^2=\frac{2}{3}E_{氘}$$

即氘核有66.7%的能量传给α粒子.

4.7.2 参考 3.7.7 题图.桑塔纳空车质量为 $m_1=1.06\times10^3$ kg,搭载一个质量为 70 kg 一人,向北行驶.另一总质量为 1.52×10^3 kg 的切诺基汽车向东行驶.两车相撞后连成一体,沿东偏北 $\theta=30°$滑出 $d=16$ m 而停止.路面摩擦因数为 $\mu=0.8$.该地段规定车速不得超过 80 km/h.问哪辆车违背交通规则?又问因相撞损失多少动能?

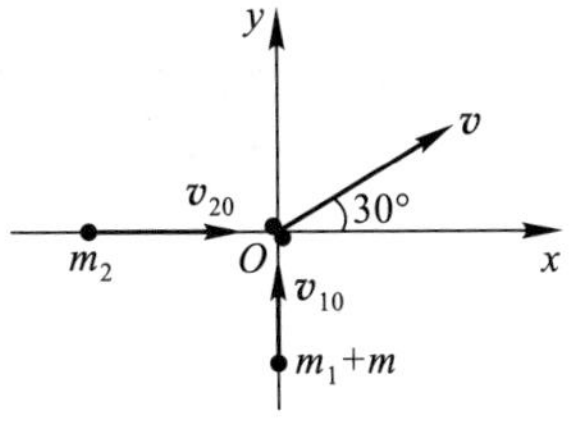

4.7.2 题解图

提示:如图所示,建立坐标系 Oxy.y 轴指向正北.设人的质量为 m,桑塔纳汽车的质量为 m_1,切诺基汽车的总质量为 m_2.

在两车发生完全非弹性碰撞的过程中,视 $m+m_1$ 和 m_2 为质点系,冲击内力远大于地面施与的摩擦力,可用质点系动量守恒方程求近似解.设碰撞后两车的共同速度为 $\boldsymbol{v}$,则

$$m_2v_{20}=(m+m_1+m_2)v\cos30°$$
$$(m+m_1)v_{10}=(m+m_1+m_2)v\sin30°$$

解得 $v_{10}=\dfrac{(m+m_1+m_2)v}{2(m+m_1)}$,$v_{20}=\dfrac{\sqrt{3}(m+m_1+m_2)v}{2m_2}$.

在从两车碰撞后具有共同速度 v 到静止的过程中,只有地面施与的摩擦力 $\boldsymbol{F}_\mathrm{f}$ 做功,消耗了全部的动能后使系统静止,由动能定理得

$$-\mu(m+m_1+m_2)gd=0-\frac{1}{2}(m+m_1+m_2)v^2$$

所以 $v=\sqrt{2\mu gd}=15.8$ m/s.

进而即可求出 $v_{10}=18.5$ m/s,$v_{20}=23.9$ m/s.因最高限速 $v_{\max}=80$ km/h $=22.2$ m/s,$v_{20}>v_{\max}$,所以切诺基汽车超速违反交通规则.

碰撞损失的动能为

$$\Delta E=\left[\frac{1}{2}(m+m_1)v_{10}^2+\frac{1}{2}m_2v_{20}^2\right]-\frac{1}{2}(m+m_1+m_2)v^2$$

代入数据解得 $\Delta E=2.97\times10^5$ J.

***4.7.3** 球与台阶相碰的恢复系数为 e.每级台阶的宽度和高度相同,均等于 l.如图所示,该球在台阶上弹跳,每次均弹起同样高度且在水平部分的同一位置,即 $AB=CD$.求球的水平速度和每次弹起的高度.球与台阶间无摩擦.

解:忽略空气阻力.如图所示,建立坐标系 Oxy.依题意,球每次碰撞后弹起的速度都相同,设为 $\boldsymbol{v}_1$;每次落地碰撞前的速度也都相同,设为 $\boldsymbol{v}_2$;且球水平速度经碰撞亦保持不变.

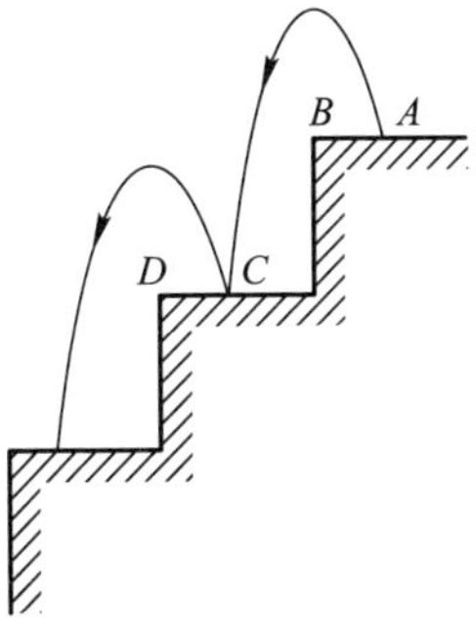

4.7.3 题图

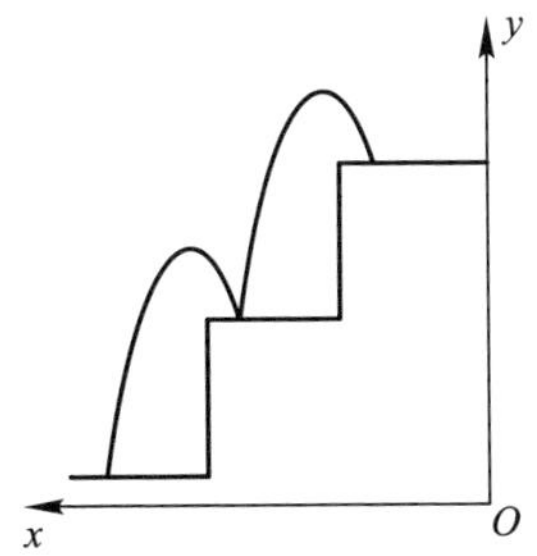

4.7.3 题解图

在球和台阶的碰撞过程中，$\boldsymbol{v}_2$ 是碰前速度，$\boldsymbol{v}_1$ 是碰后速度，根据恢复系数的定义，有

$$e=\frac{-v_{1y}}{v_{2y}} \tag{1}$$

在球两次碰撞间由 A 到 C 的抛射过程中，$\boldsymbol{v}_1$ 是初速度，$\boldsymbol{v}_2$ 是末速度，不计空气阻力，根据斜抛运动规律（水平匀速、竖直匀变速运动），设球由 A 到 C 所用时间为 t，弹起高度为 h，则有

$$v_{2y}^2-v_{1y}^2=2gl \tag{2}$$

$$v_{2y}=v_{1y}-gt \tag{3}$$

$$l=v_{1x}t \tag{4}$$

$$h=\frac{v_{1y}^2}{2g} \tag{5}$$

由(1)(2)式求出

$$v_{1y}=e\sqrt{\frac{2gl}{1-e^2}},\ v_{2y}=-\sqrt{\frac{2gl}{1-e^2}}$$

再由(3)(4)(5)式求出

$$t=\frac{v_{1y}-v_{2y}}{g}=\frac{1+e}{g}\sqrt{\frac{2gl}{1-e^2}}=\sqrt{\frac{2l(1+e)}{g(1-e)}}$$

$$v_{1x}=\frac{l}{t}=\sqrt{\frac{gl(1-e)}{2(1+e)}}$$

$$h=\frac{v_{1y}^2}{2g}=\frac{e^2}{1-e^2}l$$

第五章　角动量、关于对称性

思　考　题

5.1　下面的叙述是否正确,试做分析,并把错误的叙述改正过来:

(1) 一定质量的质点在运动中某时刻的加速度一经确定,则质点所受的合力就可以确定了,同时,作用于质点的力矩也就被确定了;

(2) 质点做圆周运动必定受到力矩的作用;质点做直线运动必定不受力矩作用;

(3) 力 $\boldsymbol{F}_1$ 与 z 轴平行,所以力矩为零;力 $\boldsymbol{F}_2$ 与 z 轴垂直,所以力矩不为零;

(4) 小球与放置在光滑水平面上的轻杆一端连接,轻杆另一端固定在竖直轴上.垂直于杆用力推小球,小球受到该力力矩作用,由静止而绕竖直轴转动,产生了角动量.所以,力矩是产生角动量的原因,而且力矩的方向与角动量方向相同;

(5) 做匀速圆周运动的质点,其质量 m、速率 v 及圆周半径 r 都是常量.虽然其速度方向时时在改变,但却总与半径垂直,所以,其角动量守恒.

提示:(1) 力矩 $\boldsymbol{M}=\boldsymbol{r}\times\boldsymbol{F}$ 依赖于参考点的选取,M_z 依赖于 z 轴的选取,因此,在合力确定的情况下,还不能确定力矩.

改正:一定质量的质点在运动中某时刻的加速度一经确定,则质点所受的合力就可以确定了,同时作用于质点的合力对空间某参考点(或某轴)的力矩也就确定了.

(2) 不确定参考点(或轴)说力矩没有意义.质点做匀速圆周运动,合力对圆心的力矩为零.质点做变速直线运动,合力对直线外一点的力矩不为零.

改正:质点做变速圆周运动必定受到合力对圆心的力矩作用;质点做匀速直线运动必定不受力矩的作用.

(3) 不正确.

改正:力 $\boldsymbol{F}_1$ 与 z 轴平行,所以力 $\boldsymbol{F}_1$ 对 z 轴的力矩为零;力 $\boldsymbol{F}_2$ 与 z 轴垂直且不相交,所以力 $\boldsymbol{F}_2$ 对 z 轴的力矩不为零.

(4) 不确定参考点(或轴)说力矩和角动量都没有意义.$\boldsymbol{M}=\dfrac{\mathrm{d}\boldsymbol{L}}{\mathrm{d}t}$,力矩的方向与角动量增量的方向相同,与角动量的方向不一定相同.

改正:……小球受到该力对竖直轴的力矩作用,可以使小球由静止而绕竖直轴转动,产生对竖直轴的角动量.所以,力矩是角动量变化的原因,而且力矩的方向与角动量增量的方向相同.

(5) 不确定参考点(或轴)说角动量没有意义.

改正:……所以,它对圆心的角动量守恒.

5.2 回答下列问题,并作解释:

(1) 作用于质点的力不为零,质点所受的力矩是否也总不为零?

(2) 作用于质点系的外力矢量和为零,是否外力矩之和也为零?

(3) 质点的角动量不为零,作用于该质点上的力是否可能为零?

提示:(1) 不一定.当力的作用线过参考点时,对该点的力矩就一定为零.

(2) 不一定.作用于质点系的一对力偶(两个大小相等,方向相反,但不共线的力),对任一点的力矩之和均不等于零(其力矩之和称为该力偶的力偶矩).

(3) 可能为零.角动量的变化等于对同一参考点或轴的力矩的矢量和.角动量不为零但不变,则角动量的变化为零.例如:质点做匀速直线运动,对线外一点的角动量不为零,但质点受力为零.

5.3 试分析下面论述的正误:"质点系的动量为零,则质点系的角动量也为零;质点系的角动量为零,则质点系的动量也为零".

提示:不正确.首先,质点系动量为零指 $\boldsymbol{p}=\sum m_i\boldsymbol{v}_i=0$,不等同于各质点都不动.再者,质点系的角动量 $\boldsymbol{L}=\sum \boldsymbol{r}_i\times m_i\boldsymbol{v}_i$,各质点的 $\boldsymbol{r}_i$ 各不相同.所以 $\boldsymbol{p}=\sum m_i\boldsymbol{v}_i=0$ 不说明 $\boldsymbol{L}=\sum \boldsymbol{r}_i\times m_i\boldsymbol{v}_i=0$,$\boldsymbol{L}=\sum \boldsymbol{r}_i\times m_i\boldsymbol{v}_i=0$ 也不说明 $\boldsymbol{p}=\sum m_i\boldsymbol{v}_i=0$.

例如:(1) 两质点质量相同,运动速度大小相等,方向相反且不沿同一条直线,则质点系的动量 $\boldsymbol{p}=m\boldsymbol{v}-m\boldsymbol{v}=0$,但对任意参考点的角动量均不为零.(2) 两质点质量相同,运动速度大小相等,方向相同且不沿同一条直线,则质点系的动量 $\boldsymbol{p}=2m\boldsymbol{v}$,但对两质点连线中心的角动量为零.

5.4 本章图 5.12 对应的例题 1 是否可以运用动量守恒定律来解? 为什么?

提示:将盘和胶泥作为质点系,碰撞过程中所受外力为重力和绳的拉力;将盘、重物、胶泥和滑轮视为质点系,碰撞过程中所受外力为重力和滑轮轴对滑轮的支持力.胶泥与盘发生碰撞,内力是冲击力,内力很大;重力不变,但绳的拉力或轴的支持力会增大很多(因为绳不可伸长,所以绳的拉力或轴的支持力也会有冲击力的特点,也很大),所以合外力不为零,且不满足"内力远大于外力"的条件,因此不能运用动量守恒定律求解.

[请读者对比习题 4.6.5.习题 4.6.5 中框架用弹簧悬挂,本题中,盘用不可伸长的绳悬挂,二者有本质不同.碰撞过程时间短暂,两质点在发生完全非弹性碰撞的过程中位置改变很小.如果用弹簧悬挂,弹簧弹性力改变很小,可以满足"内力远大于外力"的条件,就能运用动量守恒定律求近似解.但如果用不可伸长的绳悬挂,不可伸长的绳也可以看成是弹性系数 $k\to\infty$ 的弹簧,所以绳张力会发生很大的变化,若将盘和胶泥作为质点系,绳张力为外力,因此不能满足"内力远大于外力"的条件,也就不能运用动量守恒定律来求近似解了.]

5.5 一圆盘内有冰,冰面水平,与盘共同绕过盘中心的竖直轴转动.后来冰化为水,问盘的转速是否改变? 如何改变? 不计阻力矩.

提示:视盘与冰(或水)为质点系,以过盘中心的竖直轴为 z 轴,$L_z=\sum(m_ir_i^2\omega)=\omega\sum(m_ir_i^2)$,$r_i$ 为质点到轴的垂直距离.不计阻力矩,质点系对 z 轴的角动量守恒,$L_z=\omega\sum(m_ir_i^2)=$ 常量.冰化为水,水表面会成中间下凹的抛物面(其原因请读者在学习第十一章 §11.2 时关注),r_i 大的质点增多,$\sum(m_ir_i^2)$ 变大,所以 ω 减小,转速变慢.

5.6 一运动员面向南跳起,角动量为零.他可否通过某种动作使自己最后仰面平身着地,且头朝西? 如可能,你如何为该运动员设计空中动作? (可参考本章选读材料.)

提示:抡动手臂,使手臂绕某轴转动,则身体向相反方向转动.或学习猫的动作,也是可能的.此动作很危险,切不可尝试.

5.7 角动量是否具有对伽利略变换的对称性?角动量守恒定律是否具有对伽利略变换的对称性?

提示:对不同惯性系角动量的定义式形式相同,$\boldsymbol{L}=\boldsymbol{r}\times m\boldsymbol{v},\boldsymbol{L}'=\boldsymbol{r}'\times m\boldsymbol{v}'$;但在不同惯性系中角动量的大小和方向不同.

请读者注意:力矩和角动量的定义对参考点和轴没有特殊要求,但角动量定理要求参考点是"固定参考点",轴是"固定轴"(比如,参见教材 P144 倒数第 13 行,"其中$\frac{\mathrm{d}\boldsymbol{r}}{\mathrm{d}t}$即质点速度 $\boldsymbol{v}$",此结论仅当参考点为参考系中的"固定点"时才能成立).若参考点 A 在"基本参考系"中是固定点,在"运动参考系"中就不可能是固定点,在"基本参考系"有对参考点 A 的角动量定理,而在"运动参考系"中就没有对参考点 A 的角动量定理,所以角动量定理不具有伽利略变换的对称性.角动量守恒定律是角动量定理的推论,自然不具有伽利略变换的对称性.

5.8 如南北极的冰川融化,使地球海平面升高,能否影响地球自转的快慢?

提示:视地球及其上冰水等物质为质点系,该质点系对地轴 z 的角动量守恒,$L_z=\omega\sum(m_ir_i^2)=$常量.南北极的冰川融化,使地球的海平面升高,南北极的水质元向赤道方向移动,这些水到地轴的距离 r_i 增大,质点系 $\sum(m_ir_i^2)$ 增大,所以 ω 减小,地球自转变慢.

习　题

5.1.1 我国发射的第一颗人造地球卫星近地点高度 $d_{近}=439\ \mathrm{km}$、远地点 $d_{远}=2\ 384\ \mathrm{km}$,地球半径 $R_{地}=6\ 370\ \mathrm{km}$,求卫星在近地点和远地点的速率之比.

解:卫星在绕地球运动的过程中,只受指向地心的地球引力(有心力)作用,引力对地心的力矩为零,所以卫星对地心的角动量守恒.卫星的运动轨道是椭圆,地球为椭圆的一个焦点,当卫星在近地点和远地点时,卫星的速度都与地心到卫星的连线垂直,即 $r\perp v$.以下脚标 1 表示近日点的物理量,以下脚标 2 表示远日点的物理量,则

$$mr_1v_1=mr_2v_2$$

所以

$$\frac{v_1}{v_2}=\frac{r_2}{r_1}=\frac{R+d_{远}}{R+d_{近}}=\frac{6\ 370+2\ 384}{6\ 370+439}\approx1.29$$

5.1.2 一个质量为 m 的质点沿着一条由 $\boldsymbol{r}=a\cos\omega t\,\boldsymbol{i}+b\sin\omega t\boldsymbol{j}$ 定义的空间曲线运动,其中 a、b 及 ω 皆为常量.求此质点所受的对原点的力矩.

解法 1:根据力矩定义求解.

$$\boldsymbol{r}=a\cos\omega t\boldsymbol{i}+b\sin\omega t\,\boldsymbol{j}$$

$$\boldsymbol{v}=\frac{\mathrm{d}\boldsymbol{r}}{\mathrm{d}t}=-a\omega\sin\omega t\,\boldsymbol{i}+b\omega\cos\omega t\,\boldsymbol{j}$$

$$\boldsymbol{a}=\frac{\mathrm{d}\boldsymbol{v}}{\mathrm{d}t}=-a\omega^2\cos\omega t\,\boldsymbol{i}-b\omega^2\sin\omega t\,\boldsymbol{j}=-\omega^2\boldsymbol{r}$$

根据 $\boldsymbol{F}=m\boldsymbol{a}=-m\omega^2\boldsymbol{r}$，所以 $\boldsymbol{M}=\boldsymbol{r}\times\boldsymbol{F}=\boldsymbol{r}\times(-m\omega^2\boldsymbol{r})=0$.

解法 2：根据质点的角动量定理求解.

$$\boldsymbol{v}=\frac{\mathrm{d}\boldsymbol{r}}{\mathrm{d}t}=-a\omega\sin\omega t\,\boldsymbol{i}+b\omega\cos\omega t\,\boldsymbol{j}$$

$$\begin{aligned}\boldsymbol{L}&=\boldsymbol{r}\times m\boldsymbol{v}=(a\cos\omega t\boldsymbol{i}+b\sin\omega t\,\boldsymbol{j})\times m(-a\omega\sin\omega t\,\boldsymbol{i}+b\omega\cos\omega t\,\boldsymbol{j})\\&=mab\omega\cos^2\omega t\,\boldsymbol{k}+mab\omega\sin^2\omega t\,\boldsymbol{k}=mab\omega\boldsymbol{k}\end{aligned}$$

$\boldsymbol{L}$ 为常矢量，所以 $\boldsymbol{M}=\frac{\mathrm{d}}{\mathrm{d}t}\boldsymbol{L}=\frac{\mathrm{d}}{\mathrm{d}t}(mab\omega\boldsymbol{k})=0$.

5.1.3 一个具有单位质量的质点在力场

$$\boldsymbol{F}=(3t^2-4t)\boldsymbol{i}+(12t-6)\boldsymbol{j}$$

中运动，其中 t 是时间.设该质点在 $t=0$ 时位于原点，且速度为零.求 $t=2$ 时该质点所受的对原点的力矩.

解：质点质量 $m=1$ kg，根据牛顿第二定律，得

$$\boldsymbol{a}=\frac{\boldsymbol{F}}{m}=(3t^2-4t)\boldsymbol{i}+(12t-6)\boldsymbol{j}$$

因为 $\boldsymbol{a}=\frac{\mathrm{d}\boldsymbol{v}}{\mathrm{d}t}$，$t=0$ 时，$\boldsymbol{v}_0=0$，所以

$$\begin{aligned}\boldsymbol{v}&=\int_0^v\mathrm{d}\boldsymbol{v}=\int_0^t\boldsymbol{a}\mathrm{d}t=\int_0^t[(3t^2-4t)\boldsymbol{i}+(12t-6)\boldsymbol{j}]\mathrm{d}t\\&=(t^3-2t^2)\boldsymbol{i}+6(t^2-t)\boldsymbol{j}\end{aligned}$$

又因为 $\boldsymbol{v}=\frac{\mathrm{d}\boldsymbol{r}}{\mathrm{d}t}$，$t=0$ 时，$\boldsymbol{r}_0=0$，所以

$$\begin{aligned}\boldsymbol{r}&=\int_0^r\mathrm{d}\boldsymbol{r}=\int_0^t\boldsymbol{v}\mathrm{d}t=\int_0^t[(t^3-2t^2)\boldsymbol{i}+6(t^2-t)\boldsymbol{j}]\mathrm{d}t\\&=\left(\frac{1}{4}t^4-\frac{2}{3}t^3\right)\boldsymbol{i}+(2t^3-3t^2)\boldsymbol{j}\end{aligned}$$

当 $t=2$ 时，$\boldsymbol{r}(2)=-\frac{4}{3}\boldsymbol{i}+4\boldsymbol{j}$，$\boldsymbol{F}(2)=4\boldsymbol{i}+18\boldsymbol{j}$，因此

$$\boldsymbol{M}(2)=\boldsymbol{r}(2)\times\boldsymbol{F}(2)=\left(-\frac{4}{3}\boldsymbol{i}+4\boldsymbol{j}\right)\times(4\boldsymbol{i}+18\boldsymbol{j})=-40\boldsymbol{k}$$

5.1.4 地球质量为 6.0×10^{24} kg，地球与太阳相距 1.49×10^8 km，视地球为质点，它绕太阳做圆周运动.求地球对于圆轨道中心的角动量.

解：地球绕太阳公转的角速度 $\omega=\frac{2\pi}{365\times24\times3\,600}$ rad/s $\approx1.99\times10^{-7}$ rad/s，地球相对于日心的角动量

$$\boldsymbol{L}=\boldsymbol{r}\times m\boldsymbol{v}=rmv\boldsymbol{k}=m\omega r^2\boldsymbol{k}$$

将 $m=6.0\times10^{24}$ kg，$r=1.49\times10^{11}$ m 代入，得 $L\approx2.65\times10^{40}$ kg·m²/s.

5.1.5 根据 5.1.2 题所给的条件，求该质点对原点的角动量.

提示：$\boldsymbol{L}=\boldsymbol{r}\times m\boldsymbol{v}=(a\cos\omega t\boldsymbol{i}+b\sin\omega t\boldsymbol{j})\times m(-a\omega\sin\omega t\boldsymbol{i}+b\omega\cos\omega t\boldsymbol{j})$

$$=mab\omega\cos^2\omega t\boldsymbol{k}+mab\omega\sin^2\omega t\boldsymbol{k}=mab\omega\boldsymbol{k}$$

5.1.6 根据5.1.3题所给的条件，求该质点在 $t=2$ 时对原点的角动量.

提示：因为 $\boldsymbol{v}=(t^3-2t^2)\boldsymbol{i}+6(t^2-t)\boldsymbol{j}$，$\boldsymbol{v}(2)=12\boldsymbol{j}$，所以

$$\boldsymbol{L}=\boldsymbol{r}(2)\times m\boldsymbol{v}(2)=\left(-\frac{4}{3}\boldsymbol{i}+4\boldsymbol{j}\right)\times 12\boldsymbol{j}=-16\boldsymbol{k}$$

5.1.7 如图所示，水平光滑桌面中间有一光滑小孔，轻绳一端伸入孔中，另一端系一质量为10 g的小球，沿半径为40 cm的圆周做匀速圆周运动，这时从孔下拉绳的力为 10^{-3} N.如果继续向下拉绳，而使小球沿半径为10 cm的圆周做匀速圆周运动，这时小球的速率是多少？拉力所做的功是多少？

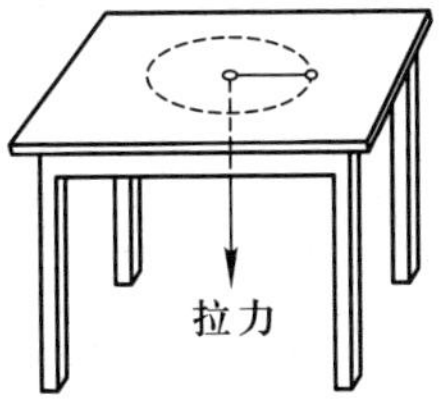

5.1.7 题图

解：视小球为质点，设初态速率为 v_1，圆轨道半径 $r_1=0.4$ m，绳张力 $F_T=1.0\times10^{-3}$ N.根据牛顿第二定律

$$F_T=m\frac{v_1^2}{r_1}$$

所以 $v_1=\sqrt{r_1F_T/m}=0.2$ m/s.

质点所受重力与桌面支持力平衡；绳张力 $\boldsymbol{F}_T$ 作用线穿过小孔，对小孔的力矩为零；因此质点对小孔的角动量守恒.当质点的圆轨道半径变为 $r_2=0.1$ m 时，质点速率为 v_2，则

$$r_1mv_1=r_2mv_2$$

所以 $v_2=\dfrac{r_1v_1}{r_2}=0.8$ m/s.

在轨道半径由 r_1 变为 r_2 的过程中，拉绳的力做功等于绳张力 $\boldsymbol{F}_T$ 对质点做的功，根据质点的动能定理，有

$$A_{F_T}=\frac{1}{2}mv_2^2-\frac{1}{2}mv_1^2=3.0\times10^{-3}\ \text{J}$$

5.1.8 一个质量为 m 的质点在 Oxy 平面内运动，其位置矢量为

$$\boldsymbol{r}=a\cos\omega t\boldsymbol{i}+b\sin\omega t\boldsymbol{j}$$

其中 a、b 和 ω 是正常量.试以运动学及动力学观点证明该质点对于坐标原点角动量守恒.

提示：由 $\boldsymbol{r}=a\cos\omega t\boldsymbol{i}+b\sin\omega t\boldsymbol{j}$，可求得

$$\boldsymbol{v}=\frac{\mathrm{d}\boldsymbol{r}}{\mathrm{d}t}=-a\omega\sin\omega t\boldsymbol{i}+b\omega\cos\omega t\boldsymbol{j}$$

$$\boldsymbol{a}=\frac{\mathrm{d}\boldsymbol{v}}{\mathrm{d}t}=-a\omega^2\cos\omega t\boldsymbol{i}-b\omega^2\sin\omega t\boldsymbol{j}=-\omega^2\boldsymbol{r}$$

(1) 以运动学观点证明

$$\boldsymbol{L}=\boldsymbol{r}\times m\boldsymbol{v}=m(ab\omega\cos^2\omega t\boldsymbol{k}+ab\omega\sin^2\omega t\boldsymbol{k})=mab\omega\boldsymbol{k}$$

为常矢量，所以质点对坐标原点的角动量守恒.

(2) 以动力学观点证明

根据牛顿第二定律 $\boldsymbol{F}=m\boldsymbol{a}=-m\omega^2\boldsymbol{r}$，有

$$M = r \times F = r \times (-m\omega^2 r) = 0$$

所以质点对坐标原点的角动量守恒.

5.1.9 质量为 200 g 的小球 B 由弹性绳固定在光滑水平面上的 A 点.弹性绳的弹性系数为 8 N/m,其自由伸展长度为 600 mm.最初小球的位置及速度 $\boldsymbol{v}_0$ 如图所示.当小球的速率变为 v 时,它与 A 点的距离最大,且等于 800 mm,求此时的速率 v 及初速率 v_0.

解:以小球为研究对象,在小球从初始状态运动到与 A 点距离最大的过程中,所受重力与水平面的支持力平衡,弹性绳拉力 $\boldsymbol{F}_T$ 指向固定点 A,小球所受合力对 A 点的力矩为零,所以小球对 A 点角动量守恒.小球与 A 点距离最大时,小球的速度 $\boldsymbol{v}$ 垂直于 A、B 连线,故有

$$0.8mv = 0.4mv_0 \sin 30° \tag{1}$$

在此过程中,只有弹性绳拉力(保守力)做功,因而小球的机械能守恒.以弹性绳自由伸展时为弹性势能零点,则

$$\frac{1}{2}mv^2 + \frac{1}{2}k(0.8-0.6)^2 = \frac{1}{2}mv_0^2 \tag{2}$$

代入数据,(1)(2)式化为

$$4v = v_0$$

$$v^2 + 1.6 = v_0^2$$

解之得 $v_0 \approx 1.30$ m/s,$v \approx 0.33$ m/s.

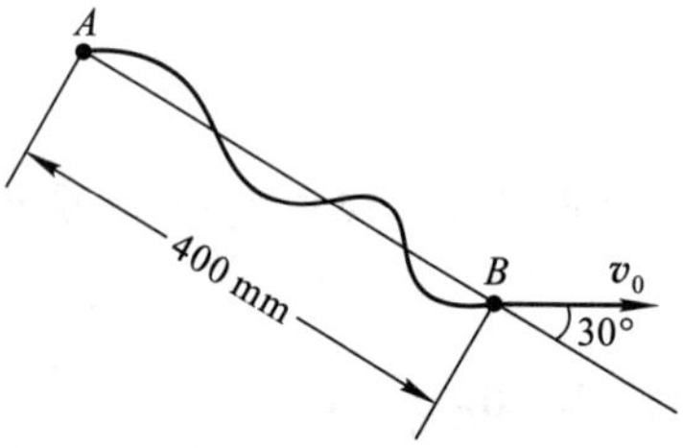

5.1.9 题图

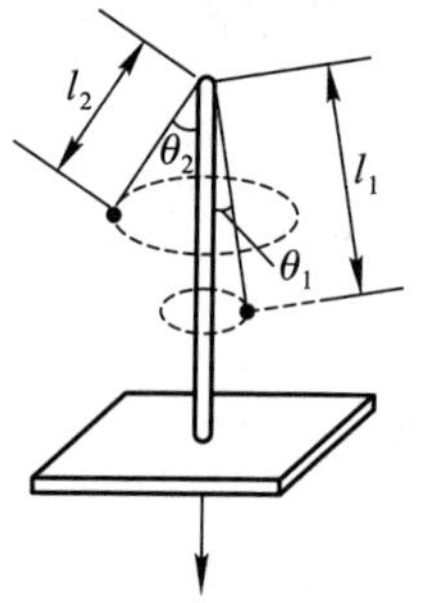

5.1.10 题图

5.1.10 如图所示,一条不可伸长的细绳穿过竖直放置的、管口光滑的细管,一端系一个质量为 0.5 g 的小球,小球沿水平做圆周运动.最初 $l_1 = 2$ m,$\theta_1 = 30°$,后来继续向下拉绳使小球以 $\theta_2 = 60°$沿水平做圆周运动.求小球最初的速度 v_1、最后的速度 v_2,以及绳对小球做的总功.

解:以小球为隔离体,初态和末态均在水平面内做圆周运动,重力 $\boldsymbol{G}$ 和绳拉力 $\boldsymbol{F}_T$ 的合力提供向心力.根据牛顿第二定律,有

$$mg\tan\theta = \frac{mv^2}{l\sin\theta}$$

当 $\theta = \theta_1 = 30°$时,$v_1 = \sqrt{\dfrac{gl_1}{\cos\theta_1}}\sin\theta_1 = \dfrac{1}{2}\sqrt{\dfrac{9.8\times 2}{\sqrt{3}/2}}$ m/s ≈ 2.38 m/s.当 $\theta = \theta_2$ 时

$$v_2^2=\frac{gl_2}{\cos\theta_2}\sin^2\theta_2 \tag{1}$$

在小球从初态到末态的运动过程中，以细管为 z 轴（正方向与小球旋转方向成右手螺旋关系），小球所受重力 $\boldsymbol{G}$ 与 z 轴平行，绳拉力 $\boldsymbol{F}_{\mathrm{T}}$ 作用线与 z 轴相交，两个力对 z 轴的力矩均为零，所以小球对 z 轴角动量守恒，则

$$mv_1l_1\sin\theta_1=mv_2l_2\sin\theta_2 \tag{2}$$

由(2)式求出 $l_2=\dfrac{v_1l_1\sin\theta_1}{v_2\sin\theta_2}$，代入(1)式得

$$v_2^3=gl_1v_1\sin\theta_1\tan\theta_2$$

所以 $v_2=\sqrt[3]{9.8\times2\times2.38\times\frac{1}{2}\times\sqrt{3}}\ \mathrm{m/s}\approx3.43\ \mathrm{m/s}$. 再由(2)式可求出 $l_2\approx0.8\ \mathrm{m}$.

根据功能原理，绳拉力 $\boldsymbol{F}_{\mathrm{T}}$ 对小球所做的功等于小球机械能的增量，取初态水平面为重力势能零点，则

$$A=\frac{1}{2}mv_2^2+mgh-\frac{1}{2}mv_1^2$$

其中 $h=l_1\cos\theta_1-l_2\cos\theta_2\approx1.33\ \mathrm{m}$，所以 $A\approx0.008\ 0\ \mathrm{J}$.

5.2.1 离心调速器模型如题图所示. 由转轴上方向下看，质量为 m 的小球在水平面内绕 AB 逆时针做匀速圆周运动，当角速度为 ω 时，杆张开 α 角. 杆长为 l，杆与转轴在 B 点相交. 求：(1) 作用在小球上的各力对 A 点、B 点及 AB 轴的力矩. (2) 小球在图示位置对 A 点、B 点及 AB 轴的角动量. 杆质量不计. 请自行了解离心调速器的工作原理.

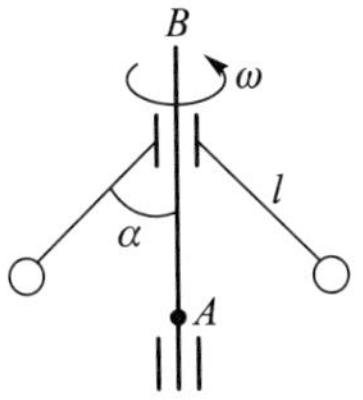

5.2.1 题图

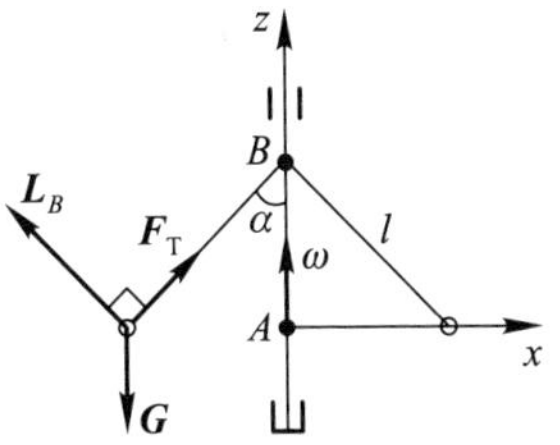

5.2.1 题解图

原题说明：题图修订如题解图. 离心调速器的竖直轴，由上下两个轴承支持. 下面的轴承有“底”，否则轴承会下落，这种轴承称为“止推轴承”. 两杆通过铰链连接在轴上的固定点 B，两杆可在竖直平面内转动（α 角可变）. A 点在小球所在水平面内，由于 α 角可变，所以 A 不是轴上的固定点. 杆质量不计，杆对小球的作用力沿杆方向.（此结论请读者学习第七章时自己证明.）

提示：建立坐标系 $Axyz$ 如题解图所示.

左侧小球重力对 A 点力矩 $\boldsymbol{M}_{GA}=-lmg\sin\alpha\,\boldsymbol{j}$，对 B 点力矩 $\boldsymbol{M}_{GB}=-lmg\sin\alpha\boldsymbol{j}$，对 Oz 轴力矩 $M_{Gz}=0$.

左侧小球 $\boldsymbol{F}_{\mathrm{T}}$ 对 A 点力矩 $\boldsymbol{M}_{FA}=lF_{\mathrm{T}}\cdot\sin\alpha\cdot\cos\alpha\,\boldsymbol{j}=\dfrac{F_{\mathrm{T}}l}{2}\sin2\alpha\,\boldsymbol{j}$，对 B 点力矩 $\boldsymbol{M}_{FB}=0$，对 Oz 轴力矩 $M_{Fz}=0$.

左侧小球对 A 点角动量 $\boldsymbol{L}_A=m\omega l^2\sin^2\alpha\boldsymbol{k}$；对 B 点角动量的大小 $L_B=m\omega l^2\sin^2\alpha$，方向如图所示；对 Oz 轴角动量 $L_{Az}=m\omega l^2\sin^2\alpha$.

对小球，根据牛顿第二定律有

$$mg\tan\alpha=m\omega^2 l\sin\alpha$$

可知 $\cos\alpha=\dfrac{g}{\omega^2 l}$.如果由于某种原因使 ω 增大（如系统驱动功率加大），则 α 增大（$0°\leqslant\alpha\leqslant 90°$），可以把 α 增大的信息反馈给系统的驱动系统使驱动功率减少，从而使 ω 稳定在某一数值附近.

5.2.2 理想滑轮悬挂两质量为 m 的砝码盘.用轻线拴住轻弹簧两端使它处于压缩状态，将此弹簧竖直放在一砝码盘上，弹簧上端放一个质量为 m 的砝码.另一砝码盘上也放置质量为 m 的砝码，使两盘静止.燃断轻线，轻弹簧达到自由伸展状态即与砝码脱离.求砝码升起的高度.已知弹簧弹性系数为 k，被压缩的长度为 l_0.

原题说明：用不可伸长的轻绳跨过理想滑轮悬挂两质量为 m 的砝码盘.

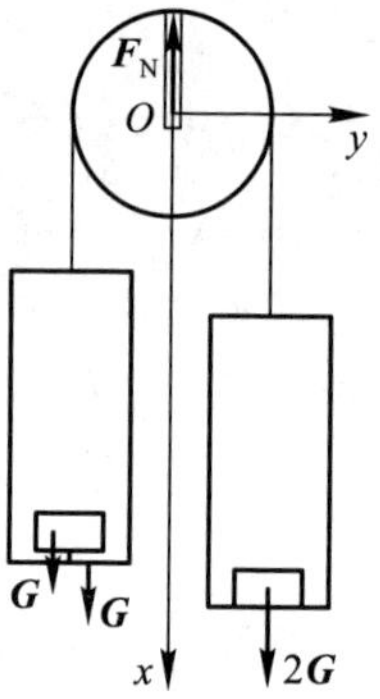

5.2.2 题解图

解：以滑轮轴为原点建立坐标系 $Oxyz$ 如图所示（z 轴垂直纸面向外），用滑轮、轻绳、两个砝码盘、两个砝码和轻弹簧构成质点系.

在从拴住弹簧的轻线燃断到砝码脱离弹簧瞬时的过程中，质点系所受外力中，三个重力对 z 轴力矩和为零，滑轮所受支持力 $\boldsymbol{F}_N$ 对 z 轴力矩也为零，所以质点系对 z 轴角动量守恒.以角标 1 表示左侧砝码，角标 2 表示左侧砝码盘，角标 3 表示右侧砝码盘及砝码，R 为滑轮半径，则

$$Rmv_{1x}+Rmv_{2x}-R(2m)v_{3x}=0$$

因轻绳不可伸长，则 $v_{2x}=-v_{3x}$，所以 $v_{1x}=-3v_{2x}=3v_{3x}$.

由 $v_{1x}=-3v_{2x}$ 知 $x_1-x_{10}=-3(x_2-x_{20})$，再利用相对运动公式

$$x_1-x_{10}=-l_0+(x_2-x_{20})$$

则 $x_1-x_{10}=-\dfrac{3}{4}l_0$，即此过程中砝码升高 $\dfrac{3}{4}l_0$.

在上述过程中，只有重力和弹簧弹性力做功，重力和弹簧弹性力均为保守力，所以质点系机械能守恒.以原点为重力势能零点，自由伸张状态为弹性势能零点，则

$$\frac{1}{2}mv_{1x}^2-mgx_1+\frac{1}{2}mv_{2x}^2-mgx_2+\frac{1}{2}(2m)v_{3x}^2-2mgx_3=-mgx_{10}-mgx_{20}-2mgx_{30}+\frac{1}{2}kl_0^2$$

因轻绳不可伸长，$v_{2x}=-v_{3x}$，$x_2-x_{20}=-(x_3-x_{30})$.还考虑到 $x_1-x_{10}=-l_0+(x_2-x_{20})$，则

$$v_{1x}^2+3v_{2x}^2=\frac{k}{m}l_0^2-2gl_0$$

再利用已求出的 $v_{1x}=-3v_{2x}$，可求出 $v_{1x}^2=\dfrac{3}{4}\dfrac{k}{m}l_0^2-\dfrac{3}{2}gl_0$.

之后，向上运动的砝码做竖直上抛运动到最高点，设上升高度为 h，则 $v_{1x}^2=2gh$，所以

$$h=\frac{v_{1x}^2}{2g}=\frac{3k}{8mg}l_0^2-\frac{3}{4}l_0$$

因此，砝码升起的高度 $H=h-(x_1-x_{10})=\frac{3k}{8mg}l_0^2$.

5.2.3 两个滑冰运动员的质量均为 70 kg，以 6.5 m/s 的速率沿相反方向滑行，滑行路线间的垂直距离为 10 m.当彼此交错时，各抓住长为 10 m 绳索的一端，然后相对旋转.(1) 在抓住绳索一端之前，两人各自对绳中心的角动量是多少？抓住之后是多少？(2) 如他们都收拢绳索，到绳长为 5 m 时，两人的速率分别如何？(3) 绳长为 5 m 时，绳内张力多大？(4) 两人在收拢绳索时，各做了多少功？(5) 总动能如何变化？

提示：(1) 抓绳之前，每个运动员对绳中心的角动量均为 $L=5\times70\times6.5\ \text{kg}\cdot\text{m}^2/\text{s}=2\ 275\ \text{kg}\cdot\text{m}^2/\text{s}$.

抓绳之后，视两个运动员和绳为质点系，所受外力矢量和为零，所以质点系质心（绳中心）位置不变，故每个运动员对绳中心的角动量仍为 2 275 kg · m²/s.

(2) 绳的张力 $\boldsymbol{F}_{\text{T}}$ 为质点系内力，收绳过程中质点系对绳中心的角动量守恒，设收绳后运动员速率为 v，则

$$2\times2.5\ \text{m}\times70\ \text{kg}\times v=2\times2\ 275\ \text{kg}\cdot\text{m}^2/\text{s}$$

所以 $v=13$ m/s.

(3) 当绳长为 5 m 时，对每一运动员，由牛顿第二定律可得

$$F_{\text{T}}=\frac{70\times13^2}{2.5}\ \text{N}=4\ 732\ \text{N}$$

(4) 对每一运动员，根据质点的动能定理，绳张力 $\boldsymbol{F}_{\text{T}}$ 所做功等于质点动能的增量，所以每人做功

$$A=E_{\text{k}}-E_{\text{k0}}=\frac{1}{2}\times70\times(13^2-6.5^2)\ \text{J}=4\ 436.25\ \text{J}$$

(5) 质点系总动能的增量等于组成质点系的每个质点动能增量之和，即

$$\Delta E_{\text{k}}=2\times4\ 436.25\ \text{J}=8\ 872.5\ \text{J}$$

第六章　万有引力定律

思　考　题

6.1　卡文迪什在 1798 年第 17 卷《哲学学报》中发表了他关于引力常量的测量时，曾提到他的实验是为了确定出地球的密度.试问为什么测出 G，就能测出地球的密度？

提示：在忽略地球自转的情况下，地球表面物体所受重力等于地球与物体间的万有引力，即 $G\dfrac{m_{地}m}{R_{地}^2}=mg$，又由 $m_{地}=\dfrac{4}{3}\pi R_{地}^3\rho$，即可得 $\rho=\dfrac{3g}{4\pi GR_{地}}$.

6.2　你有什么办法，用至少哪些可测量量求出地球的质量、太阳的质量及地球太阳间的距离？

提示：由 $G\dfrac{m_{地}m}{R_{地}^2}=mg$，得 $m_{地}=\dfrac{gR_{地}^2}{G}$.

根据开普勒第三定律，$\dfrac{T^2}{a^3}=C$，式中 T 为地球绕太阳运动周期.地球沿椭圆轨道绕太阳运动，但椭圆偏心率极小，可以近似认为是圆轨道，则轨道半径 $R_{日地}=\sqrt[3]{T^2/C}$.

由 $G\dfrac{m_{日}m_{地}}{R_{日地}^2}=m_{地}\left(\dfrac{2\pi}{T}\right)^2R_{日地}$，得 $m_{日}=\dfrac{4\pi^2R_{日地}^3}{T^2G}=\dfrac{4\pi^2}{GC}$.

习　　题

6.2.1　土星质量为 5.7×10^{26} kg，太阳质量为 2.0×10^{30} kg，二者的平均距离是 1.4×10^{12} m.（1）太阳对土星的引力有多大？（2）设土星沿圆轨道运行，求它的轨道速度.

解：（1）设 m_1 为土星质量，m_2 为太阳质量，R 为土星和太阳的距离.根据万有引力定律，太阳与土星之间的引力为

$$F=G\frac{m_1m_2}{R^2}=6.67\times10^{-11}\times\frac{5.7\times10^{26}\times2.0\times10^{30}}{(1.4\times10^{12})^2}\ \mathrm{N}\approx3.88\times10^{22}\ \mathrm{N}$$

（2）选日心-恒星参考系，对土星应用牛顿第二定律，得

$$G\frac{m_1 m_2}{R^2}=m_1\frac{v^2}{R}$$

即 $v^2=G\frac{m_2}{R}$，所以

$$v=\sqrt{\frac{Gm_2}{R}}=\sqrt{\frac{6.67\times10^{-11}\times2.0\times10^{30}}{1.4\times10^{12}}}\ \text{m/s}=9.76\times10^3\ \text{m/s}$$

6.2.2 某流星距地面一个地球半径，求其加速度.

提示：选地心参考系，设 m_1 为流星质量，m_2 为地球质量，R 为地球半径，则

$$G\frac{m_1 m_2}{(2R)^2}=m_1 a$$

可求出 $a=\frac{Gm_2}{4R^2}$.在地球表面 $g=\frac{Gm_2}{R^2}$，所以 $a=\frac{g}{4}$.

6.2.3 (1) 一个球形物体以角速度 ω 转动.如果仅有引力阻碍球的离心分解，此物体的最小密度是多少？由此估算巨蟹座中转速为 30 r/s 的脉冲星的最小密度.这脉冲星是我国在 1054 年就观察到的超新星爆发的结果.(2) 如果脉冲星的质量与太阳的质量相当(约等于 2×10^{30} kg 或约等于 $3\times10^5 m_{地}$，$m_{地}$ 为地球质量)，此脉冲星的最大可能半径是多少？(3) 若脉冲星的密度与核物质的相当，它的半径是多少？核密度约为 1.2×10^{17} kg/m^3.

提示：(1) 设球形物体半径为 R，质量为 m.考虑物体表面上"赤道"附近的小质元 dm，dm 受整个球体施加的万有引力，该力至少要等于质点做匀速圆周运动所需向心力，物体才不分解，即

$$\frac{Gm\mathrm{d}m}{R^2}\geqslant\omega^2R\mathrm{d}m$$

所以 $m\geqslant\frac{\omega^2R^3}{G}$.因 $m=\frac{4}{3}\pi R^3\rho$，故 $\rho\geqslant\frac{3\omega^2}{4\pi G}$，即脉冲星的最小密度

$$\rho=\frac{3\omega^2}{4\pi G}=\frac{3\times(30\times2\pi)^2}{4\pi\times6.67\times10^{-11}}\ \text{kg/m}^3\approx1.3\times10^{14}\ \text{kg/m}^3$$

(2) 由 $m=\frac{4}{3}\pi R^3\rho$，即 $R^3=\frac{3m}{4\pi\rho}$，所以

$$R=\sqrt[3]{\frac{3m}{4\pi\rho}}=\sqrt[3]{\frac{3\times2\times10^{30}}{4\pi\times1.3\times10^{14}}}\ \text{m}\approx1.5\times10^5\ \text{m}$$

(3)

$$R=\sqrt[3]{\frac{3m}{4\pi\rho}}=\sqrt[3]{\frac{3\times2\times10^{30}}{4\pi\times1.2\times10^{17}}}\ \text{m}\approx1.6\times10^4\ \text{m}$$

6.2.4 距银河系中心约 25 000 光年的太阳约以 170 000 000 年的周期在一圆周上运动.地球距太阳约 8 光分.设太阳受到的引力近似为银河系质量集中在其中心对太阳的引力.试求以太阳质量为单位的银河系质量.

提示：R = 25 000 光年，T = 170 000 000 年，向心力由万有引力提供

$$\frac{Gm_{银}m_{日}}{R^2}=m_{日}\omega^2R=m_{日}\left(\frac{2\pi}{T}\right)^2R$$

则 $m_{银}=\frac{4\pi^2R^3}{GT^2}$.同理,设地球绕太阳运动的轨道半径为 r,运行周期为 t,有 $m_{日}=\frac{4\pi^2r^3}{Gt^2}$.所以

$$m_{银}=\left(\frac{R}{r}\right)^3\left(\frac{t}{T}\right)^2 m_{日}=\left(\frac{25\ 000\times365\times24\times60}{8}\right)^3\left(\frac{1}{170\ 000\ 000}\right)^2 m_{日}$$

$$\approx1.53\times10^{11}m_{日}$$

6.2.5 某彗星围绕太阳运动,远日点的速度为 10 km/s,近日点的速度为 80 km/s.若地球在半径为 1.5×10^8 km 的圆周轨道绕日运动,速度为 30 km/s.求此彗星的远日点距离.

提示:彗星对日心的角动量守恒.远日点 1 和近日点 2 处,位置矢量 $\boldsymbol{r}$ 与速度 $\boldsymbol{v}$ 垂直,故有

$$m_{彗}r_1v_1=m_{彗}r_2v_2, \tag{1}$$

即

$$r_1v_1=r_2v_2$$

万有引力为保守力,机械能守恒

$$\frac{1}{2}m_{彗}v_1^2-\frac{Gm_{日}m_{彗}}{r_1}=\frac{1}{2}m_{彗}v_2^2-\frac{Gm_{日}m_{彗}}{r_2}$$

地球绕日做圆周运动,有 $G\frac{m_{日}m_{地}}{R^2}=\frac{m_{地}v^2}{R}$,即 $Gm_{日}=v^2R$,代入上式得

$$v_1^2-\frac{2v^2R}{r_1}=v_2^2-\frac{2v^2R}{r_2} \tag{2}$$

联立求解(1)(2)式得

$$r_1=\frac{2v^2R}{(v_1+v_2)v_1}=\frac{2\times30^2\times1.5\times10^8}{(10+80)\times10}\ \text{km}=3\times10^8\ \text{km}$$

[**注意**:行星(彗星)在绕太阳运动的椭圆轨道的近日点和远日点处时,轨道曲率半径不等于行星(彗星)到太阳的距离.由牛顿第二定律,彗星在远日点有 $G\frac{m_{日}m_{彗}}{r_1^2}=\frac{m_{彗}v^2}{\rho}$,在不知道 ρ 的情况下不能求出 r_1.]

6.2.6 如图所示,一均质细杆长 L,质量为 m.求距其一端为 d 处,单位质量质点受到的引力(引力场强度).

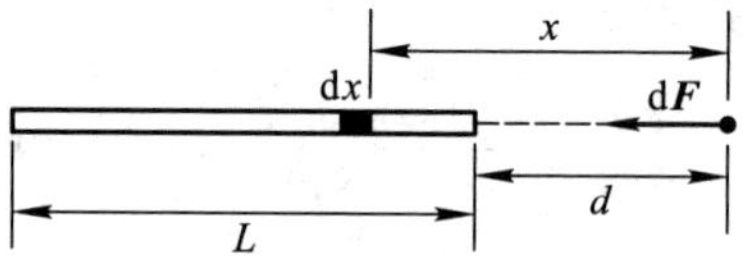

6.2.6 题图

解:杆上 x—$x+\mathrm{d}x$ 处质元,其质量 $\mathrm{d}m=\frac{m}{L}\mathrm{d}x$,它对 $x=0$ 处单位质量质点的引力为

$$\mathrm{d}F=\frac{G\cdot1\cdot\mathrm{d}m}{x^2}=\frac{Gm\mathrm{d}x}{Lx^2}$$

对细杆上所有质元求和,有

$$F=\int_{d}^{d+L}\frac{Gm\mathrm{d}x}{Lx^{2}}=-\frac{Gm}{L(d+L)}+\frac{Gm}{Ld}=\frac{Gm}{d(d+L)}$$

6.2.7 如图所示，半径为 R 的细半圆环线密度为 λ.求位于圆心处单位质量质点受到的引力(引力场强度).

解:圆环上 θ—$\theta+\mathrm{d}\theta$ 处质元，其质量 $\mathrm{d}m=\lambda R\mathrm{d}\theta$，它对圆心处单位质量质点的引力为

$$\mathrm{d}\boldsymbol{F}=\frac{G\mathrm{d}m}{R^{2}}\boldsymbol{e}_{r}=\frac{G\lambda R\mathrm{d}\theta}{R^{2}}\boldsymbol{e}_{r}=\frac{G\lambda}{R}\mathrm{d}\theta(\cos\theta\boldsymbol{i}+\sin\theta\boldsymbol{j})$$

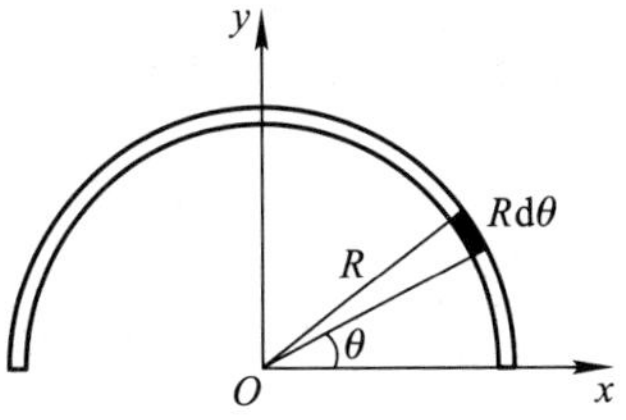

6.2.7 题图

对 θ 在 $0\sim\pi$ 积分

$$\begin{aligned}\boldsymbol{F}&=\int_{0}^{\pi}\frac{G\lambda}{R}\mathrm{d}\theta(\cos\theta\boldsymbol{i}+\sin\theta\boldsymbol{j})\\&=\frac{G\lambda}{R}\left(\int_{0}^{\pi}\cos\theta\mathrm{d}\theta\right)\boldsymbol{i}+\frac{G\lambda}{R}\left(\int_{0}^{\pi}\sin\theta\mathrm{d}\theta\right)\boldsymbol{j}\\&=\frac{G\lambda}{R}\sin\theta\Big|_{0}^{\pi}\boldsymbol{i}-\frac{G\lambda}{R}\cos\theta\Big|_{0}^{\pi}\boldsymbol{j}=\frac{2G\lambda}{R}\boldsymbol{j}\end{aligned}$$

6.3.1 考虑一转动的球形行星，赤道上各点的速度为 v，赤道上的加速度是极点上的一半.求此行星极点处的粒子的逃逸速度.

原题说明:题中“加速度”指重力加速度.逃逸速度指行星表面质点所具有的，可以使质点脱离行星引力的最小速度.

解:以转动的球形行星为参考系(匀速转动的非惯性参考系).相对此非惯性系静止的自由质点 m，在赤道附近除受引力作用外，还受惯性离心力的作用.设行星质量为 $m_{行}$，半径为 R，赤道处的重力加速度为 g_1，根据匀速转动参考系内的动力学方程，注意到惯性离心力 $F_{\mathrm{C}}^{*}=m\omega^{2}R=m\dfrac{v^{2}}{R}$，则

$$G\frac{m_{行}m}{R^{2}}-m\frac{v^{2}}{R}=mg_{1}\tag{1}$$

相对此非惯性系静止的自由粒子 m 在极点处只受引力作用，极点处的重力加速度为 g_2，有

$$G\frac{m_{行}m}{R^{2}}=mg_{2}\tag{2}$$

已知 $g_2=2g_1$，由(1)(2)式即可求得$\dfrac{Gm_{行}}{R}=2v^{2}$.

设粒子在极点的逃逸速度为 v_2，在粒子从极点到无穷远的过程中，只有保守的万有引力做功，根据机械能守恒定律，以无穷远为引力势能零点，有

$$\frac{1}{2}mv_{2}^{2}-G\frac{m_{行}m}{R}=0$$

可知 $v_2^2=\frac{2Gm_{行}}{R}$.由于$\frac{Gm_{行}}{R}=2v^2$,所以 $v_2=2v$.

6.3.2 已知地球表面的重力加速度为 9.8 m/s^2,围绕地球的大圆周长为 4×10^7 m,月球与地球的直径及质量之比分别是 $D_{月}/D_{地}=0.27$ 和 $m_{月}/m_{地}=0.012\ 3$.试计算从月球表面逃离月球引力场所必需的最小速度.

提示:设质点 m 从月球表面逃离月球引力场所需最小速度为 v_2',根据机械能守恒定律

$$\frac{1}{2}mv_2'^2-G\frac{m_{月}m}{R_{月}}=0$$

故 $v_2'^2=\frac{2Gm_{月}}{R_{月}}$.在忽略地球自转的情况下 $G\frac{m_{地}m}{R_{地}^2}=mg$,即 $R_{地}g=\frac{Gm_{地}}{R_{地}}$.所以

$$\frac{v_2'^2}{R_{地}g}=2\frac{R_{地}m_{月}}{R_{月}m_{地}}$$

$$v_2'=\sqrt{2R_{地}g\frac{R_{地}m_{月}}{R_{月}m_{地}}}=\sqrt{2\times\frac{4\times10^7}{2\pi}\times9.8\times\frac{1}{0.27}\times0.012\ 3}\ \text{m/s}\approx2.38\times10^3\ \text{m/s}$$

6.4.1 月球在地球上引起潮汐.试论证潮汐产生的摩擦会使地-月间距离增加.

提示:为分析简便起见,设想地球是一个圆球体,表面均匀覆盖一层海水.由于月球引力场的不均匀性而产生潮汐,潮汐力使地球表面离月球最近处和最远处的海水隆起,如图所示(尺度夸张的示意图).如果地球没有自转,海水隆起的高峰将在地月连线上.地球自转角速度(每天一圈)大于月球绕地球圆周运动的角速度(每月一圈).由于地球的自转,海水受海底(即地球表面)的摩擦力作用,导致海水隆起部分不在地月连线上.对月球绕地球的运动而言,海水隆起的两高峰连线比地月连线超前.地球(含受潮汐力而隆起的海水)对月球的引力将有指向月球运动前方的分力,这分力将使月球运动的能量增加,从而会使地-月间的距离增加.

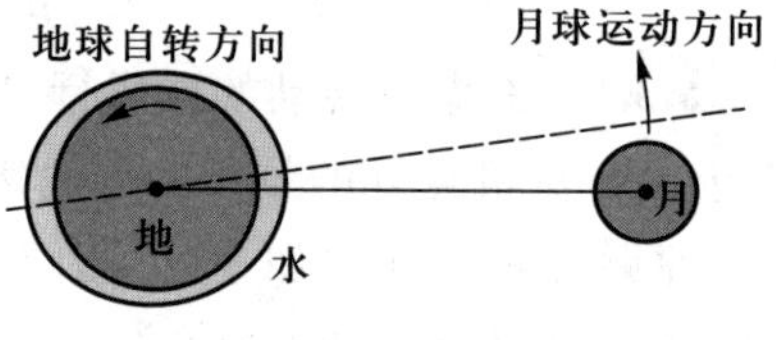

6.4.1 题解图

同样的原因,月球对地球的作用力将使地球的自转减慢.可参阅:张三慧.潮汐是怎样使地球自转速度变慢的[J].物理与工程,2001,11(2):6-7,12.

6.4.2 图示为利用潮汐发电.左方为陆地和海湾,中间为水坝,其下有通道,水流经通道可带动发电机.涨潮时,水进入海湾,待内外水面高度相同,堵住通道[见 6.4.2 题图(a)]、潮落至最低点时放水发电[见 6.4.2 题图(b)].当内外水面高度相同,再堵住通道,直到下次涨潮至最高点时,又放水发电[见 6.4.2 题图(c)].设海湾面积为 $5.0\times10^8\ m^2$,高潮与低潮间高度差为 3.0 m.求一天内水流的平均功率.

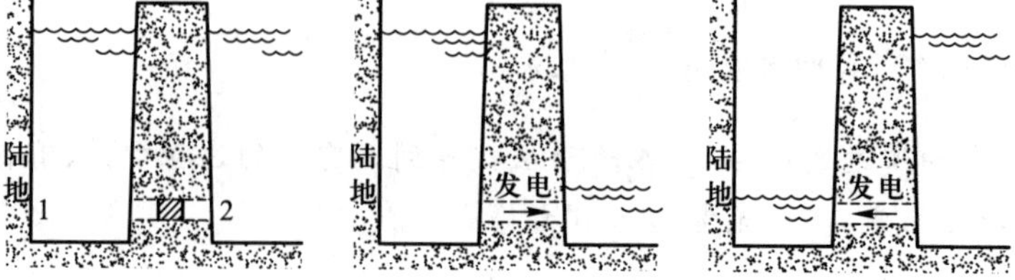

6.4.2 题图

注:实际上,由于各种损失,发电功率仅及水流功率的 10% ~ 25%.例如法国朗斯河(the Rance River)潮汐发电站水势能释放平均功率达 240 MW,而发电功率仅 62 MW.

提示:如题解图所示,建立坐标系 Oy.y_1、y_2 为水面最低、最高位置,设海湾面积为 S,以 y_1 为重力势能零点.y—$y+\mathrm{d}y$ 处质元的重力势能为$(\rho S\mathrm{d}y)g(y-y_1)$,积分得

$$E_p=\int_{y_1}^{y_2}\rho Sg(y-y_1)\mathrm{d}y=\frac{1}{2}\rho Sg(y-y_1)^2\Big|_{y_1}^{y_2}=\frac{9}{2}\rho Sg$$

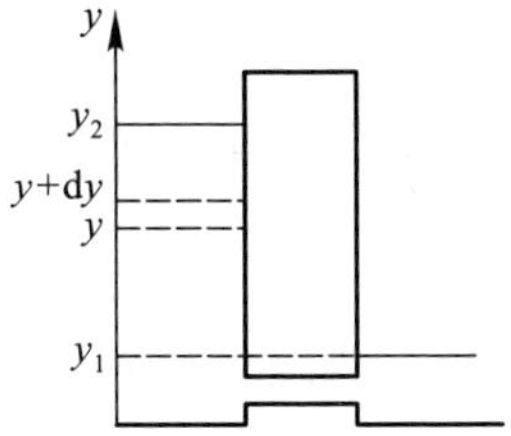

6.4.2 题解图

此即为一次放水过程中水流做的功.

[上面是微元法的示例,这个方法很重要.此题可以解得更简单:把将要流出的水看成整体,重心高度为$\frac{1}{2}(y_2-y_1)$,可直接得出其势能为 $E_p=\rho S(y_2-y_1)g\cdot\frac{1}{2}(y_2-y_1)=\frac{9}{2}\rho Sg$.]

各地潮汐情况不同,有的地方一天潮涨一次潮落一次,则一天放水两次,水流做的总功 $A_{总}=9\rho sg$,平均功率为

$$P=\frac{A_{总}}{t}=\frac{9\rho sg}{24\times3\ 600}=\frac{9\times10^3\times5\times10^8\times9.8}{24\times3\ 600}\ \mathrm{W}$$
$$=5.1\times10^8\ \mathrm{W}=510\ \mathrm{MW}$$

多数地方,一天潮涨两次潮落两次,则一天放水四次,水流做的总功 $A_{总}=18\rho sg$,平均功率为 $P=$ 1 020 MW.

第七章　刚体力学

思　考　题

7.1　地球上不同纬度各处因地球自转而具有的角速度的大小是否相同？线速度的大小是否相同？地球上各点的法向加速度是否都指向地心？

提示：地球自转的角速度是确定的，但不同纬度处因自转而引起的线速度的大小不同.即使只考虑自转，地球上的各点法向加速度也不都指向地心（指向地球自转轴）.

7.2　在运动学可将刚体的平面运动分解为随所选择的基点的平动和绕基点的转动.试问绕基点的角位移和角速度与基点的选择是否有关？

提示：在运动学中，基点选择是任意的.绕基点的角位移和角速度都与基点的选择无关.

7.3　“作用于刚体的力可以沿作用线滑移.”有人将它用于解释图（见7.3题图）中现象，认为既然有力 $\boldsymbol{F}$ 作用于滑块，力向右滑，故滑块作用于墙壁的力也为 $\boldsymbol{F}$.这么说是否正确？应如何解释.

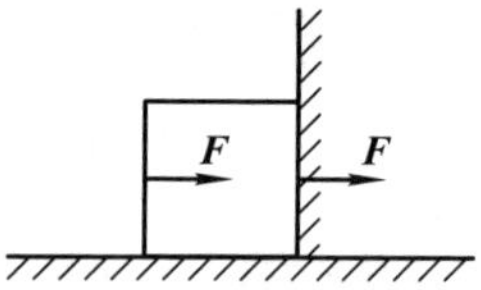

7.3 题图

提示：力的滑移范围只能在一个刚体上.

不能把一个力滑移到另一刚体上，墙壁受到的是滑块施与的力.

7.4　当研究力使弹簧形变时，力能否沿作用线滑移？

提示：在刚体力学中，只要不改变力的大小和方向，把力的作用点沿作用线移动，就不会改变它对刚体的作用效果，所以在刚体力学中，力是滑移矢量.但在一般情况下，力作用点的变化会导致力的作用效果不同，因而力不能滑移.比如，力作用于弹簧的不同位置，引起弹簧的形变是不同的.

7.5　当研究两端支起的横梁因自重而弯曲时，能否用重心的概念？即能否将横梁所受重力用作用于重心的合力代替？

提示：重心是重力合力作用点.刚体上各质元所受重力均同向平行，应用同向平行力合成的方法可求出它们的合力和重心位置，用重力的合力代替刚体各质元所受重力，力学效果不变.不难想象，对于非刚体的一般质点系，无法保证力学效果不变.因此重力合力，重心的概念只对刚体才有意义.

生活中，我们会说“人的重心”，这是不严格的，应说“人的质心”才对.

7.6　如图所示，均质杆静止于光滑水平桌面上.受大小相等方向相反的力 $\boldsymbol{F}$ 和 $\boldsymbol{F}'$，问三种情况质心运动有何不同？

提示：质心运动定理只与外力的矢量和有关.三种情况外力的矢量和相同，所以质心的运动情况相同，均保持静止.

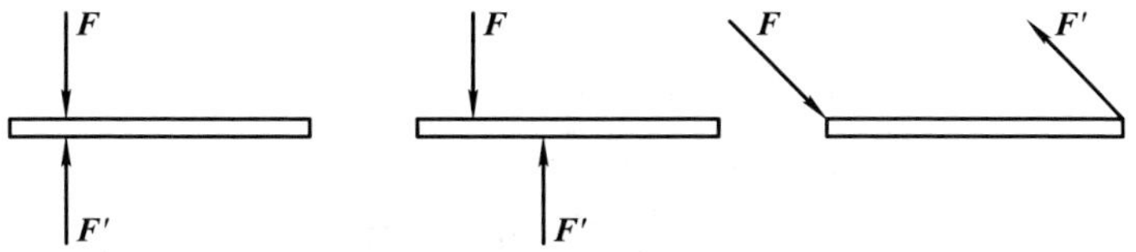

7.6 题图

7.7 汽车在泥泞的路上打滑和刹车时,汽车速率 v、车轮角速度 ω 及车轮半径 r 间的关系有何不同?

提示:车轮作平面平行运动,以车轮轮心为基点,轮心速率即为汽车速率 v.以轮心向前的运动方向为速度正方向,车轮角速度为 ω,车轮半径为 r,车轮边缘上与地面接触点的线速度为 $v-\omega r$.

打滑时,车轮边缘上与地面接触点向后滑动,$v-\omega r<0$.刹车时,车轮边缘上与地面接触点向前滑动,$v-\omega r>0$.

7.8 如图所示,两个相同台秤置于水平桌面上,上面放均质长方体,两秤读数相同.在它上面施一向右的水平力,因摩擦长方体未动.问两秤读数是否变化?(提示:向右的力和台秤对长方体的摩擦力形成一力偶.)

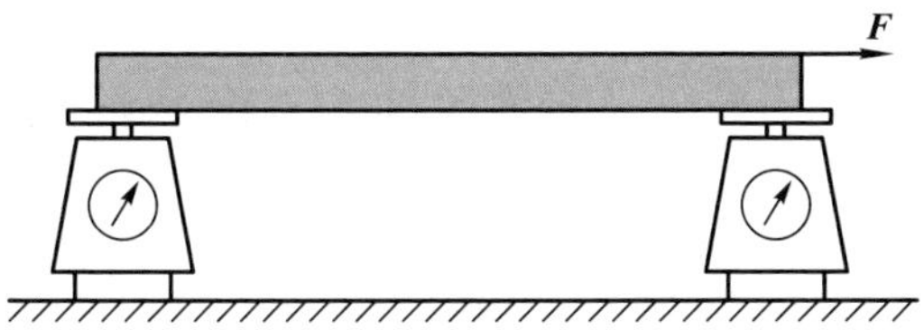

7.8 题图

提示:向右的水平力和台秤对长方体向左的摩擦力形成一力偶,该力偶会使长方体顺时针转动,为保持平衡,必有另一力偶与之平衡.因此,右边台秤对长方体的支持力大于左边台秤对长方体的支持力,因此,右边台秤的读数变大,左边台秤的读数变小.

7.9 “平动的刚体,可视为质点.”应如何看待这句话?

提示:从运动学的角度看,平动刚体上各个质元没有相对运动,各质元的速度和加速度相同,只要知道刚体上任意一个质元的运动,全部质元的运动就都可以知道了.因此可以选一个基点,用描述质点运动的方法描述基点的运动,从而了解整个刚体的运动.一般我们可以说:可以把平动刚体视为质点.

在动力学问题中,必须选刚体的质心为基点!质心的运动由质心运动定理决定,质心运动定理和描述质点运动的牛顿第二定律形式相同.对于平动刚体,知道了质心的运动就可以了解整个刚体的运动,所以一般地说:可以把平动刚体视为质点.

7.10 直升机的尾部有小螺旋桨,它起什么作用?双螺旋桨飞机的两个螺旋桨旋转方向相反,为什么?

提示:直升机尾部的小螺旋桨有两个作用:① 直升机上方旋翼的旋转(转轴沿竖直方向,如图所示),会造成直升机机身向相反的方向转动,通过尾螺旋桨(转轴沿水平方向,如图所示)的作用可以保持机身不因此而转动.② 通过尾螺旋桨的作用可主动调整直升机的方向.

双螺旋桨飞机的两个螺旋桨旋转方向相反,可避免由于螺旋桨旋转而造成机身的转动.

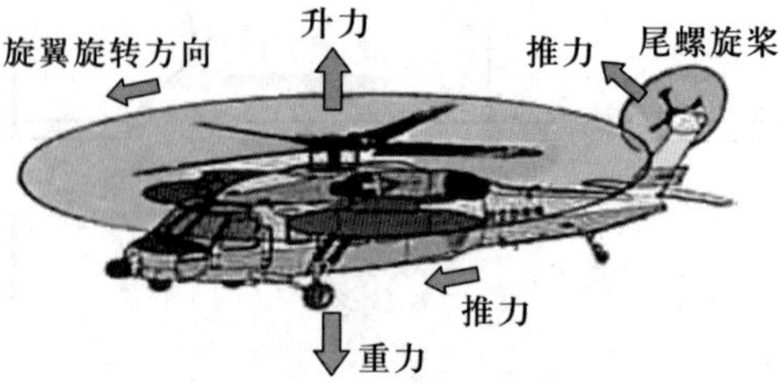

7.10 题解图

7.11 溜冰运动员做旋转动作，转动惯量为 I，角速度为 ω，当他伸开手腿，转动惯量和角速度分别变为 I' 和 ω'，有 $I'\omega'=I\omega$，即角动量守恒.问动能是否变化？如何变？

提示：视人体做定轴转动.伸开手脚后，转动惯量变大，因角动量守恒，故角速度变小，$\omega'<\omega$.初态动能 $E_k=\frac{1}{2}I_z\omega^2=\frac{1}{2}I_z\omega\cdot\omega$，末态动能 $E_k'=\frac{1}{2}I_z'\omega'^2=\frac{1}{2}I_z\omega\cdot\omega'$，所以 $E_k'<E_k$.

7.12 圆桶内装厚薄均匀的冰，绕其中轴线旋转，不受任何力矩.冰融化后，桶的角速度如何变化？

提示：冰融化后成为水，参见教材 P337 图 11.8，圆桶和水的转动惯量变大.又因不受任何力矩，对转轴的角动量守恒，故其角速度变小.

7.13 一个人骑自行车向右转弯，车向右倾；如向左转弯，则车向左倾.这是为什么？

提示：参见教材 §7.7 之（一）（二）.

自行车的车轮就是一个回转仪（对称陀螺），车轮的旋转对自行车的稳定有重大作用，初学自行车的人为防止跌倒总是把车骑得飞快就是这个原因.

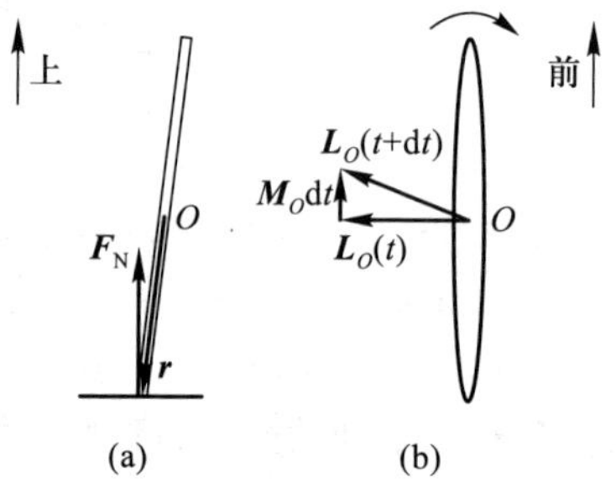

7.13 题解图

高速行驶的自行车的车把实际上不起"方向盘"的作用，骑车人要转弯必须改变重心，使自行车向希望转向的一边倾斜，自行车是利用车轮（回转仪）的回转效应转弯的.7.13 题解图是自行车前轮示意图，图（a）是从后向前看的图，图（b）是从上向下看的图.想象你骑在自行车上前进，车轮向前滚，车轮对轮心 O 的角动量 $\boldsymbol{L}_O(t)$ 沿轮轴指向左方，如图（b）所示.当你改变重心，使自行车向右倾斜时，地面支持力对轮心 O 的力矩 $\boldsymbol{M}_O=\boldsymbol{r}\times\boldsymbol{F}_N$，如图（a）所示；$\boldsymbol{M}_O$ 指向前方，如图（b）所示.由对轮心 O 的角动量定理

$$\frac{\mathrm{d}\boldsymbol{L}_O}{\mathrm{d}t}=\frac{\boldsymbol{L}_O(t+\mathrm{d}t)-\boldsymbol{L}_O(t)}{\mathrm{d}t}=\boldsymbol{M}_O$$

可知

$$\boldsymbol{L}_O(t+\mathrm{d}t)=\boldsymbol{L}_O(t)+\boldsymbol{M}_O\mathrm{d}t$$

如图（b）所示，于是前轮向右转弯.

如果你非要扭动车把向右转弯又会如何呢？向右扭车把，这个力矩是竖直向下的，它不能使前轮向右转.这时候车轮是竖直的，地面支持力对轮心 O 的力矩为零，使前轮向右转的力矩只能是地面摩擦力的力矩.所以你向右扭车把会使前轮受到向左的地面摩擦力，前轮是向右转了，可是根据质心运动定理，你（人）和自行车构成的质点系的质心会在向左的摩擦力的作用下向左运动.前轮向右转，可质心向左运动，于是你

会向左跌倒！不信？你到操场上人少的地方试试.

习　　题

7.1.1 设地球绕日做圆周运动.求地球自转和公转的角速度为多少 rad/s？估算地球赤道上一点因地球自转具有的线速度和向心加速度.估算地心因公转而具有的线速度和向心加速度（自己搜集所需数据）.

提示：

$$\omega_{自}=\frac{2\pi}{24\times3\ 600}\ \mathrm{rad/s}\approx7.27\times10^{-5}\ \mathrm{rad/s}$$

$$\omega_{公}=\frac{2\pi}{365\times24\times3\ 600}\ \mathrm{rad/s}\approx1.99\times10^{-7}\ \mathrm{rad/s}$$

$$v_1=R\omega_{自}=6\ 400\times10^3\times7.27\times10^{-5}\ \mathrm{m/s}\approx4.65\times10^2\ \mathrm{m/s}$$

$$a_{n1}=\omega_{自}^2\ R\approx3.38\times10^{-2}\ \mathrm{m/s^2}$$

$$v_2=R'\omega_{公}=1.50\times10^{11}\times1.99\times10^{-7}\ \mathrm{m/s}\approx2.98\times10^4\ \mathrm{m/s}$$

$$a_{n2}=\omega_{公}^2\ R'\approx5.94\times10^{-3}\ \mathrm{m/s^2}$$

7.1.2 汽车发动机的转速在 12 s 内由 1 200 r/min 增加到 3 000 r/min.（1）假设转动是匀加速转动，求角加速度.（2）在此时间内，发动机转了多少转？

提示：（1）

$$\alpha=\frac{\Delta\omega}{\Delta t}=\frac{(3\ 000-1\ 200)\times\frac{2\pi}{60}}{12}\ \mathrm{rad/s^2}\approx15.71\ \mathrm{rad/s^2}$$

（2）类比匀变速直线运动公式 $v_t^2-v_0^2=2as$，得 $\omega^2-\omega_0^2=2\alpha\Delta\theta$，即

$$\Delta\theta=\frac{\omega^2-\omega_0^2}{2\alpha}=\frac{(3\ 000^2-1\ 200^2)\times\left(\frac{2\pi}{60}\right)^2}{2\times15.71}\mathrm{rad}\approx2.64\times10^3\ \mathrm{rad}$$

对应的转数 $n=\frac{\Delta\theta}{2\pi}=\frac{2.64}{2\pi}\times10^3\approx420$.

7.1.3 某发动机飞轮在时间间隔 t 内的角位移为

$$\theta=at+bt^3-ct^4\quad(\theta\ 的单位为\ \mathrm{rad},t\ 的单位为\ \mathrm{s}).$$

求 t 时刻的角速度和角加速度.

提示：

$$\omega=\frac{\mathrm{d}\theta}{\mathrm{d}t}=a+3bt^2-4ct^3,\quad \alpha=\frac{\mathrm{d}\omega}{\mathrm{d}t}=6bt-12ct^2$$

7.1.4 半径为 0.1 m 的圆盘在竖直平面内转动，在圆盘平面内建立 Oxy 坐标系，原点在轴上.x 和 y 轴沿水平和竖直向上的方向.边缘上一点 A 当 $t=0$ 时恰好在 x 轴上，该点的角坐标满足 $\theta=1.2t+t^2$（θ 的单位为 rad，t 的单位为 s）.求（1）$t=0$ 时；（2）自 $t=0$ 开始转 45°时；（3）转过 90°时，A 点的速度和加速度在 x 轴和 y 轴上的投影.

解：

$$\omega=\frac{\mathrm{d}\theta}{\mathrm{d}t}=\frac{\mathrm{d}}{\mathrm{d}t}(1.2t+t^2)=1.2+2t\ (\mathrm{rad/s})$$

$$\alpha=\frac{d\omega}{dt}=\frac{d}{dt}(1.2+2t)=2\ (rad/s^2)$$

（1）$t=0$ 时，$\omega=1.2\ rad/s$，$\alpha=2\ rad/s^2$.则

$$v_x=0,\quad v_y=v_t=\omega r=0.12\ m/s$$

$$a_x=-a_n=-\omega^2 r=-0.144\ m/s^2,\quad a_y=a_t=\alpha r=0.2\ m/s^2$$

（2）$\theta=45°$时，由 $\theta=1.2t+t^2=\frac{\pi}{4}$，求得 $t\approx0.47$ s.所以

$$\omega=1.2+2t=2.14\ (rad/s),\quad \alpha=2\ rad/s^2$$

$$v_x=-\omega r\cos 45°=-0.15\ m/s,\quad v_y=\omega r\sin 45°=0.15\ m/s$$

$$a_x=-\alpha r\cos 45°-\omega^2 r\cos 45°\approx-0.465\ m/s^2$$

$$a_y=\alpha r\sin 45°-\omega^2 r\sin 45°\approx-0.182\ m/s^2$$

（3）$\theta=90°$时，由 $\theta=1.2t+t^2=\frac{\pi}{2}$，求得 $t\approx0.79$ s.所以

$$\omega=1.2+2t=2.78\ (rad/s),\quad \alpha=2\ rad/s^2$$

$$v_x=-\omega r=-0.278\ m/s,\quad v_y=0$$

$$a_x=-\alpha r=-0.20\ m/s^2,\quad a_y=-\omega^2 r=-0.77\ m/s^2$$

7.1.5 如图所示，钢制炉门由两个各长 1.5 m 的平行臂 AB 和 CD 支撑，以角速率 $\omega=10$ rad/s 逆时针转动，求臂与铅直成 45°时门中心 G 的速度和加速度.

解：炉门做平动，其上各点的运动都相同，故门中心 G 的速度、加速度与 B 点的相同.B 绕 A 做匀速率圆周运动，所以 $v_G=v_B=\omega\,\overline{AB}=10\times1.5\ m/s=15\ m/s$，方向指向右下方，与水平方向成 45°；$a_G=a_B=\omega^2\,\overline{AB}=10^2\times1.5\ m/s^2=150\ m/s^2$，方向指向右上方，与水平方向成 45°.

7.1.6 如图所示，收割机拨禾轮上面通常装 4 到 6 个压板.拨禾轮一边旋转，一边随收割机前进.压板转到下方才发挥作用，一方面把农作物压向切割器，另一方面把切下来的农作物铺放在收割台上，因此要求压板运动到下方时相对于农作物的速度与收割机前进方向相反.

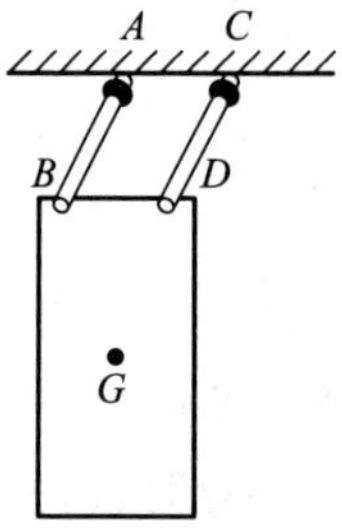

7.1.5 题图

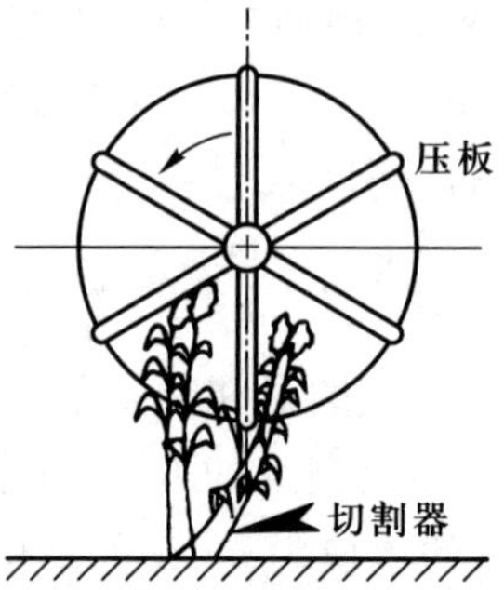

7.1.6 题图

已知收割机前进速率为 1.2 m/s，拨禾轮直径 1.5 m，转速 22 r/min，求压板运动到最低点

时，挤压农作物的速度.

解：拨禾轮做平面平行运动，以轮心 C 为基点，压板运动到最低点时，其边缘速度

$$v=v_C-\omega r=\left(1.2-\frac{2\pi\times 22}{60}\times\frac{1.5}{2}\right)\ \mathrm{m/s}\approx -0.53\ \mathrm{m/s}$$

负号表示压板挤压农作物的速度方向与收割机前进方向相反.

7.1.7 飞机沿水平方向飞行，螺旋桨尖端所在半径为 150 cm，发动机转速 2 000 r/min.（1）求桨尖相对于飞机的线速率等于多少？（2）若飞机以 250 km/h 的速率飞行，计算桨尖相对地面速度的大小，并定性说明桨尖的轨迹.

提示：（1）桨尖相对于飞机的线速度

$$v'=\omega r=\frac{2\ 000\times 2\pi}{60}\times 1.5\ \mathrm{m/s}\approx 314\ \mathrm{m/s}$$

（2）桨尖相对地面的速度 $\boldsymbol{v}=\boldsymbol{v}'+\boldsymbol{v}_{机对地}$，$v_{机对地}\approx 69.4$ m/s，而 $\boldsymbol{v}'$ 与 $\boldsymbol{v}_{机对地}$ 垂直，所以

$$v=\sqrt{v'^2+v_{机对地}^2}=\sqrt{314^2+69.4^2}\ \mathrm{m/s}\approx 322\ \mathrm{m/s}$$

由于桨尖同时参与匀速直线运动和匀速圆周运动，故桨尖轨迹为螺旋线.

7.1.8 桑塔纳汽车时速为 166 km/h，车轮滚动半径为 0.26 m.发动机与驱动轮的转速比为 0.909.问发动机转速为每分钟多少转.

提示：汽车速率 $v_C=\omega_{轮}r_{轮}=2\pi n_{轮}r_{轮}$，则 $n_{轮}=\dfrac{v_C}{2\pi r_{轮}}$.根据题意 $n_{发}=0.909n_{轮}$，所以

$$n_{发}=0.909\frac{v_C}{2\pi r_{轮}}=\frac{0.909\times 46}{2\pi\times 0.26}\ \mathrm{r/s}$$

$$\approx 25.6\ \mathrm{r/s}\approx 1.54\times 10^3\ \mathrm{r/min}$$

7.2.2 如图所示，在下面两种情况下求如图直圆锥体的总质量和质心位置.（1）圆锥体为均质；（2）密度为 h 的函数：

$$\rho=\rho_0\left(1-\frac{h}{L}\right),\quad \rho_0\text{ 为正常量.}$$

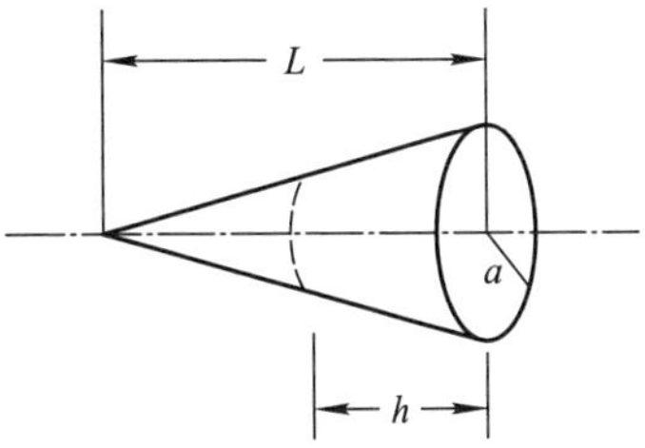

7.2.2 题图

解：以圆锥体底面圆心为原点，沿圆锥体对称轴建立坐标系 Oh 指向其尖端.由于圆锥体对 h 轴对称，其质心必在 h 轴上.

用垂直于 h 轴的平面，把圆锥体分割为无限多个无限小的圆盘形体元.在 h 处的圆盘形体元厚度为 $\mathrm{d}h$，设密度为 ρ，则体元质量为

$$\mathrm{d}m=\rho\mathrm{d}V=\rho\pi\left[\frac{a}{L}(L-h)\right]^2\mathrm{d}h$$

（1）圆锥体均质，$\rho=$常量，则圆锥体总质量为

$$m=\int_0^L\mathrm{d}m=-\rho\frac{\pi a^2}{L^2}\int_0^L(L-h)^2\mathrm{d}(L-h)=\frac{\rho\pi a^2 L}{3}$$

质心坐标为

$$h_C=\frac{\int_0^L h\mathrm{d}m}{m}=\frac{1}{m}\rho\frac{\pi a^2}{L^2}\int_0^L h(L-h)^2\mathrm{d}h$$

$$=\frac{1}{m}\rho\frac{\pi a^2}{L^2}\int_0^L(L^2h-2Lh^2+h^3)\mathrm{d}h$$

$$=\frac{3}{\rho\pi a^2L}\rho\frac{\pi a^2}{L^2}\frac{L^4}{12}=\frac{L}{4}$$

（2）$\rho=\rho_0\left(1-\frac{h}{L}\right)=\frac{\rho_0}{L}(L-h)$，则圆锥体总质量为

$$m=\int_0^L\mathrm{d}m=-\frac{\pi a^2}{L^2}\frac{\rho_0}{L}\int_0^L(L-h)^3\mathrm{d}(L-h)=\frac{\rho_0\pi a^2L}{4}$$

质心坐标为

$$h_C=\frac{\int_0^L h\mathrm{d}m}{m}=\frac{1}{m}\frac{\pi a^2}{L^2}\frac{\rho_0}{L}\int_0^L h(L-h)^3\mathrm{d}h$$

$$=\frac{1}{m}\frac{\pi a^2}{L^2}\frac{\rho_0}{L}\int_0^L(L^3h-3L^2h^2+3Lh^3-h^4)\mathrm{d}h=\frac{L}{5}$$

若以顶点为原点，沿对称轴建立坐标系 Ox，则（1）$x_C=\frac{3L}{4}$；（2）$x_C=\frac{4L}{5}$.

7.2.3 有一长度为 l 的均质杆，令其竖直地立于光滑的桌面上，然后放开手，由于杆不可能绝对沿竖直方向，故随即倒下.求杆子的上端点运动的轨迹（选定坐标系，并求出轨迹的方程式）.

解：以初始时杆下端与桌面的接触点为原点，建立坐标系 Oxy 如图所示.杆在竖直平面内运动，水平方向不受外力，根据质心运动定理可知 $a_{Cx}=0$.因杆初始静止，故 $v_{Cx}=0$，所以杆质心 C 始终在 y 轴上.设某时刻杆与桌面夹角为 θ，则杆上端点 A 的坐标为

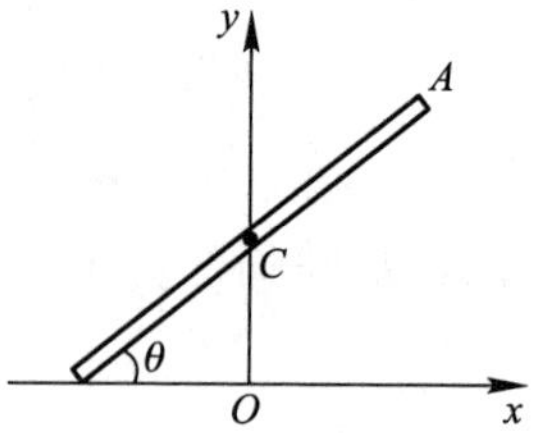

7.2.3 题解图

$$x=\frac{l}{2}\cos\theta,\quad y=l\sin\theta$$

消去参量 θ，得

$$\left(\frac{2x}{l}\right)^2+\left(\frac{y}{l}\right)^2=1$$

因此杆上端点的运动轨迹方程为 $4x^2+y^2=l^2$.

7.3.1 （1）用积分法证明：质量为 m、长为 l 的均质细杆对通过中心且与杆垂直的轴线的转动惯量等于$\frac{1}{12}ml^2$.

（2）用积分法证明：质量为 m、半径为 R 的均质薄圆盘对通过中心且在盘面内的转动轴

线的转动惯量为$\frac{1}{4}mR^2$.

证:(1) 以杆中心为原点,沿杆建立直角坐标系 Oxy 如图(a)所示.杆的线密度$\rho_l=\frac{m}{l}$(即单位长度的质量).用一系列与杆垂直的不同 x 的面,把杆分割成无限多个无限小的质元,图(a)中画出了在 x—$x+\mathrm{d}x$ 范围内的小质元.此小质元质量 $\mathrm{d}m=\rho_l\mathrm{d}x=\frac{m}{l}\mathrm{d}x$,到 y 轴的距离为 $|x|$,对 y 轴的转动惯量为 $\mathrm{d}I=x^2\mathrm{d}m=\frac{m}{l}x^2\mathrm{d}x$.则整个细杆对 y 轴的转动惯量为

$$I=\int_{-l/2}^{l/2}\frac{m}{l}x^2\mathrm{d}x=\frac{1}{3}\frac{m}{l}x^3\Big|_{-l/2}^{l/2}=\frac{1}{12}ml^2$$

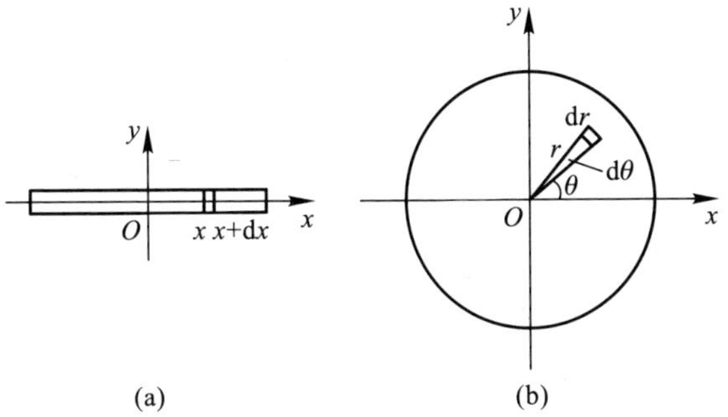

7.3.1 题解图

(2) 以盘心为原点建立直角坐标系 Oxy 和极坐标系(r,θ),如图(b)所示.在极坐标系中,用一系列以 O 点为圆心的不同 r 的同心圆,和从 O 点出发的不同 θ 的射线,把圆盘分割成无限多个无限小的质元,图(b)中画出了在 r—$r+\mathrm{d}r$ 和 θ—$\theta+\mathrm{d}\theta$ 范围内的质元.圆盘面密度为 $\rho_S=\frac{m}{\pi R^2}$(单位面积的质量),所以图示小质元的质量为

$$\mathrm{d}m=\rho_S\mathrm{d}S=\rho_S r\mathrm{d}r\mathrm{d}\theta=\frac{m}{\pi R^2}r\mathrm{d}r\mathrm{d}\theta$$

该质元到 y 轴的距离为 $r\cos\theta$,它对 Oy 轴的转动惯量为

$$\mathrm{d}I=(r\cos\theta)^2\mathrm{d}m=\frac{m}{\pi R^2}r^3\mathrm{d}r\cdot\cos^2\theta\mathrm{d}\theta$$

对上式积分,可得整个薄圆盘对 y 轴的转动惯量:

$$I=\int_S\mathrm{d}I=\int_0^R\int_0^{2\pi}\frac{m}{\pi R^2}r^3\mathrm{d}r\cdot\cos^2\theta\mathrm{d}\theta=\int_0^R\frac{m}{\pi R^2}r^3\mathrm{d}r\cdot\int_0^{2\pi}\cos^2\theta\mathrm{d}\theta$$

因 $\cos^2\theta=\frac{1+\cos 2\theta}{2}$,故

$$\int_0^{2\pi}\cos^2\theta\mathrm{d}\theta=\int_0^{2\pi}\frac{1+\cos 2\theta}{2}\mathrm{d}\theta=\pi+\int_0^{2\pi}\frac{1}{4}\cos 2\theta\mathrm{d}2\theta=\pi$$

所以

$$I=\pi\int_0^R\frac{m}{\pi R^2}r^3\mathrm{d}r=\frac{m}{R^2}\int_0^R r^3\mathrm{d}r=\frac{m}{R^2}\frac{1}{4}R^4=\frac{1}{4}mR^2$$

7.3.2 如图所示，实验用的摆，$l=0.92$ m，$r=0.08$ m，$m_l=4.9$ kg，$m_r=24.5$ kg，可以近似认为圆形部分为均质圆盘，长杆部分为均质细杆.求对过悬点且与摆面垂直的轴线的转动惯量.

解：将摆分为两部分：均匀细杆和均匀圆盘.细杆对此轴的转动惯量 $I_l=\frac{1}{3}m_l l^2$；根据平行轴定理，均匀圆盘对此轴的转动惯量 $I_r=\frac{1}{2}m_r r^2+m_r(l+r)^2$；根据转动惯量的定义，有

$$I=\sum\Delta m_i r_i^2=\sum\Delta m_{li}r_{li}^2+\sum\Delta m_{ri}r_{ri}^2=I_l+I_r$$

$$=\frac{1}{3}m_l l^2+\frac{1}{2}m_r r^2+m_r(l+r)^2\approx 25.96\ \mathrm{kg\cdot m^2}$$

7.3.3 如图所示，在质量为 m、半径为 R 的均质圆盘上挖出半径为 r 的两个圆孔，圆孔中心在半径 R 的中点.求剩余部分对过大圆盘中心且与盘面垂直的轴线的转动惯量.

提示：大圆盘密度为 $\rho_S=\frac{m}{\pi R^2}$，故挖掉的小圆盘的质量 $m_r=\frac{m}{\pi R^2}\pi r^2=\frac{mr^2}{R^2}$.

未挖孔的大圆盘对此轴的转动惯量 $I_1=\frac{1}{2}mR^2$.利用平行轴定理，小圆盘在它原来位置对此轴的转动惯量为 $I_2=\frac{1}{2}m_r r^2+m_r\frac{R^2}{4}=\frac{mr^2}{R^2}\left(\frac{r^2}{2}+\frac{R^2}{4}\right)$.所以，已挖孔的大圆盘对此轴的转动惯量

$$I=I_1-2I_2=\frac{1}{2}mR^2-2\frac{mr^2}{R^2}\left(\frac{r^2}{2}+\frac{R^2}{4}\right)=\frac{1}{2}m\left(R^2-r^2-\frac{2r^4}{R^2}\right)$$

7.3.5 如图所示，一转动系统的转动惯量为 $I=8.0\ \mathrm{kg\cdot m^2}$，转速为 $\omega=41.9$ rad/s，两制动闸瓦对轮的压力都为 392 N，闸瓦与轮缘间的摩擦因数为 $\mu=0.4$，轮半径为 $r=0.4$ m.问从开始制动到静止需用多少时间？

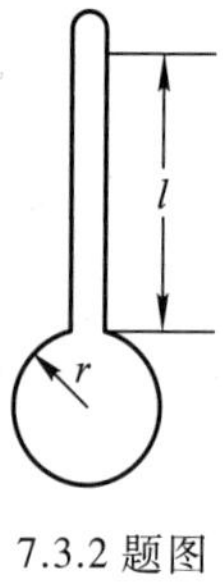

7.3.2 题图

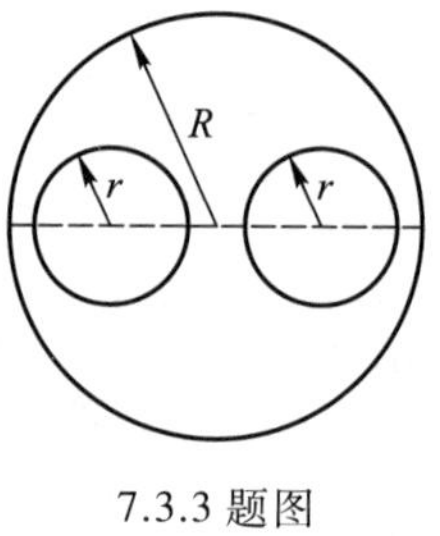

7.3.3 题图

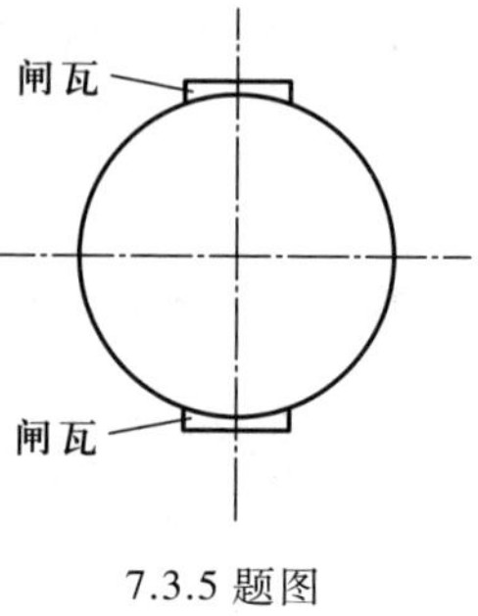

7.3.5 题图

提示：每个闸瓦产生的滑动摩擦力 $F_f=\mu F_N$. 它们对固定转轴的力矩使轮转动变慢，根据转动定理，有

$$-2r\mu F_N=I\alpha=I\frac{0-\omega}{t}$$

所以

$$t=\frac{I\omega}{2r\mu F_N}=\frac{8.0\times41.9}{2\times0.4\times0.4\times392}\ \mathrm{s}\approx2.67\ \mathrm{s}.$$

7.3.6 如图所示，均质杆可绕支点 O 转动. 当与杆垂直的冲力作用于某点 A 时，支点 O 对杆的作用力并不因此冲力之作用而发生变化，则 A 点称为打击中心. 设杆长为 L，求打击中心与支点的距离.

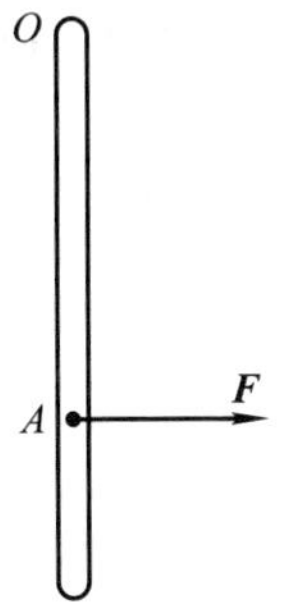

7.3.6 题图

原题订正：支点 O 对杆的作用力的方向不因此冲力之作用而发生变化.

解：设过 O 点的轴垂直纸面向外，杆的质量为 m，对轴的转动惯量为 I；杆质心为 C，$OC=c$；$OA=a$. 由转动定理，得

$$I\alpha=Fa$$

质心 C 将做圆周运动，其切向加速度 $a_{Ct}=c\alpha$（沿水平方向）. 设轴对杆的支持力为 $\boldsymbol{F}_N$，由质心运动定理，得

$$mc\alpha=F+F_{Nt}$$

则 $F_{Nt}=F\left(\frac{mac}{I}-1\right)$. 要 $\boldsymbol{F}_N$ 的水平分量保持为零，$F_{Nt}=0$，应有 $a=\frac{I}{mc}$. 对长为 l 的均质细杆，$I=\frac{1}{3}ml^2$，$c=\frac{1}{2}l$，则 $a=\frac{2}{3}l$.

7.3.7 现在用阿特伍德机测滑轮转动惯量. 用轻线且尽可能润滑轮轴. 两端悬挂的重物质量分别为 $m_1=0.46$ kg，$m_2=0.5$ kg，滑轮半径为 0.05 m. 自静止始，释放重物后测得 5.0 s 内 m_2 下降 0.75 m. 滑轮转动惯量是多少？

解：分别以滑轮、重物 m_1 和重物 m_2 为隔离体，受力分析，建立坐标系 Oxy，并规定滑轮转动正方向，如图所示. 设滑轮半径为 R，转动惯量为 I，对滑轮，由转动定理得

$$I\alpha_z=F'_{T1}R-F'_{T2}R$$

对重物 m_1、m_2，由牛顿第二定律得

$$m_1a_{1x}=m_1g-F_{T1}$$

$$m_2a_{2x}=m_2g-F_{T2}$$

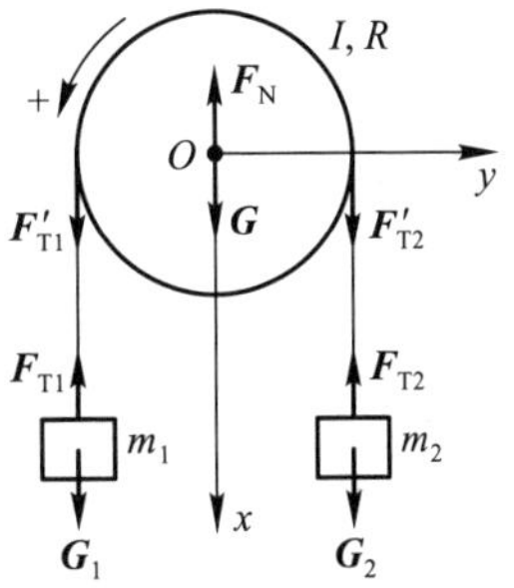

7.3.7 题解图

以及

$$a_{1x}=-a_{2x}\text{（轻绳不可伸长）}$$

$$a_{1x}=R\alpha_z\text{（绳轮间无滑动）}$$

$$F_{T1}=F'_{T1}\text{ 和 }F_{T2}=F'_{T2}\text{（牛顿第三定律）}$$

可求出

$$a_{2x}=\frac{(m_2-m_1)g}{m_2+m_1+I/R^2}$$

可见质点 m_2 做匀加速直线运动.由 $\Delta x_2=\frac{1}{2}a_{2x}t^2$,得 $a_{2x}=0.060\ \text{m/s}^2$.由上式可知

$$I=R^2\left[\frac{(m_2-m_1)g}{a_{2x}}-m_1-m_2\right]\approx 1.39\times10^{-2}\ \text{kg}\cdot\text{m}^2$$

7.3.8 如图所示,斜面倾角为 θ,位于斜面顶端的卷扬机鼓轮半径为 R,转动惯量为 I,受到驱动力矩 M,通过绳索牵引斜面上质量为 m 的物体,物体与斜面间的摩擦因数为 μ,求重物上滑的加速度.绳与斜面平行,不计绳的质量.

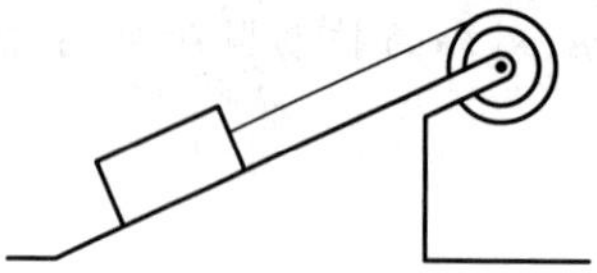

7.3.8 题图

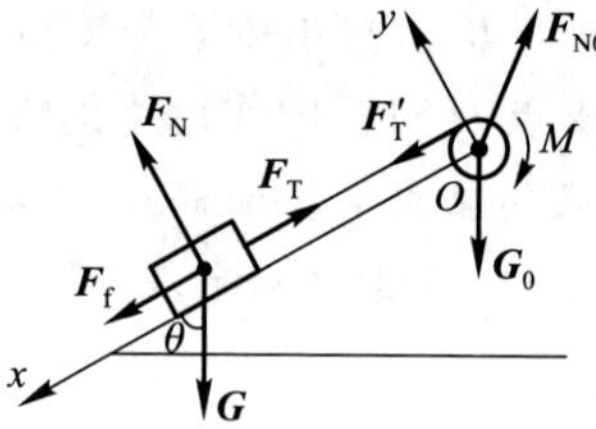

7.3.8 题解图

提示:分别取鼓轮和重物为隔离体,受力分析,建立坐标系 $Oxyz$,如图所示,z 轴垂直纸面向里.对重物,根据牛顿第二定律,有

$$F_N-mg\cos\theta=0$$
$$mg\sin\theta+F_f-F_T=ma_x$$

对鼓轮,应用转动定理得

$$M-F'_TR=I\alpha_z$$

由轻绳不可伸长,且绳轮间无滑动,可得

$$a_x=-\alpha_zR$$

以及

$$F_f=\mu F_N,\quad F_T=F'_T$$

由上述六式可求出

$$a_x=-\frac{MR-mgR^2(\sin\theta+\mu\cos\theta)}{I+mR^2}$$

所以,重物上滑的加速度

$$a=\frac{MR-mgR^2(\sin\theta+\mu\cos\theta)}{I+mR^2}$$

7.3.9 利用题图中所示装置测一轮盘的转动惯量,悬线和轴的垂直距离为 r.为减小因不计轴承摩擦力矩而产生的误差,先悬挂质量较小的重物 m_1,从距地面高度为 h 处由静止开始下落,落地时间为 t_1,然后悬挂质量较大的重物 m_2,同样自高度 h 下落,所需时间为 t_2.近似认为两种情况下摩擦力矩相同.请根据这些数据确定轮盘的转动惯量.

提示:分别取重物与轮盘为隔离体,受力分析,建立坐标系 Ox,规定转动正方向,如题解图所示.

对重物,根据牛顿第二定律,有

$$mg-F_T=ma_x$$

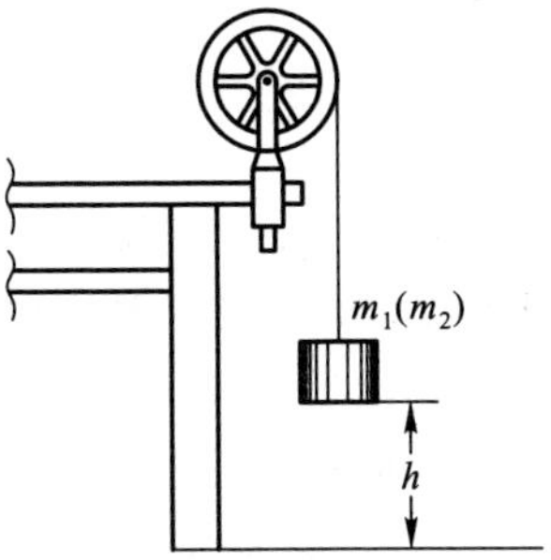

7.3.9 题图

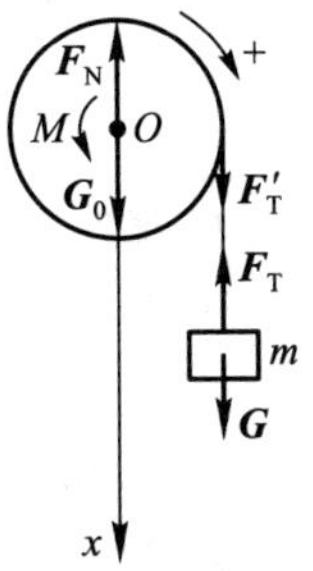

7.3.9 题解图

对轮盘，根据转动定律，得

$$F'_T r - M = I\alpha$$

线不可伸长，且绳轮间无滑动，可得

$$a_x = \alpha r$$

重物从静止开始经时间 t，下落 h，由匀加速直线运动公式，得

$$a_x = \frac{2h}{t^2}$$

根据牛顿第三定律，有

$$F'_T = F_T$$

将以上五式联立，解得

$$M = mgr - \left(mr + \frac{I}{r}\right)\frac{2h}{t^2}$$

当挂重物 m_1 或 m_2 时，设阻力矩 M 不变

$$m_1 gr - \left(m_1 r + \frac{I}{r}\right)\frac{2h}{t_1^2} = m_2 gr - \left(m_2 r + \frac{I}{r}\right)\frac{2h}{t_2^2}$$

所以

$$I = \frac{r^2 t_1^2 t_2^2}{2h(t_2^2 - t_1^2)}\left[(m_1 - m_2)g + 2h\left(\frac{m_2}{t_2^2} - \frac{m_1}{t_1^2}\right)\right]$$

7.4.1 扇形装置如图所示，可绕光滑的竖直轴线 O 转动，其转动惯量为 I.装置的一端有槽，槽内有弹簧，槽的中心轴线与转轴垂直距离为 r.在槽内装有一小球，质量为 m，开始时用细线固定，使弹簧处于压缩状态.现在燃火柴烧断细线，小球以速度 v_0 弹出.求转动装置的反冲角速度.在弹射过程中，由小球和转动装置构成的系统动能守恒否？总机械能是否守恒？为什么？（弹簧质量不计.）

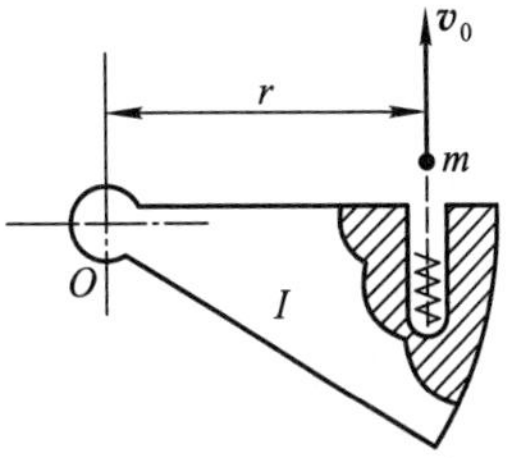

7.4.1 题图

解：视小球和转动装置为质点系，设顺时针为转动正方向.质点系所受外力：小球和转动装置的重力与 O 轴平行，由 O 轴施与的支持力与 O 轴相交，对 O 轴的力矩均为零.所以在弹射过程中，质点系对 O 轴的角动量守恒，即

$$I\omega-rmv_0=0$$

所以

$$\omega=\frac{rmv_0}{I}.$$

在弹射过程中，系统所受外力均不做功；弹簧弹性力（内力）做正功，系统动能增加，故系统动能不守恒.在弹射过程中，只有保守内力（弹性力）做功，故系统总机械能守恒.

7.4.2 如图所示，质量为 2.97 kg、长为 1.0 m 的均质等截面细杆可绕水平光滑的轴线 O 转动，最初杆静止于竖直方向.一弹片质量为 10 g，以水平速度 200 m/s 射出并嵌入杆的下端，和杆一起运动，求杆的最大摆角 θ.

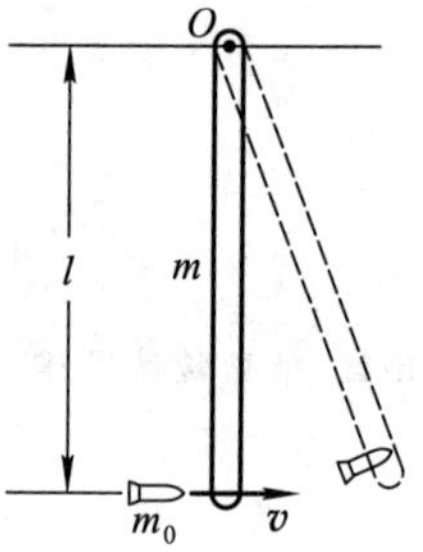

7.4.2 题图

解：视子弹 m_0 和杆 m 为质点系，逆时针为转动正方向.

在子弹从嵌入杆前瞬时到嵌入并获得共同速度的碰撞过程中，质点系所受外力：杆重力 $\boldsymbol{G}=m\boldsymbol{g}$ 的作用线和转轴 O 对杆的支持力 $\boldsymbol{F}_N$ 均过 O 轴，对 O 轴的力矩均为零；子弹重力 $\boldsymbol{G}_0=m_0\boldsymbol{g}$ 的作用线距 O 轴很近，力矩远小于碰撞内力的力矩；故可用质点系对 O 轴的角动量守恒方程求近似解，则有

$$lm_0v=\frac{1}{3}ml^2\omega+lm_0\omega l$$

解得

$$\omega=\frac{3m_0v}{(3m_0+m)l}.$$

在从子弹完全嵌入杆并获得共同速度到体系摆至最高点的过程中，只有保守重力做功，质点系机械能守恒.取 O 轴为重力势能零点，则

$$\frac{1}{2}\cdot\frac{1}{3}ml^2\omega^2+\frac{1}{2}m_0(\omega^2l^2)-mg\frac{l}{2}-m_0gl=-mg\frac{l}{2}\cos\theta-m_0gl\cos\theta$$

解之得

$$\cos\theta=1-\frac{3m_0^2v^2}{(2m_0+m)(3m_0+m)gl}\approx0.863,$$

故

$$\theta\approx30.34^\circ$$

7.4.3 一质量为 m_1，速度为 $\boldsymbol{v}_1$ 的子弹沿水平面击中并嵌入一质量为 $m_2=99m_1$、长度为 L 的棒的端点，速度 $\boldsymbol{v}_1$ 与棒垂直，棒原来静止于光滑的水平面上.子弹击中棒后共同运动，求棒和子弹绕垂直于平面的轴的角速度等于多少？

[本题也可作为 §7.3 习题.若作精确计算应作为 §7.5 习题，而精确计算对结果的影响仅 1%，意义不大.]

提示：考虑 $m_2\gg m_1$ 做近似计算.视子弹 m_1 和棒 m_2 为质点系，在水平面内不受外力，故质点系在水平面内动量守恒，质点系质心速度不变，$v_C=\dfrac{m_1v_1}{m_1+m_2}=$常量.考虑到 $m_2\gg m_1$，所以 $v_C\ll v_1$.近似认为质点系质心 C 在杆中心，并可近似认为在碰撞过程中杆中心固定不动.

由于系统所受外力对过杆中心的竖直轴的力矩均为零，故对此轴角动量守恒，则

$$\frac{L}{2}m_1v_1=\frac{1}{12}m_2L^2\omega+\frac{L}{2}m_1\frac{L}{2}\omega$$

所以

$$\omega=\frac{6m_1}{3m_1+m_2}\frac{v_1}{L}=\frac{6}{3+99}\frac{v_1}{L}\approx 0.059\frac{v_1}{L}.$$

7.4.4 一颗典型的脉冲星，半径为几千米，其质量与太阳的质量大致相等，转动角速率很大.试估算周期为 50 ms 的脉冲星的转动动能.（自己查找太阳质量的数据.）

提示：设脉冲星质量 $m\approx 10^{30}$ kg，半径 $R\approx 10^3$ m.认为脉冲星是质量均匀分布的球体，绕直径的转动惯量 $I=\frac{2}{5}mR^2$，其角速度

$$\omega=\frac{2\pi}{T}=\frac{2\pi}{50\times 10^{-3}}\ \mathrm{rad/s}\approx 10^2\ \mathrm{rad/s}$$

则

$$E_k=\frac{1}{2}I\omega^2=\frac{1}{5}mR^2\omega^2=\frac{1}{5}\times 10^{30}\times 10^6\times 10^4\ \mathrm{J}\approx 2\times 10^{36}\ \mathrm{kJ}$$

7.5.1 10 m 高的烟囱因底部损坏而倒下来，求其上端到达地面时的线速度.设倾倒时，底部未移动.可近似认为烟囱为细均质杆.

[7.5.1 至 7.5.4 均为刚体定轴转动的问题，应作为 § 7.4 的习题.]

提示：在杆倒下的过程中只有重力做功，机械能守恒.设上端到达地面的速度为 v，则

$$mg\frac{l}{2}=\frac{1}{2}I\omega^2=\frac{1}{2}\left(\frac{1}{3}ml^2\right)\omega^2=\frac{1}{6}mv^2$$

所以

$$v=\sqrt{3gl}=\sqrt{3\times 9.8\times 10}\ \mathrm{m/s}\approx 17.1\ \mathrm{m/s}.$$

7.5.2 如题图所示，用四根质量均为 m 长度均为 l 的均质细杆制成正方形框架，可围绕其中一边的中点在竖直平面内转动，支点 O 是光滑的.最初，框架处于静止且 AB 边沿竖直方向，释放后向下摆动.求当 AB 边达到水平时，框架质心的线速度 $\boldsymbol{v}_C$ 以及框架作用于支点的压力 $\boldsymbol{F}_N$.

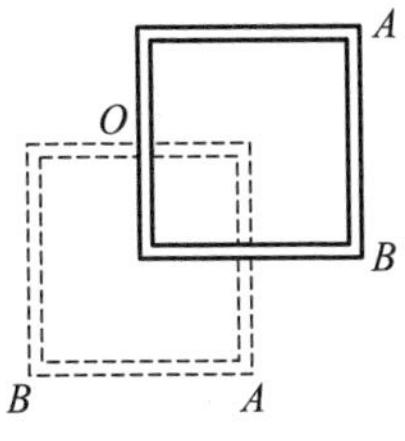

7.5.2 题图

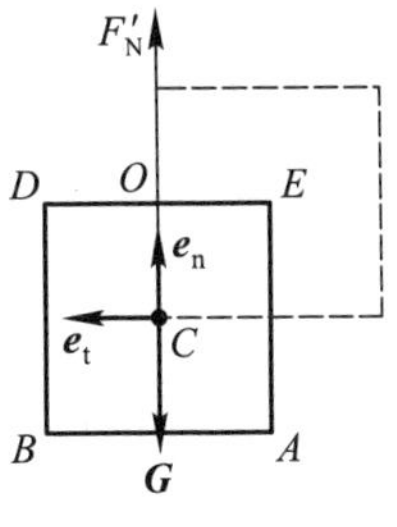

7.5.2 题解图

解：设顺时针方向为转动正方向，框架质心做圆周运动，做此圆周的切向和法向单位矢量 $\boldsymbol{e}_t$ 和 $\boldsymbol{e}_n$ 如题解图所示.

框架对 O 轴的转动惯量 I 等于四根细杆的转动惯量的总和，即

$$I = I_{DE}+I_{EA}+I_{AB}+I_{BD} = I_{DE}+2I_{EA}+I_{AB}$$
$$=\frac{1}{12}ml^2+2\left\{\frac{1}{12}ml^2+m\left[\left(\frac{l}{2}\right)^2+\left(\frac{l}{2}\right)^2\right]\right\}+\left(\frac{1}{12}ml^2+ml^2\right)$$
$$=\frac{1}{12}ml^2+2\cdot\frac{7}{12}ml^2+\frac{13}{12}ml^2=\frac{7}{3}ml^2$$

[**注意**:平行轴定理的使用条件.比如,如果这样计算杆 EA 对 O 轴的转动惯量

$$I_{EA}=\frac{1}{3}ml^2+m\left(\frac{l}{2}\right)^2=\frac{7}{12}ml^2$$

虽然结果正确,但方法是错误的! $I=I_C+md^2$ 中的 I_C 应是对过质心轴的转动惯量.]

在摆动过程中,只有重力做功,故其机械能守恒.以末态(AB 边达到水平位置)质心 C 所在位置为势能零点,则

$$4mg\frac{l}{2}=\frac{1}{2}I\omega^2=\frac{7}{6}ml^2\omega^2$$

解之得 $\omega=2\sqrt{\frac{3g}{7l}}$.于是,末态的质心速度 $v_C=\omega\frac{l}{2}=\sqrt{\frac{3gl}{7}}$,$\boldsymbol{v}_C$ 水平向左.

刚体处于末态时,根据对 O 轴的转动定理,因框架所受各外力对 O 轴力矩都为零,故由 $I\alpha=M_O=0$ 可知角加速度 $\alpha=0$.用自然坐标,质心切向加速度 $a_t=\alpha l/2=0$.设框架所受 O 轴施与的支持力 $\boldsymbol{F}'_N=F_t\boldsymbol{e}_t+F_n\boldsymbol{e}_n$,根据质心运动定理,可得

$$F_n-4mg=4ma_n=4m\omega^2\frac{l}{2}=\frac{24}{7}mg$$
$$F_t=4ma_t=0$$

所以 $F_t=0$,$F_n=\frac{52}{7}mg$.根据牛顿第三定律可知,框架作用于支点的力 $\boldsymbol{F}_N$ 方向竖直向下,$F_N=\frac{52}{7}mg$.

7.5.3 由长为 l、质量均为 m 的 4 根均质细杆组成正方形框架,如题图所示,其中一角连于光滑水平转轴 O,转轴与框架所在平面垂直.最初,对角线 OP 处于水平,然后从静止开始向下自由摆动.求 OP 对角线与水平成 45°时 P 点的速度,并求此时框架对支点的作用力.

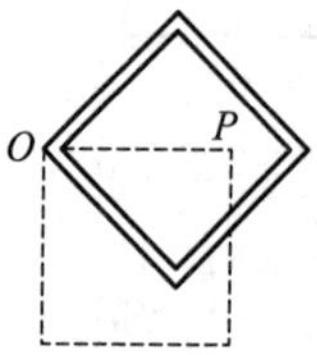

7.5.3 题图

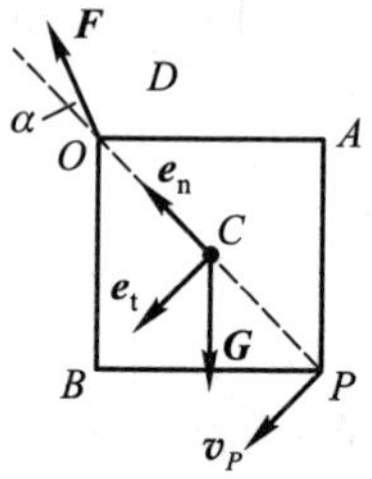

7.5.3 题解图

提示:对于 O 轴,框架的转动惯量为

$$I=2(I_{OA}+I_{AP})=2\left\{\frac{1}{3}ml^2+\left[\frac{1}{12}ml^2+m\left(l^2+\frac{l^2}{4}\right)\right]\right\}=\frac{10}{3}ml^2$$

在摆动过程中,只有重力做功,机械能守恒,以末态(对角线 OP 与水平成 45°角)质心 C 所在位置为势能零点,则

$$4mg\frac{l}{2}=\frac{1}{2}I\omega^2=\frac{5}{3}ml^2\omega^2$$

解之得 $\omega=\sqrt{\dfrac{6g}{5l}}$.

对末态,P 点的速率 $v_P=\omega\sqrt{2}l=2\sqrt{\dfrac{3gl}{5}}$,方向朝左下方,与水平方向夹角 45°,如题解图所示.

对末态,由刚体的定轴转动定理,得

$$4mg\frac{\sqrt{2}l}{2}\sin 45°=\frac{10}{3}ml^2\alpha$$

解之得 $\alpha=\dfrac{3g}{5l}$.

设框架所受 O 轴施与的支持力 $\boldsymbol{F}=F_t\boldsymbol{e}_t+F_n\boldsymbol{e}_n$,对末态,由质心运动定理可得

$$F_t+4mg\sin 45°=4ma_t=4m\alpha\cdot\frac{\sqrt{2}}{2}l=\frac{6\sqrt{2}}{5}mg$$

$$F_n-4mg\cos 45°=4ma_n=4m\omega^2\cdot\frac{\sqrt{2}}{2}l=\frac{12\sqrt{2}}{5}mg$$

所以

$$F_t=-\frac{4}{5}\sqrt{2}mg,\quad F_n=\frac{22}{5}\sqrt{2}mg$$

也可求出

$$F\approx 6.32mg,\quad \alpha=\arctan\frac{|F_t|}{F_n}=\arctan\frac{2}{11}\approx 10.3°$$

由牛顿第三定律,框架作用于支点的力 $\boldsymbol{F}'=-\boldsymbol{F}$.

7.5.4 质量为 m、长为 l 的均质杆,其 B 端放在桌上,A 端被手支住,使杆成水平,如题图所示.突然释放 A 端,在此瞬时,求:(1) 杆质心的加速度;(2) 杆 B 端所受的力.

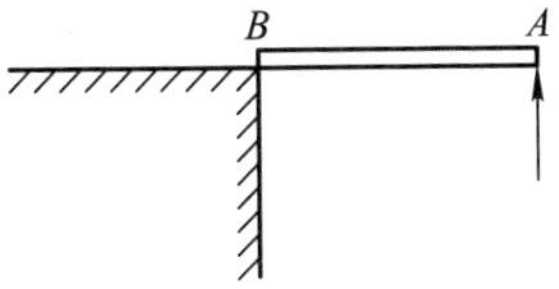

7.5.4 题图

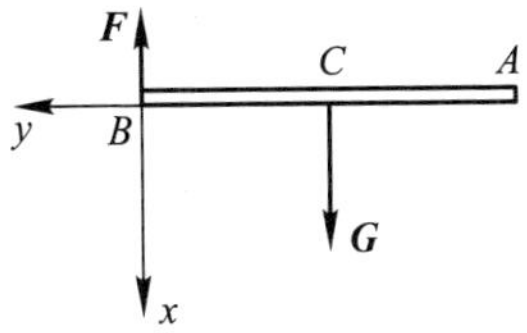

7.5.4 题解图

解:设释放 A 端瞬时 B 端不动,此瞬时杆做定轴转动.建立坐标系 $Bxyz$,如题解图所示(Bz 轴垂直纸面向里).杆受重力 $\boldsymbol{G}$ 和桌面施于 B 端的力 $\boldsymbol{F}=F_x\boldsymbol{i}+F_y\boldsymbol{j}$.根据转动定理 $M_{Bz}=I\alpha_z$,有

$$\frac{l}{2}mg=\frac{1}{3}ml^2\alpha_z$$

可得 $\alpha_z=\frac{3g}{2l}$. 于是可知 $a_{Cx}=\frac{l}{2}\alpha_z=\frac{3}{4}g$；注意到此瞬时杆的角速度 $\omega=0$，所以 $a_{Cy}=0$；因此 $a_C=\frac{3}{4}g$. 根据质心运动定理，有

$$F_x+mg=ma_{Cx}=m\frac{l}{2}\alpha_z=\frac{3}{4}mg$$

$$F_y=ma_{Cy}=m\omega^2\frac{l}{2}=0$$

因此，$F_x=-\frac{1}{4}mg$，$F_y=0$. 即 $\boldsymbol{F}$ 竖直向上，$F=\frac{1}{4}mg$.

求解结果表明，桌面施于 B 端的正压力 $F_N=\frac{1}{4}mg$，摩擦力 $F_f=0$；说明开始设释放 A 端瞬时 B 端不动正确，求解有效.

[此题先设“释放 A 端瞬时 B 端不动”，可使求解简化. 但求解后必须讨论此假设是否正确，求解是否有效. 如果求出的结果 $F_f>\mu F_N$ 或 $F_x>0$，则说明求解有误，实际上释放 A 端瞬时 B 端不可能不动，则需另行求解.]

7.5.5 下面是均质圆柱体在水平地面上做无滑滚动的几种情况，求地面对圆柱体的静摩擦力 $\boldsymbol{F}_f$.

(1) 沿圆柱体上缘作用一水平拉力 $\boldsymbol{F}$，柱体做加速滚动.

(2) 水平拉力 $\boldsymbol{F}$ 通过圆柱体中心轴线，柱体做加速滚动.

(3) 不受任何主动力的拉动或推动，柱体做匀速滚动.

(4) 圆柱体在主动力偶矩 M 的驱动下加速滚动. 设柱体半径为 R.

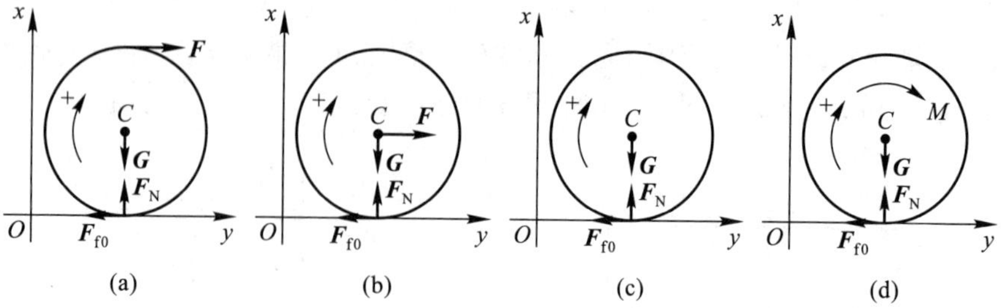

7.5.5 题解图

解：建立坐标系 $Oxyz$，规定转动正方向如图所示(图中转动正方向与 z 轴成右手螺旋关系). 分析圆柱体受力如图所示，设地面施与的静摩擦力 $\boldsymbol{F}_{f0}$ 方向向左. 根据无滑滚动条件，有

$$v_{Cy}-\omega R=0$$

上式对时间求导数，得 $a_{Cy}-\alpha R=0$.

[实际上,圆柱所受静摩擦力的方向是未知的.但和滑动摩擦力不同,可以把四种情况的静摩擦力都假设成沿 y 轴负方向.最后求出的 F_{f0} 取正值,说明静摩擦力的真实方向与假设方向相同;若求出 F_{f0} 取负值,则说明静摩擦力的真实方向与假设方向相反.]

[无滑滚动条件指出,圆柱上与静止地面接触的点的速度为零.]

圆柱上与静止地面接触点的速度由两项合成,跟随质心系的牵连速度和相对质心系的相对速度.v_{Cy} 以 y 轴正方向为正,所以牵连速度为 $v_{Cy}\boldsymbol{j}$;ω 以转动正方向为正,所以相对速度为 $-\omega R\boldsymbol{j}$(ω 取正,此速度沿 y 轴负方向);因此无滑滚动条件为 $v_{Cy}\boldsymbol{j}-\omega R\boldsymbol{j}=0$.为方便,去掉单位矢量 $\boldsymbol{j}$,写成 $v_{Cy}-\omega R=0$.

无滑滚动条件 $v_{Cy}-\omega R=0$ 中的正负号,取决于 y 轴正方向和转动正方向的选取.比如,若转动正方向改取逆时针方向,则无滑滚动条件就变成了 $v_{Cy}+\omega R=0$.

无滑滚动条件 $v_{Cy}-\omega R=0$ 中的正负号的判断与圆柱真实如何滚动无关,求解动力学方程组后,v_{Cy} 和 ω 均既可能取正值,也可能取负值.]

(1) 如图(a)所示,根据质心运动定理和刚体对质心轴的转动定理,有

$$F-F_{f0}=ma_{Cy}$$

$$FR+F_{f0}R=I\alpha$$

将 $a_{Cy}=\alpha R, I=\dfrac{1}{2}mR^2$ 代入以上两式,即解得 $F_{f0}=-\dfrac{F}{3}$,静摩擦力沿 Oy 轴正向.

(2) 如图(b)所示,根据质心运动定理和刚体对质心轴的转动定理,有

$$F-F_{f0}=ma_{Cy}$$

$$F_{f0}R=I\alpha$$

将 $a_{Cy}=\alpha R, I=\dfrac{1}{2}mR^2$ 代入以上两式,解得 $F_{f0}=\dfrac{F}{3}$,静摩擦力沿 y 轴负向.

(3) 如图(c)所示,根据质心运动定理和刚体对质心轴的转动定理,有

$$-F_{f0}=ma_{Cy}$$

$$F_{f0}R=I\alpha$$

将 $a_{Cy}=\alpha R, I=\dfrac{1}{2}mR^2$ 代入以上两式,联立求解得 $F_f=0$.

(4) 如图(d)所示,力偶矩 M 两力的矢量和为零,故根据质心运动定理和刚体对质心轴的转动定理,有

$$-F_{f0}=ma_{Cy}$$

$$M+F_{f0}R=I\alpha$$

将 $a_{Cy}=\alpha R, I=\dfrac{1}{2}mR^2$ 代入以上两式,联立求解得 $F_f=-\dfrac{2M}{3R}$,静摩擦力沿 y 轴正向.

7.5.6 如题图所示,板的质量为 $\boldsymbol{m_1}$,受水平力 $\boldsymbol{F}$ 的作用,沿水平面运动.板与平面间的摩擦因数为 μ.在板上放一半径为 R、质量为 m_2 的实心圆柱,此圆柱只滚动不滑动.求板的加速度.

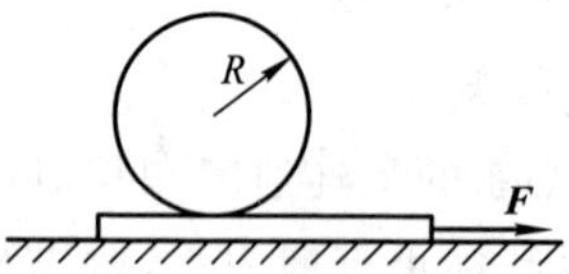

7.5.6 题图

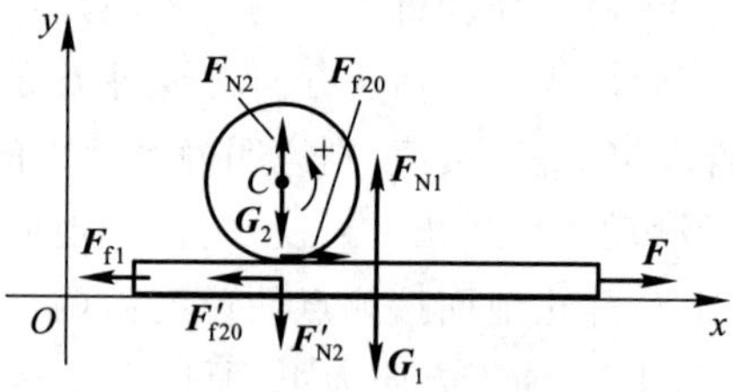

7.5.6 题解图

解:建立坐标系 $Oxyz$,规定圆柱转动正方向如题解图所示.分别以板(刚体 1)和圆柱体(刚体 2)为隔离体,受力分析如题解图所示.板为平动刚体,圆柱体相对于板做无滑滚动,故

$$v_{1x}=v_{Cx}+\omega R$$

上式对时间求导数,得 $a_{1x}=a_{Cx}+\alpha R$.

[圆柱体相对于板做无滑滚动,是指圆柱上与板接触的点的速度与板的速度相等.]

对板(的质心),根据牛顿第二定律(质心运动定理),有

$$F-F_{f1}-F'_{f20}=m_1a_{1x}$$

$$F_{N1}-m_1g-F'_{N2}=0$$

对圆柱,根据质心运动定理和刚体对质心轴的转动定理,有

$$F_{f20}=m_2a_{Cx}$$

$$F_{N2}-m_2g=0$$

$$F_{f20}R=\frac{1}{2}m_2R^2\alpha$$

再根据 $F'_{f20}=F_{f20}$,$F'_{N2}=F_{N2}$ 和 $F_{f1}=\mu F_{N1}$,将上述五式化为

$$F-\mu(m_1+m_2)g-F_{f20}=m_1a_{1x}$$

$$F_{f20}=m_2a_{Cx}$$

$$F_{f20}=\frac{1}{2}m_2R\alpha$$

将上述三式与 $a_{1x}=a_{Cx}+\alpha R$ 联立,即可解出

$$a_{1x}=\frac{3[F-\mu(m_1+m_2)g]}{3m_1+m_2}$$

7.5.7 在水平桌面上放置一质量为 m 的线轴,内径为 b,外径为 R,其绕中心轴的转动惯量为$\frac{1}{3}mR^2$.线轴和地面之间的静摩擦因数为 μ.线轴受一水平拉力 $\boldsymbol{F}$,如图所示.

(1) 使线轴在桌面上保持无滑滚动的 $\boldsymbol{F}$ 的最大值是多少?

(2) 若 $\boldsymbol{F}$ 和水平方向成 θ 角,试证当 $\cos\theta>b/R$ 时,线轴向前滚动;$\cos\theta<b/R$ 时,线轴向后滚动.

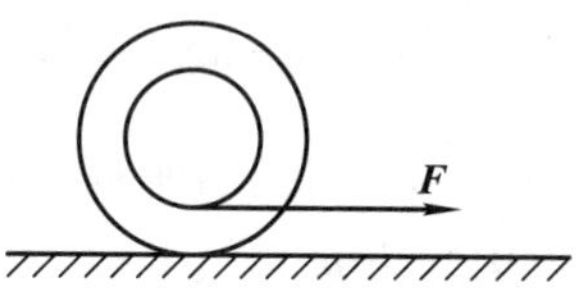

7.5.7 题图

原题说明:(2) 在保持无滑滚动的条件下讨论.

解:建立坐标系 $Oxyz$,规定线轴转动正方向如图所示.以线

轴为隔离体,分析受力如图所示.根据无滑滚动条件,有 $v_{Cx}+\omega R=0$,对时间求导数,得 $a_{Cx}+\alpha R=0$.

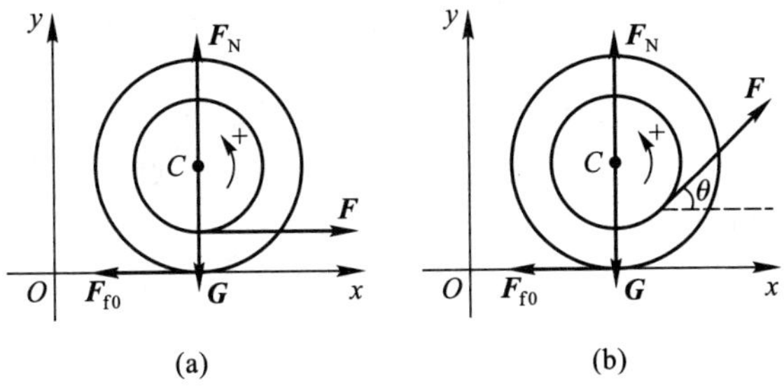

7.5.7 题解图

(1) 根据质心运动定理和刚体对质心轴的转动定理,有

$$F-F_{f0}=ma_{Cx}$$

$$F_N-mg=0$$

$$Fb-F_{f0}R=\frac{1}{3}mR^2\alpha$$

利用 $a_{Cx}+\alpha R=0$,解得 $F_N=mg$,$F_{f0}=\dfrac{3b+R}{4R}F$.

依据 $F_{f0}=F_{f0,\max}=\mu F_N=\mu mg$,即

$$\frac{3b+R}{4R}F=\mu mg$$

可求出保持无滑滚动 F 的最大值 $F_{\max}=\dfrac{4R\mu mg}{3b+R}$.

(2) 根据质心运动定理和刚体对质心轴的转动定理,有

$$F\cos\theta-F_{f0}=ma_{Cx}$$

$$Fb-F_{f0}R=\frac{1}{3}mR^2\alpha$$

利用 $a_{Cx}+\alpha R=0$,即可求出

$$a_{Cx}=\frac{3F}{4m}\left(\cos\theta-\frac{b}{R}\right)$$

如果 $\cos\theta>\dfrac{b}{R}$,$a_{Cx}>0$,线轴向前滚动;若 $\cos\theta<\dfrac{b}{R}$,则 $a_{Cx}<0$,线轴向后滚动.

***7.5.8** 氧分子总质量为 5.30×10^{-26} kg,对于通过其质心且与两个原子连线垂直的轴线的转动惯量为 $10\times10^{-46}\ \mathrm{kg\cdot m^2}$.设在气体中某氧分子运动的速率为 500 m/s,且其转动动能为其平动动能的 2/3,求这个氧分子的角速率.

提示: 氧分子平动动能 $E_{k1}=\dfrac{1}{2}mv_C^2$,转动动能 $E_{k2}=\dfrac{1}{2}I\omega^2$,由

$$\frac{1}{2}I\omega^2=\frac{2}{3}\times\frac{1}{2}mv_C^2$$

即可求出

$$\omega=\sqrt{\frac{2m}{3I}}v_C=\sqrt{\frac{2\times5.30\times10^{-26}}{3\times10\times10^{-46}}}\times500\ \mathrm{rad/s}\approx2.97\times10^{12}\ \mathrm{rad/s}$$

*7.5.9　如题图所示，一质量为 m、半径为 r 的均质实心小球沿圆弧形导轨自静止开始无滑滚下，圆弧形导轨在竖直面内，半径为 R.最初，小球质心与圆环中心高度相同.求小球运动到最低点时的速率，以及它作用于导轨的正压力.

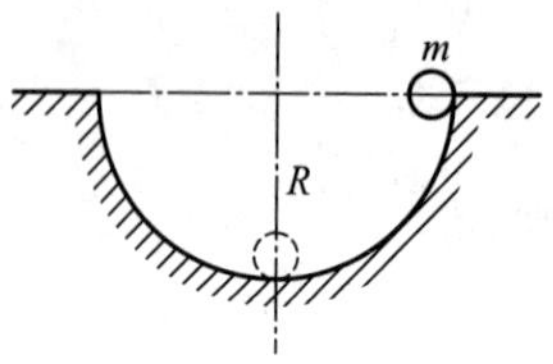

7.5.9 题图

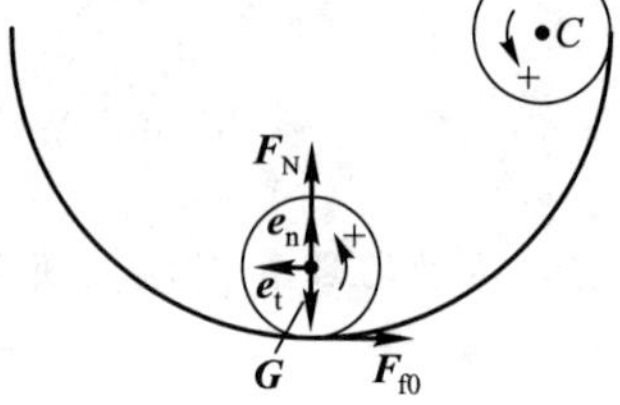

7.5.9 题解图

解：以小球为隔离体，分析受力如题解图所示.小球质心 C 做圆周运动，做此圆周的切向和法向单位矢量 $\boldsymbol{e}_t$ 和 $\boldsymbol{e}_n$，规定小球转动正方向如题解图所示.

小球下滚过程中支持力 $\boldsymbol{F}_N$ 和静摩擦力 $\boldsymbol{F}_{f0}$ 都不做功，只有保守重力 $\boldsymbol{G}$ 做功，小球机械能守恒，以小球运动到最低点时其质心位置为重力势能零点.设小球运动到最低点时，质心速度为 $\boldsymbol{v}_C$，绕质心轴转动的角速度为 ω，则

$$mg(R-r)=\frac{1}{2}mv_C^2+\frac{1}{2}I\omega^2$$

根据无滑滚动条件，有 $v_C-\omega r=0$，代入上式，并考虑到小球对其直径的转动惯量 $I=\frac{2}{5}mr^2$，得

$\boldsymbol{v}_C=\sqrt{\frac{10(R-r)g}{7}}\boldsymbol{e}_t$.

小球在最低点时，由质心运动定理得

$$F_N-mg=ma_n=m\frac{v_C^2}{R-r}$$

可求出 $\boldsymbol{F}_N=\frac{17}{7}mg\boldsymbol{e}_n$.小球作用于导轨的正压力 $\boldsymbol{F}'_N=-\boldsymbol{F}_N$，所以 $\boldsymbol{F}'_N=-\frac{17}{7}mg\boldsymbol{e}_n$.

*7.5.10　你用力蹬自行车，近似认为车匀速行驶于水平路面上.你能否估计一下所受的空气阻力是多少？（提示：参考习题 4.2.1 算输出给自行车轮盘的功率.设法通过简单的实验，估计经链条传至后面驱动轮损失的功率.计算作用于驱动轮的功率.然后再设法估算空气阻力.因为是估算，你可以采用近似的手法.）

提示：参见习题 4.2.1，人输出的平均功率为 $\overline{P}=4rmgn$，设传送到驱动轮上的功率为 $\beta\overline{P}$.作用于驱动轮的功率就近似等于空气阻力的功率，设空气阻力为 F，自行车行进速度为 v，则 $Fv=\beta\overline{P}$，故 $F=\beta\overline{P}/v$.因 $\omega=2\pi n$，

$v=2\pi nR$,所以空气阻力为 $F=\dfrac{\beta\cdot 4rmgn}{2\pi nR}=\beta\dfrac{2}{\pi}\cdot\dfrac{r}{R}mg$.

可以这样估算 β:找一段上坡的路,缓慢匀速向坡上骑行.因缓慢则空气阻力可不计,这样,人车势能的增量与人所做功之比就近似为 β.请大家想想,有没有更好的办法?

7.6.1 汽车在水平路面上匀速行驶,后面牵引旅行拖车,如题图所示.假设拖车仅对汽车施以水平向后的拉力 F.汽车重 G,其重心与后轴垂直距离为 a,前后轴距离为 l.h 表示 $\boldsymbol{F}$ 力与地面的距离.问汽车前后轮所受地面支持力与无拖车时有无区别? 试计算之.

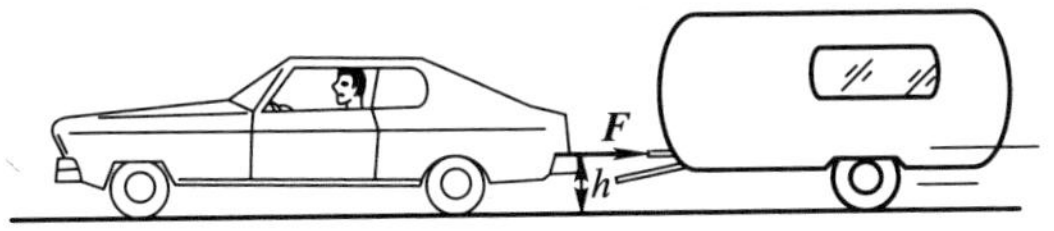

7.6.1 题图

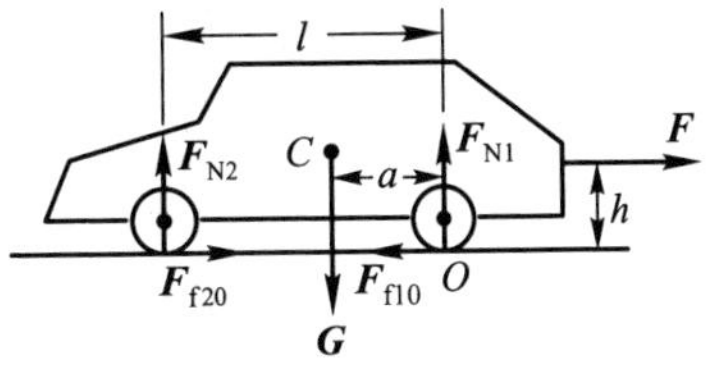

7.6.1 题解图

提示:作用于重心的重力作用线与后轴的垂直距离为 a.忽略空气阻力.汽车在水平路面上匀速行驶,以与汽车相对静止的平动系为惯性参考系,分析汽车所受外力如题解图所示.设后轮为主动轮,故可能存在的静摩擦力 $\boldsymbol{F}_{f10}$ 向前;前轮为被动轮,故可能存在的静摩擦力 $\boldsymbol{F}_{f20}$ 向后.汽车受力平衡,故

$$F_{N1}+F_{N2}=G$$

$$F_{f10}=F+F_{f20}$$

汽车受力对过后轮与地面接触点 O 的轴力矩平衡,则

$$Fh+F_{N2}l=Ga$$

由以上三式可求出 $F_{N2}=\dfrac{Ga-Fh}{l}$,$F_{N1}=\dfrac{G(l-a)+Fh}{l}$和 $F_{f10}=F+F_{f20}$.

无拖车时,$F=0$,则 $F_{N2}=\dfrac{Ga}{l}$,$F_{N1}=\dfrac{G(l-a)}{l}$和 $F_{f10}=F_{f20}$.

[由有拖车情况的解 $F_{N2}=\dfrac{Ga-Fh}{l}$可以看到,当 $F=\dfrac{Ga}{h}$时 $F_{N2}=0$,如果 F 再增大,汽车就会翻转! 我们经常把平动的刚体当成质点处理,现在应认识到:只有满足力矩平衡条件,刚体才能保持平动.]

7.6.2 将一块木板的两端置于两个测力计上,即可测出板的重心.这样测人的重心就比较难,因很难将头和脚置于测力计上而保持身体挺直.若令人躺在板上,能否测出? 若能,给出求重心的方法.

提示:人与板在重力场中,重心都与各自的质心重合.

为方便起见(并不必须),将木板两端点恰好放在两个测力计的支点上,设人身高与木板长度相等.以左侧测力计支点为原点建立 Ox 坐标系如图所示,右侧支点的坐标为 x_l.受力分析如图所示.

系统平衡,对过质心的 C 轴力矩平衡,则 $x_CF_{N1}=(l-x_C)F_{N2}$,即 $x_C=\dfrac{lF_{N2}}{F_{N1}+F_{N2}}$.

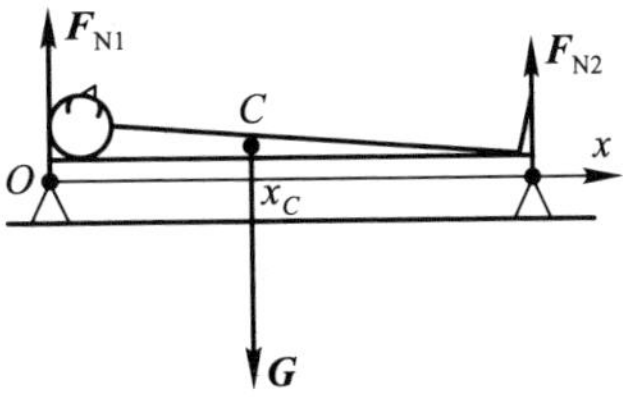

7.6.2 题解图

先只称木板，求出 x_{C1} 即为木板质心；再把人和木板一起称，求出 $x_{C总}$ 为人和木板的质心.设木板的质量为 m_1，人的质量为 m_2，人的质心为 x_{C2}，根据 $x_{C总}=\dfrac{m_1x_{C1}+m_2x_{C2}}{m_1+m_2}$ 即可求出 x_{C2}.

7.6.3 如题图所示，电梯高 2.2 m，其质心在中央.悬线亦过中央.另有负载 500 kg，其重心离电梯中垂线相距 0.5 m.问：(1) 当电梯匀速上升时，光滑导轨对电梯的作用力，不计摩擦(电梯仅在四角处受导轨作用力)；(2) 当电梯以加速度 0.05 m/s² 上升时，力如何？

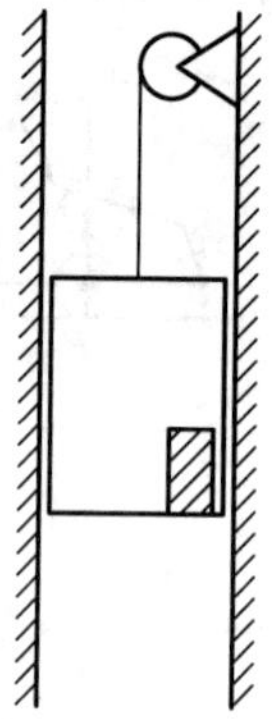

7.6.3 题图

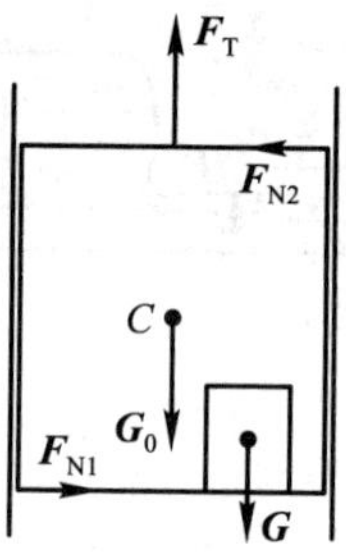

7.6.3 题解图

提示：视电梯和负载为质点系.设导轨仅可对电梯施加压力，由于加负载后若无导轨则电梯会倾斜，所以可知电梯在左下角和右上角受压力 $\boldsymbol{F}_{N1}$ 和 $\boldsymbol{F}_{N2}$，如题解图所示.

[电梯和导轨之间必有间隙，电梯的两上角(两下角)不能同时受压力.如果电梯和导轨之间没有间隙，电梯的四个角同时受压力，就成为不能定解问题了，必须考虑电梯的形变才可求解；而且摩擦力也就不可忽略了.电梯也不可能仅一角受压力，这样水平方向受力不能平衡.]

(1) 以和电梯一起上升的平动系为惯性参考系，质点系受外力如图所示.电梯(刚体)处于平衡状态，则力的平衡方程和对过质心 C 轴的力矩平衡方程为

$$F_T=G_0+G$$

$$F_{N1}=F_{N2}$$

$$\frac{F_{N1}h}{2}+\frac{F_{N2}h}{2}=Gd$$

其中 $h=2.2$ m，$d=0.50$ m，$G=4.9\times10^3$ N，所以 $F_{N1}=F_{N2}=\dfrac{Gd}{h}=1.114\times10^3$ N.

(2) 以和电梯一起上升的平动系为非惯性参考系，需考虑惯性力 $\boldsymbol{F}^*=-m\boldsymbol{a}$ 作用，将(1)中的 G 换为 $G+ma$ 即可，$F_{N1}=F_{N2}=\dfrac{(G+ma)d}{h}=1.119\times10^3$ N.

7.6.5 试设计一方法测量汽车的重心距地面的高度.

提示：设已知汽车的质量 m，前后轮轴间的距离 l，重心的水平位置为 C(可用习题 7.6.2 的方法测得)，重心与后轮轴水平距离为 a，如图所示.

将两前轮和两后轮分别放置在两块板上，两块板下各放置一个测力计，两个测力计放置在斜面上. 车头顶在另一个测力计上，此测力计支点与车轮下缘的垂直距离为 h. 汽车保持平衡状态，所受外力如图. 设车重心高度（到车轮下缘的垂直距离）为 h_C，则对过质心 C 的轴的力矩平衡方程为：

$$F_{N2}(l-a)=F_{N1}a+F(h_C-h)$$

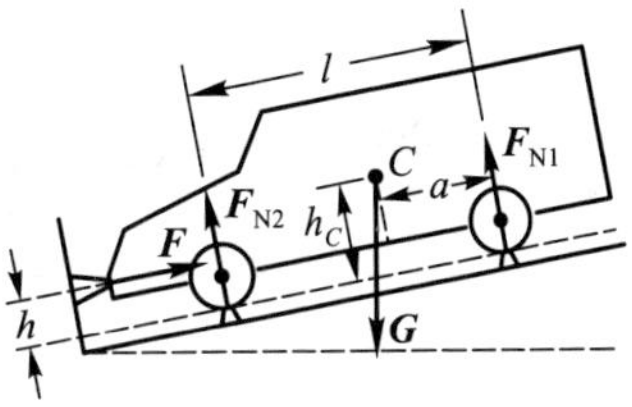

7.6.5 题解图

所以

$$h_C=\frac{F_{N2}l-(F_{N1}+F_{N2})a}{F}+h$$

式中 F_{N1}、F_{N2} 和 F 由测力计读出，其余各量都是已知的，代入即可求出汽车的重心高度 h_C.

*__7.7.1__ 如图所示，环形框架质量为 0.20 kg，上面装有质量为 1.20 kg 的回转仪. 框架下端置于光滑的球形槽内. 回转仪既自转又进动，框架仅随回转仪的转动而绕竖直轴转动. 回转仪自身重心及它连同框架的重心均在 C 点，C 点与转动轴线的垂直距离为 $r=0.02$ m. 回转仪绕自转轴的转动惯量为 $4.8\times10^{-4}\ \mathrm{kg\cdot m^2}$，自转角速度为 120 rad/s. 设回转仪自转轴水平. (1) 求进动角速度；(2) 求支架的球形槽对支架的总支撑力.

提示： 参见教材 §7.7 之（二）.

(1) 设绕竖直轴的进动角速度为 Ω，则

$$\Omega=\frac{\mathrm{d}\theta}{\mathrm{d}t}=\frac{M}{I\omega}=\frac{(m_1+m_2)gr}{I\omega}$$

$$=\frac{(0.20+1.20)\times9.8\times0.02}{4.8\times10^{-4}\times120}\ \mathrm{rad/s}$$

$$\approx4.76\ \mathrm{rad/s}$$

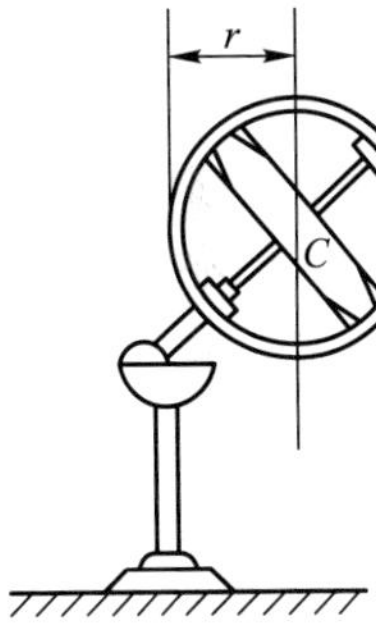

7.7.1 题图

(2) 设球形槽对支架的支撑力为 $\boldsymbol{F}_N$，系统质心 C 绕竖直轴在水平面内做匀速圆周运动，由质心运动定理，得

$$F_{水平}=(m_1+m_2)\Omega^2r=(0.20+1.20)\times4.76^2\times0.02\ \mathrm{N}$$

$$\approx0.634\ 4\ \mathrm{N}$$

$$F_{竖直}=(m_1+m_2)g=(0.20+1.2)\times9.8\ \mathrm{N}=13.72\ \mathrm{N}$$

所以 $F_N=\sqrt{F_{竖直}^2+F_{水平}^2}=\sqrt{13.72^2+0.634\ 4^2}\ \mathrm{N}\approx13.73\ \mathrm{N}$，$\boldsymbol{F}_N$ 与竖直方向的夹角 $\theta=\arctan\frac{F_{水平}}{F_{竖直}}=\arctan\frac{0.634\ 4}{13.73}\approx2.65°$.

第八章　弹性体的应力和应变

思　考　题

8.1　作用于物体内某无穷小面元上的应力是面元两侧的相互作用力，其单位为 N.这句话对不对？

提示：应力是作用于某假想无限小面元上的，单位面积所受的内力；单位是 N/m^2.如果面元上内力分布均匀，则不要求“无限小”条件，在这种情况下，应力沿该面元法向的分量 $\sigma=\dfrac{F_n}{S}$ 称为正应力，沿切向的分量 $\tau=\dfrac{F_t}{S}$ 称切应力.

8.2　(8.1.1)式关于应力的定义当弹性体做加速运动时是否仍然适用？

提示：正应力的定义，$\sigma=\dfrac{F_n}{S}$，与弹性体运动状态无关.

8.3　牛顿第二定律指出：物体所受合力不为零，则必有加速度.是否合力不为零必产生形变，你是否能举出一个合力不为零但无形变的例子？

提示：当弹性体整体可以作为质点看待时，才可用牛顿定律（实际是质心运动定理）研究它的运动，合力指的是外力矢量和.

有弹性体所受外力矢量和不为零，而不发生形变的情况.例如，做自由落体运动的弹性体，受重力做加速运动，但不发生形变.

也有弹性体所受外力矢量和为零，而发生形变的情况.例如，把一弹性体置于地面，受外力矢量和为零，但弹性体因自身重力也会被压缩.

8.4　胡克定律是否可叙述为：当物体受到外力而发生拉伸（或压缩）形变时，外力与物体的伸长（或缩短）成正比.对于一定的材料，比例系数是常量，称作该材料的弹性模量？

提示：要求在弹性限度内.$\dfrac{F_n}{S}=\sigma=E\varepsilon=E\dfrac{\Delta l}{l_0}$.虽然 $F_n\propto\Delta l$，但 $E=\dfrac{\sigma}{\varepsilon}\neq\dfrac{F_n}{\Delta l}$.

8.5　如果长方体体元的各表面上不仅受到切应力，而且还受到正应力，切应力互等定律是否还成立？

提示：参见教材 §8.2 之（一）.切应力互等定律与是否受正应力无关.

8.6　是否一空心圆管比同样直径的实心圆棒的抗弯能力要好？

提示：同样直径的实心圆棒比空心圆管抗弯能力更好.但是同样材料，单位长度质量相同的空心圆管比实心圆棒抗弯能力好，因为空心圆管的直径较大.

8.7 为什么自行车轮的辐条要互相交叉？为什么有些汽车车轮很粗的辐条不必交叉？

提示：比如，自行车的后轮在轮轴处受驱动力矩而带动车轮旋转，而车轮轮胎处会受到阻力矩，所以车轮要发生扭转.自行车轮的辐条相互交叉，可以提高车轮的抗扭转能力.

汽车车轮也有采用类似自行车的辐条结构的，其辐条也是交叉的.

所谓"很粗的辐条"结构与前述辐条结构不同，实际是在圆形钢板上挖出几个洞，因为已有好的抗扭转能力，就不必交叉了.

8.8 为什么自行车轮钢圈横截面常取(a)(b)形状，而不采取(c)的形状？

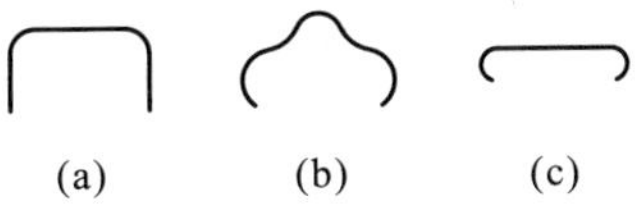

8.8 题图

提示：钢圈横截面的高度越大，其抗弯曲能力越强.

8.9 为什么金属平薄板容易形变，但若在平板上加工出凸凹槽则不易形变？

提示：参见教材§8.3之(一).加工出凹凸槽，相当于增加了距中性层远的材料，从而增加了抗弯能力，故不易变形.

8.10 用厚度为 d 的钢板弯成内径为 r 的圆筒，则下料时钢板长度应为 $2\pi\left(r+\frac{d}{2}\right)$，这是为什么？

提示：钢板弯成圆筒，内壁被压缩，外壁被拉伸，中性层不变.所以下料时钢板长度 l 是由中性层半径 $\left(r+\frac{d}{2}\right)$ 决定的，即 $l=2\pi\left(r+\frac{d}{2}\right)$.

习　　题

8.1.1 一钢杆的横截面积为 $5.0\times10^{-4}\ \mathrm{m}^2$，所受轴向外力如题图所示，试计算 A、B，B、C 和 C、D 之间的应力.

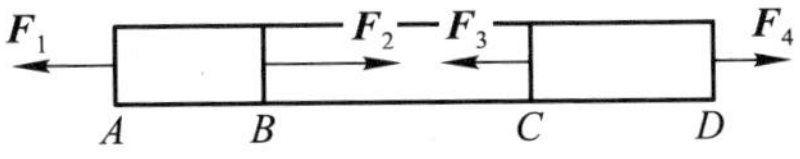

8.1.1 题图

已知：$F_1=6\times10^4\ \mathrm{N}$，　$F_2=8\times10^4\ \mathrm{N}$，　$F_3=5\times10^4\ \mathrm{N}$，　$F_4=3\times10^4\ \mathrm{N}$.

解：如题解图所示，在钢杆 A、B 之间做垂直于杆的假想截面，以此假想截面左侧的杆(阴影部分)为研究对象，设杆在 A、B 之间的正应力为 σ_{AB}，杆的横截面积为 S.根据研究对象(阴影部分的杆)沿杆方向力的平衡方程为

$$F_1=\sigma_{AB}S$$

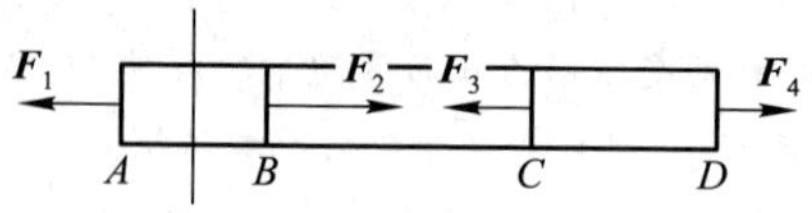

8.1.1 题解图

所以 $\sigma_{AB}=F_1/S=1.2\times10^8$ Pa，为拉应力.

在杆 B、C 之间做垂直于杆的假想截面，以此假想截面左侧的杆为研究对象，由

$$F_1=F_2+\sigma_{BC}S$$

所以 $\sigma_{BC}=\dfrac{F_1-F_2}{S}=-0.40\times10^8$ Pa，为压应力.

在杆 C、D 之间做垂直于杆的假想截面，以此假想截面右侧的杆为研究对象，由

$$\sigma_{CD}S=F_4$$

所以 $\sigma_{CD}=F_4/S=0.6\times10^8$ Pa，为拉应力.

[正应力均以外法线方向为正方向.比如 σ_{AB} 向右为正，求出 σ_{AB} 为正，是拉应力.σ_{BC} 向右为正，求出 σ_{AB} 为负，所以是压应力.σ_{CD} 向左为正（研究对象在此假想截面的右侧，所以外法线指向左侧），求出 σ_{CD} 为正，是拉应力.]

8.1.2 如图所示，利用直径为 0.02 m 的钢杆 CD 固定刚性杆 AB.若 CD 杆内的应力不得超过 $\sigma_{\max}=16\times10^7$ Pa.问 B 处至多能悬挂多大重量（不计杆自重）.

提示：CD 杆的最大拉力

$$F_{\mathrm{T},\max}=\sigma_{\max}\pi\left(\frac{d}{2}\right)^2=1.6\times10^8\times\pi\times\left(\frac{0.020}{2}\right)^2\ \mathrm{N}$$

$$\approx5.024\times10^4\ \mathrm{N}$$

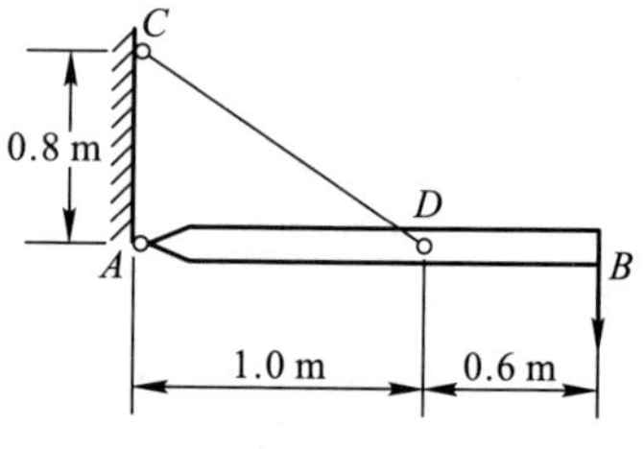

8.1.2 题图

以杆 AB 为隔离体，受 CD 杆的拉力 F_T、B 端重物施与的拉力 F_G 和 A 端铰链施与的力.根据对 A 轴的力矩平衡方程，有

$$F_G\cdot\overline{AB}=F_\mathrm{T}\cdot\overline{AC}\cdot\frac{\overline{AD}}{\sqrt{\overline{AC}^2+\overline{AD}^2}}$$

所以 $F_G=1.96\times10^4$ N.

8.1.3 图中上半段为横截面等于 4.0×10^{-4} m² 且弹性模量为 6.9×10^{10} Pa 的铝制杆，下半段是横截面为 1.0×10^{-4} m² 且弹性模量为 19.6×10^{10} Pa 的钢杆.又知铝杆内允许最大应力为 7.8×10^7 Pa，钢杆内允许的最大应力为 13.7×10^7 Pa.不计杆的自重，求杆下端所能承担的最大负荷，以及在此负荷下杆的总伸长量.

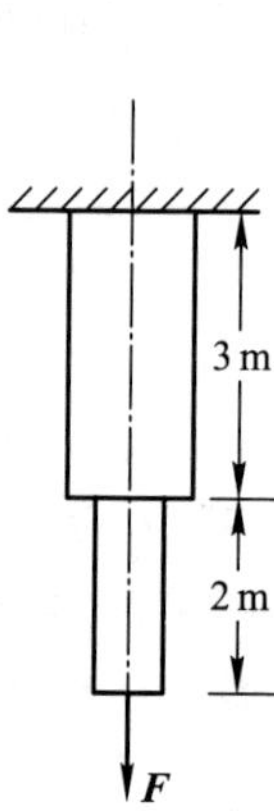

8.1.3 题图

解：设铝杆横截面积为 $S_{铝}$，允许的最大应力为 $\sigma_{铝\max}$；钢杆横截面积为 $S_{钢}$，允许的最大应力为 $\sigma_{钢\max}$.因为 $\sigma_{铝\max}<\sigma_{钢\max}$，所以整个杆中首先被拉坏的地方是与钢杆连接处的铝，因此整个杆允许的最大拉力为

$$F_{\max}=\sigma_{铝\max}S_{钢}=7.8\times10^7\times1.0\times10^{-4}\ \mathrm{N}=7.8\times10^3\ \mathrm{N}$$

在最大负荷 $F_{\max}$ 作用下，根据胡克定律，对铝杆有

$$\frac{F_{\max}}{S_{铝}}=E_{铝}\frac{\Delta l_{铝}}{l_{铝}}$$

所以铝杆的伸长量

$$\Delta l_{铝}=\frac{F_{\max}l_{铝}}{S_{铝}E_{铝}}=\frac{7.8\times10^{3}\times3}{4.0\times10^{-4}\times6.9\times10^{10}}\ \text{m}\approx8.5\times10^{-4}\ \text{m}$$

同理可得钢杆的伸长量

$$\Delta l_{钢}=\frac{F_{\max}l_{钢}}{S_{钢}E_{钢}}=\frac{7.8\times10^{3}\times2}{1.0\times10^{-4}\times19.6\times10^{10}}\ \text{m}\approx8.0\times10^{-4}\ \text{m}$$

故杆的总伸长量 $\Delta l=\Delta l_{铝}+\Delta l_{钢}=1.65\times10^{-3}\text{m}=1.65\ \text{mm}$.

8.1.4 电梯用不在一条直线上的三根钢索悬挂.电梯质量为 500 kg.最大负载极限 5.5 kN.每根钢索都能独立承担总负载,且其应力仅为允许应力的 70%,若电梯向上的最大加速度为 $g/5$,求钢索的直径为多少?将钢索看作圆柱体,且不计其自重,取钢的允许应力为 6.0×10^{8} Pa.

提示:以电梯和负载为研究对象,其最大总质量为

$$m=m_1+m_{2,\max}=500+\frac{5.5\times10^{3}}{g}$$

设最大加速度时所需拉力为 F_T,根据牛顿第二定律,有

$$F_T-mg=m\frac{g}{5}$$

所以 $F_T=1.2mg$.

设钢索直径为 d,截面面积 $S=\pi\left(\frac{d}{2}\right)^2$,一根钢索独立承担负载时,其中应力 $\sigma=\frac{F_T}{S}=\frac{4.8mg}{\pi d^2}$.设钢的允许应力为 $\sigma_{\max}$,由题意知

$$\sigma=\frac{F_T}{S}=\frac{4.8mg}{\pi d^2}=0.7\sigma_{\max}$$

因此

$$d=\sqrt{\frac{4.8mg}{0.7\pi\sigma_{\max}}}=\sqrt{\frac{4.8\times(500\times9.8+5.5\times10^{3})}{0.7\times6.0\times10^{8}\times3.14}}\ \text{m}\approx6.15\times10^{-3}\ \text{m}$$

8.1.5 (1) 矩形横截面杆在轴向拉力作用下拉伸应变为 ε.此材料的泊松系数为 μ.求证杆体积的相对改变量为

$$\frac{V-V_0}{V_0}=\varepsilon(1-2\mu)$$

V_0 表示原来体积,V 表示形变后的体积.

(2) 上式是否适用于压缩?

(3) 低碳钢弹性模量为 $E=19.6\times10^{10}$Pa,泊松系数 $\mu=0.3$,受到的拉应力为 $\sigma=1.37$ Pa,求杆件体积的相对改变.

解:(1) 设杆长为 l,横截面的两边长分别为 a、b,则形变前杆的体积 $V_0=abl$.

泊松系数 $\mu=\left|\dfrac{\varepsilon_1}{\varepsilon}\right|$，$|\varepsilon_1|=\dfrac{|\Delta a|}{a}=\dfrac{|\Delta b|}{b}$，$\varepsilon=\dfrac{\Delta l}{l}$. 当杆发生拉伸形变时，$\varepsilon>0$，$\varepsilon_1<0$，故 $\varepsilon_1=-\mu\varepsilon$，所以三条边的绝对形变分别为 $\Delta a=-a\mu\varepsilon$，$\Delta b=-b\mu\varepsilon$，$\Delta l=\varepsilon l$. 故形变后杆体积为

$$\begin{aligned}V&=(a+\Delta a)(b+\Delta b)(l+\Delta l)=(a-a\mu\varepsilon)(b-b\mu\varepsilon)(l+\varepsilon l)\\&=abl(1-\mu\varepsilon)^2(1+\varepsilon)=abl(1-2\mu\varepsilon+\mu^2\varepsilon^2)(1+\varepsilon)\end{aligned}$$

因应变是一阶小量，故忽略高阶小量，得

$$V=abl(1-2\mu\varepsilon+\varepsilon)=V_0(1+\varepsilon-2\mu\varepsilon)=V_0+V_0[\varepsilon(1-2\mu)]$$

所以 $\dfrac{V-V_0}{V_0}=\varepsilon(1-2\mu)$.

(2) 压缩时 $\varepsilon<0$，$\varepsilon_1>0$，仍有 $\varepsilon_1=-\mu\varepsilon$，其余均相同，故上式亦适用于压缩.

(3) 根据胡克定律 $\sigma=E\varepsilon$，得

$$\varepsilon=\frac{\sigma}{E}=\frac{1.37}{19.6\times10^{10}}\approx7.0\times10^{-12}$$

所以杆件体积的相对改变量为

$$\frac{V-V_0}{V_0}=\varepsilon(1-2\mu)\approx7.0\times10^{-12}\times(1-2\times0.3)=2.8\times10^{-12}$$

8.1.6 (1) 如题图所示，杆件受轴向拉力 F，其横截面为 S，材料的密度为 ρ，试证明考虑材料的重量时，横截面内的应力为

$$\sigma(x)=\frac{F}{S}+\rho gx$$

(2) 杆内应力如上式，试证明杆的总伸长量 Δl 等于

$$\Delta l=\frac{Fl}{SE}+\frac{\rho gl^2}{2E}$$

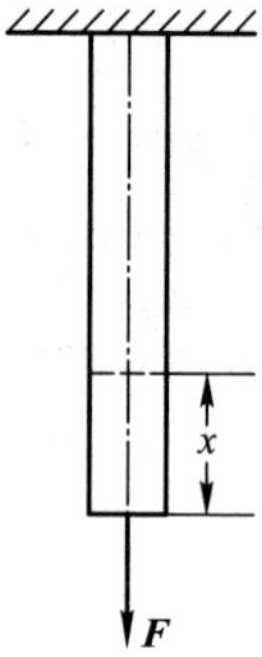

8.1.6 题图

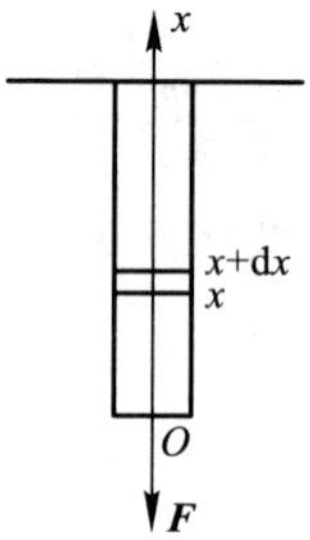

8.1.6 题解图

解：(1) 如题解图所示，建立坐标系 Ox. 在 x 处做一垂直于 x 轴的假想截面，以此假想截面以下的杆为研究对象，由 x 轴方向力的平衡方程

$$F_n=F+\rho Sxg$$

可得

$$\sigma(x)=\frac{F_{\mathrm{n}}}{S}=\frac{F+\rho Sxg}{S}=\frac{F}{S}+\rho gx$$

(2) 研究 x—$x+\mathrm{d}x$ 处弹性体元,设它的绝对伸长为 $\mathrm{d}l$,根据胡克定律,有

$$\sigma(x)=E\varepsilon(x)=E\frac{\mathrm{d}l}{\mathrm{d}x}$$

由此可得

$$\mathrm{d}l=\frac{\sigma(x)}{E}\mathrm{d}x=\left(\frac{F}{SE}+\frac{\rho gx}{E}\right)\mathrm{d}x$$

积分得

$$\Delta l=\int_0^l \mathrm{d}l=\int_0^l\left(\frac{F}{SE}+\frac{\rho gx}{E}\right)\mathrm{d}x=\frac{Fl}{SE}+\frac{\rho gl^2}{2E}$$

8.2.1 在剪切材料时,由于刀口不快,没有切断,该钢板发生了切变.钢板的横截面积为 $S=90\ \mathrm{cm}^2$,二刀口间的垂直距离为 $d=0.5\ \mathrm{cm}$.当剪切力为 $F=7\times10^5\ \mathrm{N}$ 时,求:

(1) 钢板中的切应力;

(2) 钢板的切应变;

(3) 与刀口相齐的两个截面所发生的相对滑移.已知钢的切变模量 $G=8\times10^{10}\ \mathrm{Pa}$.

解:(1) 根据切应力的定义,有

$$\tau=\frac{F}{S}=\frac{7\times10^5}{90\times10^{-4}}\ \mathrm{Pa}\approx7.78\times10^7\ \mathrm{Pa}$$

(2) 根据剪切形变的胡克定律,有

$$\gamma=\frac{\tau}{G}=\frac{7.78\times10^7}{8\times10^{10}}\ \mathrm{rad}\approx9.73\times10^{-4}\ \mathrm{rad}$$

(3) 因为 γ 很小,所以 $\tan\gamma\approx\gamma$,故相对滑移为

$$\gamma d=9.73\times10^{-4}\times0.5\times10^{-2}\ \mathrm{m}\approx4.87\times10^{-6}\ \mathrm{m}$$

8.3.1 一铝管直径为 4 cm,壁厚 1 mm,长 10 m,一端固定,而另一端作用一个力矩 50 N·m,求铝管的扭转角 θ.对同样尺寸的钢管再计算一遍.已知铝的切变模量 $G=2.65\times10^{10}\ \mathrm{Pa}$,钢的切变模量为 $8.0\times10^{10}\ \mathrm{Pa}$.

提示:已知管的半径 $R\gg$ 管壁厚 d,近似认为管壁截面各处的切应力大小相等,设为 τ.外力矩为 $M=\tau(2\pi Rd)R=2\pi R^2d\tau$,由此可得 $\tau=\dfrac{M}{2\pi R^2d}$.

根据剪切形变的胡克定律,有 $\gamma=\dfrac{\tau}{G}=\dfrac{M}{2\pi GR^2d}$.设管长为 l,切应变 $\gamma=\dfrac{R\theta}{l}$,对铝管

$$\theta_{铝}=\frac{\gamma l}{R}=\frac{Ml}{2\pi GR^3d}=\frac{50\times10}{2\pi\times2.65\times10^{10}\times(2\times10^{-2})^3\times1\times10^{-3}}\ \mathrm{rad}\approx0.375\ \mathrm{rad}$$

同理,对钢管有 $\theta_{钢}\approx0.124\ \mathrm{rad}$.

8.3.2 矩形横截面长宽比为 2∶3的梁,在力偶矩作用下发生纯弯曲.各以横截面的长和

宽作为梁的高度,求同样力偶矩作用下曲率半径之比.

提示:根据教材公式(8.3.1)$K=\frac{1}{R}=\frac{12M}{Ebh^3}$.设梁横截面的长为 $2a$,宽为 $3a$.若 $h=2a$,则

$$R_1=\frac{Ebh^3}{12M}=\frac{E(3a)(2a)^3}{12M}=24\frac{Ea^4}{12M}$$

若 $h=3a$,则 $R_2=54\frac{Ea^4}{12M}$.所以在同样力偶矩作用下的半径之比为$\frac{R_1}{R_2}=\frac{24}{54}=\frac{4}{9}$.

8.3.3 某梁发生纯弯曲,梁长度为 L,宽度为 b,厚度为 h,弯曲后曲率半径为 R,材料的弹性模量为 E,求总形变势能.

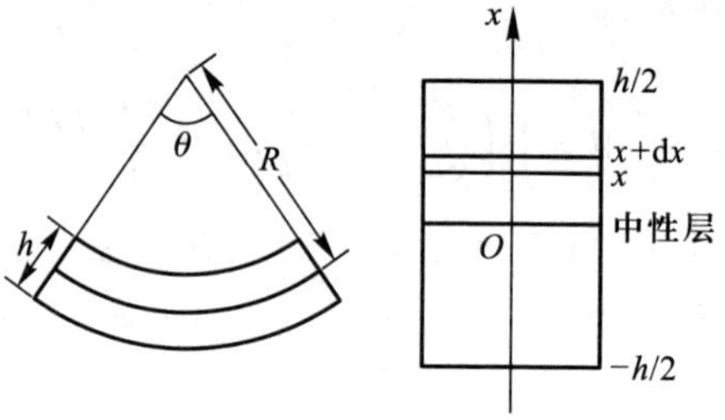

8.3.3 题解图

解:以中性层处为原点,沿梁高度方向,指向梁弯曲的曲率中心建立坐标系 Ox,如图所示.梁发生弯曲时,形变分布因 x 不同而不同.在坐标 x 处,取厚为 dx 的与中性面平行的薄层为弹性体元.该体元弯曲前的长度为 $L=R\theta$,形变后该体元的长度变为 $(R-x)\theta$,故该体元的线应变为

$$\varepsilon=\frac{\Delta L}{L}=\frac{x\theta}{R\theta}=\frac{x}{R}$$

由此可得所取体元的弹性势能:

$$\mathrm{d}E=E_{\mathrm{p}}^{0}\mathrm{d}V=\frac{1}{2}E\varepsilon^2\mathrm{d}V=\frac{1}{2}E\left(\frac{x}{R}\right)^2(Lb\mathrm{d}x)$$

对整个梁积分,即得到梁的总形变势能:

$$E=\int_V\mathrm{d}E=\int_{-h/2}^{h/2}\frac{1}{2}E\left(\frac{x}{R}\right)^2Lb\mathrm{d}x=\frac{ELbx^3}{6R^2}\Bigg|_{-h/2}^{h/2}=\frac{ELbh^3}{24R^2}$$

第九章　振动

思　考　题

9.1　什么叫作简谐振动？如某物理量 x 的变化规律满足 $x=A\cos(pt+q)$，A、p 和 q 均为常量，能否说 x 做简谐振动？

提示：通过运动微分方程定义：若系统的运动微分方程（即动力学方程）可归结为 $\frac{d^2x}{dt^2}+\omega_0^2x=0$，其中 ω_0 取决于系统本身的性质，则其运动称为简谐振动.

根据系统受力（力矩）定义：质点（或刚体）在线性回复力（线性回复力矩）作用下在平衡位置附近的运动叫作简谐振动.

运动学定义：若某物理量 x 的变化规律满足 $x=A\cos(\omega_0t+\alpha)$，且常量 ω_0 取决于振动系统本身的性质，常量 A 和 α 取决于初始条件，则该物理量做简谐振动.

因无法判断常量 p 是否取决于系统本身的性质，常量 A 和 q 是否取决于初始条件，所以不能说 x 做简谐振动.

9.2　如果单摆的摆角很大，以致不能认为 $\sin\theta=\theta$，为什么它的摆动不是简谐振动？

提示：因为当单摆的摆角很大时，其动力学方程 $ml^2\frac{d^2\theta}{dt^2}=-mgl\sin\theta$ 不能化为 $\frac{d^2x}{dt^2}+\omega_0^2x=0$ 的形式，所以它的摆动不是简谐振动.

9.3　在宇宙飞船中，你如何测量一物体的质量？你手中仅有一已知其弹性系数的弹簧.

提示：将弹簧一端固定，另一端与待测物体连接，使物体相对于平衡位置沿弹簧轴线方向偏离一定距离，则物体做简谐振动.测出物体的振动周期（当然，你还得有秒表），利用公式 $T=2\pi\sqrt{m/k}$ 即可求出该物体的质量.

9.4　将弹簧振子的弹簧剪掉一半，其振动频率将如何变化？

提示：弹性系数为 k 的弹簧受力 F，伸长量为 Δl.弹簧剪掉一半，受力 F 伸长量为 $\Delta l/2$，故其弹性系数 $k'=2k$.振动频率变为原来的 $\sqrt{2}$ 倍.

9.5　将汽车车厢和下面的弹簧视为一个沿竖直方向运动的弹簧振子，当有乘客时，其固有频率会有怎样的变化？

提示：当有乘客时，弹簧振子的质量增大，其固有频率变小.

9.6　一弹簧振子（如主教材 P248 图 9.1 所示）可不考虑弹簧质量.弹簧的弹性系数和滑块的质量都是未知的.现给你一根米尺，又允许你把滑块取下来，还可以把弹簧摘下来，你用什么方法能够知道弹簧振子的固有频率？

提示：将弹簧振子竖直悬挂，当振子静止时，用米尺测出弹簧的长度 l. 然后取下滑块，用米尺测出弹簧的原长 l_0，则 $k(l-l_0)=mg$. 即可求得 $\nu=\frac{1}{2\pi}\sqrt{\frac{k}{m}}=\frac{1}{2\pi}\sqrt{\frac{g}{l-l_0}}$.

9.7 两个互相垂直的简谐振动的运动学方程分别为 $x=A_1\cos(\omega_0 t+\alpha_1)$，$y=A_2\cos(\omega_0 t+\alpha_2)$. 若质点同时参与上述两个振动，且 $\alpha_2-\alpha_1=\frac{\pi}{2}$，质点将沿什么样的轨道怎样运动？

提示：合振动的轨迹为以 x 轴和 y 轴为轴的椭圆. 因 $\alpha_2-\alpha_1=\pi/2$，即 y 方向的振动比 x 方向的振动超前 $\pi/2$，所以质点沿顺时针方向运动.

9.8 "受迫振动达到稳态时，其运动学方程可写作 $x=A\cos(\omega t+\phi)$，其中 A 和 ϕ 由初始条件决定，ω 即驱动力的频率." 这句话对不对？

提示：A 和 ϕ 取决于振动系统本身的性质、阻尼的大小和驱动力的特征（大小、频率），而与初始条件无关.

9.9 "若驱动力与固有频率相等，则发生共振." 这句话是否准确？

提示：位移共振频率 ω_r 一般不等于振动系统的固有频率 ω_0.

9.10 图表示汽车发动机或空气压缩机的曲柄连杆机构. 曲柄 OA 绕 O 轴以角速度 ω 匀速转动，曲柄和连杆分别长 r 和 l. 问左方活塞的运动是否是简谐振动，并证明当 $l\gg r$ 时，活塞的运动可近似视作简谐振动.

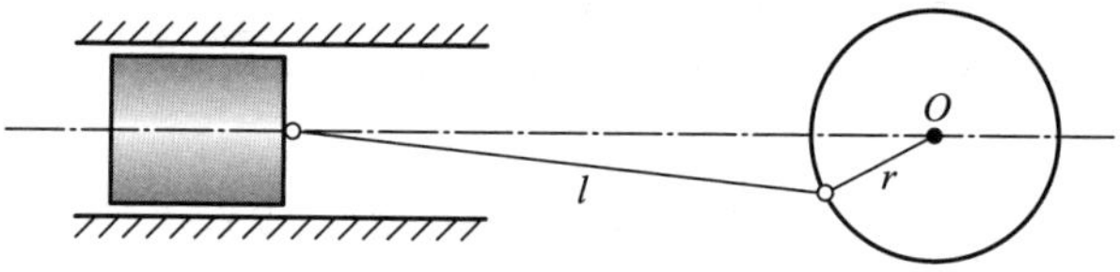

9.10 题图

提示：证明当 $l\gg r$ 时，活塞近似谐函数（sin 或 cos）规律运动. 设 B 为连杆和活塞的连接点，则

$$\overline{OB}=r\cos\theta+\sqrt{l^2-(r\sin\theta)^2}$$

当 $l\gg r$ 时，上式可近似为 $\overline{OB}=r\cos\theta+l$. 以 $\overline{OB}=l$ 处为描述活塞位置的坐标原点（$x=0$），则活塞的坐标 $x=r\cos\theta$.

[简谐振动的定义不是唯一的.

教材使用严格的定义，参见思考题 9.1，所谓简谐振动，特指谐振子（运动微分方程为 $\frac{d^2x}{dt^2}+\omega_0^2 x=0$ 形式的振动系统）的自由振动（没有阻尼和驱动）. 按此定义，活塞受驱动，不是简谐振动.

简谐振动的"谐"可能来源于谐函数（sin 或 cos）中的"谐". 所以也可以定义运动学方程为 $x=A\cos(\omega_0 t+\alpha)$ 形式的振动为"谐振动". 如果再进一步：定义运动学方程为 $x=A\cos(\omega_0 t+\alpha)$ 形式，其中常量 ω_0 取决于振动系统本身的性质的振动为"简谐振动"，则与教材中的定义并无原则区别. 在这种定义下，活塞的运动也可以认为是简谐振动.

读者应注意,即使对很成熟的"力学",理论结构和定义等也可以有不同的表述方式.如上所述,两种定义无所谓谁对谁错,哪种定义更好可能也没有完全一致的看法.

对初学的读者,还是应以教材中的严格定义为准.]

习　　题

9.2.1 如图所示,一刚体可绕水平轴摆动.已知刚体质量为 m,其重心 C 和轴 O 间的距离为 h,刚体对转动轴线的转动惯量为 I.问刚体围绕平衡位置的微小摆动是否是简谐振动?如果是,求固有频率,不计一切阻力.

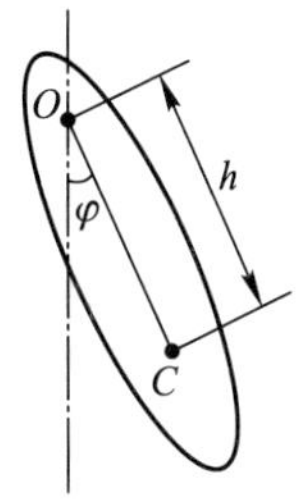

9.2.1 题图

提示:刚体受重力和轴的支持力,规定逆时针为角坐标 φ 正方向,由刚体的转动定理得

$$I\alpha=I\frac{\mathrm{d}^2\varphi}{\mathrm{d}t^2}=-mgh\sin\varphi,\quad 即\frac{\mathrm{d}^2\varphi}{\mathrm{d}t^2}+\frac{mgh}{I}\sin\varphi=0$$

微小摆动 $\varphi\ll1$,$\sin\varphi\approx\varphi$,则运动微分方程为

$$\frac{\mathrm{d}^2\varphi}{\mathrm{d}t^2}+\omega_0^2\varphi=0$$

故刚体围绕平衡位置的微小摆动是简谐振动,且 $\omega_0=\sqrt{\dfrac{mgh}{I}}$.

9.2.2 轻弹簧与物体的连接如图(a)和(b)所示,物体质量为 m,弹簧的弹性系数分别为 k_1 和 k_2,支承面是理想光滑面.求两个系统各自振动的固有频率.

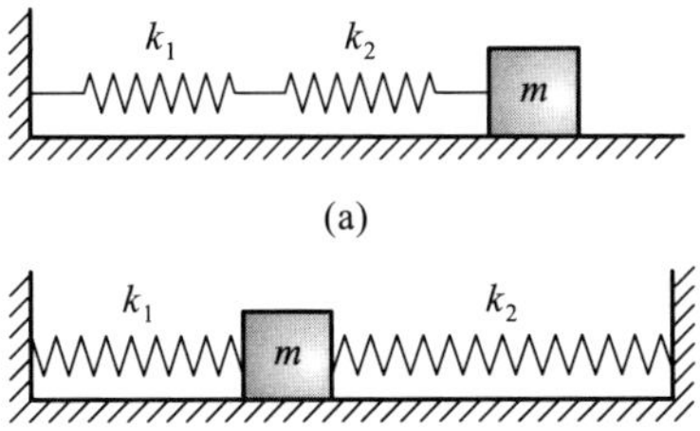

9.2.2 题图

提示:以物体 m 的平衡位置为原点,建立坐标系 Ox 水平向右.

对图(a),m 位于 x 时,两弹簧分别伸长 x_1 和 x_2,$F=k_1x_1=k_2x_2$,$x=x_1+x_2$.m 所受合力

$$F=kx=k(x_1+x_2)=k\left(\frac{F}{k_1}+\frac{F}{k_2}\right)=kF\frac{k_1+k_2}{k_1k_2}$$

由此求得 $k=\dfrac{k_1k_2}{k_1+k_2}$,所以 $\nu=\dfrac{1}{2\pi}\sqrt{\dfrac{k}{m}}=\dfrac{1}{2\pi}\sqrt{\dfrac{k_1k_2}{m(k_1+k_2)}}$.

对图(b),m 位于 x 时,弹簧 1 被拉长,弹簧 2 被压缩,m 所受合力

$$F=kx=k_1x+k_2x=(k_1+k_2)x$$

由此求得 $k=k_1+k_2$，所以 $\nu=\frac{1}{2\pi}\sqrt{\frac{k}{m}}=\frac{1}{2\pi}\sqrt{\frac{k_1+k_2}{m}}$.

9.2.3 一垂直悬挂的弹簧振子，振子质量为 m，弹簧的弹性系数为 k_1.若在振子和弹簧 k_1 之间串联另一弹簧，使系统的频率减少一半.问串联上的弹簧的弹性系数 k_2 应是 k_1 的多少倍？

提示：参见习题 9.2.2，两弹簧串联时，弹性系数 $k=\frac{k_1k_2}{k_1+k_2}$，此时系统的圆频率

$$\omega=\sqrt{\frac{k}{m}}=\sqrt{\frac{k_1k_2}{(k_1+k_2)m}}=\frac{1}{2}\sqrt{\frac{k_1}{m}}$$

可求得 $k_2=\frac{k_1}{3}$.

9.2.4 单摆周期的研究.(1) 单摆悬挂于以加速度 a 沿水平方向直线行驶的车厢内.(2) 单摆悬挂于以加速度 a 上升的电梯内.(3) 单摆悬挂于以加速度 $a(<g)$ 下降的电梯内.求这三种情况下单摆的周期.已知摆长为 l.

解：(1) 以车厢为参考系（非惯性系），摆球受摆线拉力 $\boldsymbol{F}_{\mathrm{T}}$、重力 $\boldsymbol{G}$ 和惯性力 $\boldsymbol{F}^*=-m\boldsymbol{a}$，如图所示.重力和惯性力的合力为等效重力

$$m\boldsymbol{g}'=m\boldsymbol{g}-m\boldsymbol{a}$$

其大小 $g'=\sqrt{g^2+a^2}$.由于在重力场 $\boldsymbol{g}$ 中单摆的周期 $T=2\pi\sqrt{\frac{l}{g}}$，类比可知，在等效重力场 $\boldsymbol{g}'$ 中

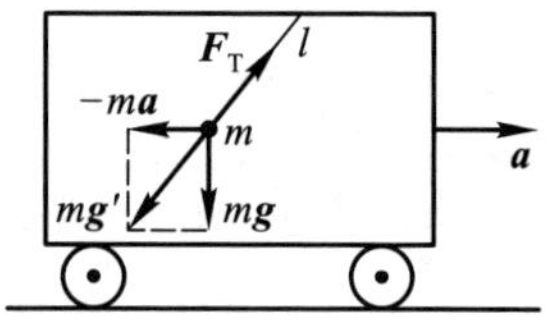

9.2.4 题解图

$$T=2\pi\sqrt{\frac{l}{g'}}=2\pi\sqrt{\frac{l}{\sqrt{a^2+g^2}}}$$

提示：(2) 以电梯为参考系，$m\boldsymbol{g}'=m(\boldsymbol{g}+\boldsymbol{a})$，$T=2\pi\sqrt{\frac{l}{g'}}=2\pi\sqrt{\frac{l}{g+a}}$.

(3) 同理 $T=2\pi\sqrt{\frac{l}{g-a}}$.

9.2.5 在通常温度下，固体内原子振动的频率数量级为 10^{13}/s.设想各原子间彼此以弹簧连接.1 mol 银的质量为 108 g 且包含 6.02×10^{23} 个原子.现仅考虑一列原子，且假设只有一个原子以上述频率振动，其他原子皆处于静止，计算一根弹簧的弹性系数.

提示：单个银原子的质量 $m\approx1.79\times10^{-25}$ kg.参见 9.2.2 题图(b)，$k'=k_1+k_2=2k$.根据 $\omega=\sqrt{\frac{k'}{m}}=\sqrt{\frac{2k}{m}}=2\pi\times10^{13}$ rad/s，可得一根弹簧的弹性系数 $k=\frac{m\omega^2}{2}\approx353$ N/m.

9.2.6 一弹簧振子，弹簧的弹性系数为 $k=9.8$ N/m，物体质量为 200 g.现将弹簧自平衡位置拉长 $2\sqrt{2}$ cm，并给物体一远离平衡位置的速度，其大小为 7.0 cm/s，求该振子的运动学方程（国际单位制）.

解：$\omega_0=\sqrt{k/m}=\sqrt{9.8/0.2}$ rad/s $=7$ rad/s.设振子的运动学方程为

$$x=A\cos(7t+\alpha)$$

对时间求一阶导数，可得振子速度

$$v_x=\frac{dx}{dt}=-7A\sin(7t+\alpha)$$

将初始条件 $t=0$ 时，$x=2\sqrt{2}\times10^{-2}$ m，$v_x=7.0\times10^{-2}$ m/s，代入上述两式，得

$$2\sqrt{2}\times10^{-2}=A\cos\alpha$$
$$7.0\times10^{-2}=-7A\sin\alpha$$

所以 $A=3\times10^{-2}$ m；$\cos\alpha=\frac{2\sqrt{2}}{3}$，$\sin\alpha=-\frac{1}{3}$，$\alpha=-0.34$. 故该振子的运动学方程为

$$x=3\times10^{-2}\cos(7t-0.34)\text{ m}$$

9.2.7 质量为 1.0×10^3 g 的物体悬挂在弹性系数为 10 N/cm 的弹簧下面.(1) 求其振动的周期;(2) 在 $t=0$ 时，物体距平衡位置的位移为 +0.5 cm，速度为 +15 cm/s，求运动学方程(国际单位制).

解:(1) $\omega_0=\sqrt{\frac{k}{m}}=\sqrt{\frac{1.0\times10^6\times10^{-5}}{10^{-2}}\times\frac{1}{1.0}}$ rad/s $=10\sqrt{10}$ rad/s

所以周期 $T=2\pi/\omega_0\approx0.199$ s.

(2) 运动学方程为 $x=A\cos(10\sqrt{10}t+\alpha)$，由初始条件 $x_0=0.5\times10^{-2}$ m，$v_0=15\times10^{-2}$ m/s，得

$$A=\sqrt{x_0^2+\frac{v_0^2}{\omega_0^2}}=\sqrt{(0.5\times10^{-2})^2+\frac{(15\times10^{-2})^2}{(10\sqrt{10})^2}}\text{ m}\approx6.89\times10^{-3}\text{m}$$

$$\cos\alpha=\frac{x_0}{A}=\frac{0.5\times10^{-2}}{6.89\times10^{-3}}\approx0.726$$

则 $\alpha\approx\pm0.758$ rad. 由于质点速度 $v_x=-10\sqrt{10}A\sin(10\sqrt{10}t+\alpha)$，$v_0>0$，故 $\sin\alpha<0$，所以 $\alpha=-0.758$ rad. 因此，运动学方程为

$$x=6.89\times10^{-3}\cos(10\sqrt{10}t-0.758)\text{ (m)}$$

9.2.8 (1) 一简谐振动的运动规律为 $x=5\cos\left(8t+\frac{\pi}{4}\right)$(国际单位制)，若计时起点提前 0.5 s，其运动学方程如何表示？欲使其初相为零，计时起点应提前或推迟多少？

(2) 一简谐振动的运动学方程为 $x=8\sin(3t-\pi)$(国际单位制). 若计时起点推迟 1 s，它的初相是多少？欲使其初相为零，应怎样调整计时起点？

(3) 画出上面两种简谐振动在计时起点改变前后 $t=0$ 时旋转矢量的位置.

提示:(1) 计时起点提前至 t_0，则 $t'=t+t_0$，将 $t=t'-t_0$ 代入原运动学方程得

$$x=5\cos\left[8(t'-t_0)+\frac{\pi}{4}\right]=5\cos\left(8t'-8t_0+\frac{\pi}{4}\right)\text{ (m)}$$

当 $t_0=0.5$ s 时，$x=5\cos\left(8t'-4+\frac{\pi}{4}\right)$ (m). 令 $-8t_0+\frac{\pi}{4}=0$，得 $t_0=\frac{\pi}{32}$ s 可使初相为零.

(2)
$$x=8\sin(3t-\pi)=8\cos\left(3t-\frac{3}{2}\pi\right)\ (\text{m})$$

计时起点提前至 t_0，则 $t'=t+t_0$，相位 $3(t'-t_0)-\frac{3}{2}\pi=3t'-3\left(t_0+\frac{1}{2}\pi\right)$. 当 $t_0=-1$ s 时，初相 $\alpha=\left(3-\frac{3}{2}\pi\right)$ rad. $t_0=-\frac{\pi}{2}$ s，即计时起点推迟 $\frac{\pi}{2}$ 秒可使初相为零.

(3) 旋转矢量位置图请读者自己画出.

[简谐振动也可以用正弦形式，如 $x=8\sin(3t-\pi)$ m. 但在讨论相位问题时，一般统一采用余弦形式.]

9.2.9 画出某简谐振动的位移-时间曲线，其运动规律为

$$x=2\cos 2\pi\left(t+\frac{1}{4}\right)\ (\text{国际单位制})$$

解：由运动学方程可知，$A=2$ m，$T=\frac{2\pi}{\omega_0}=1$ s，$\alpha=\frac{\pi}{2}$ rad.

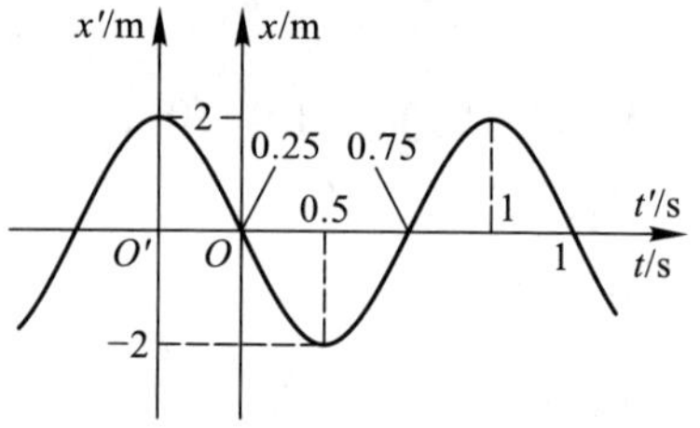

9.2.9 题解图

① 令 $t'=t+\frac{1}{4}$，得 $x=2\cos 2\pi t'$；② 在坐标 $O't'x'$ 中画出余弦曲线，时间值标于 $O't'$ 轴上方如图所示；③ 把竖轴右移 0.25 画出 x 轴，曲线在 Otx 中即为所求 $x-t$ 曲线.

以前可用描点法画 $x-t$ 曲线，现在读者应学习用计算机画函数曲线的方法画 $x-t$ 曲线.

9.2.10 如图所示，半径为 R 的薄圆环静止于刀口 O 上，令其在自身平面内做微小的摆动.(1) 求其振动的周期；(2) 求与其振动周期相等的单摆的长度；(3) 将圆环去掉 $\frac{2}{3}$，且刀口支于剩余圆弧的中央，求其周期与整圆环摆动周期之比.

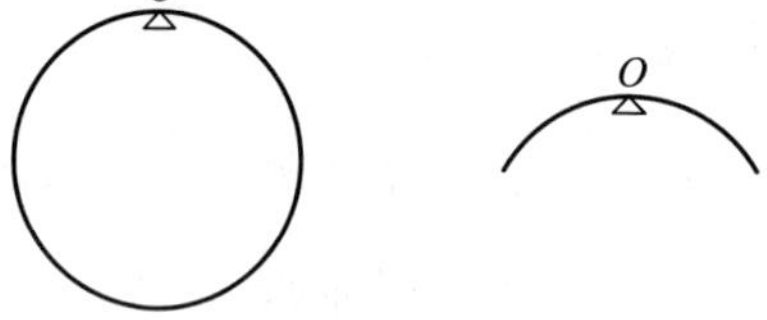

9.2.10 题图

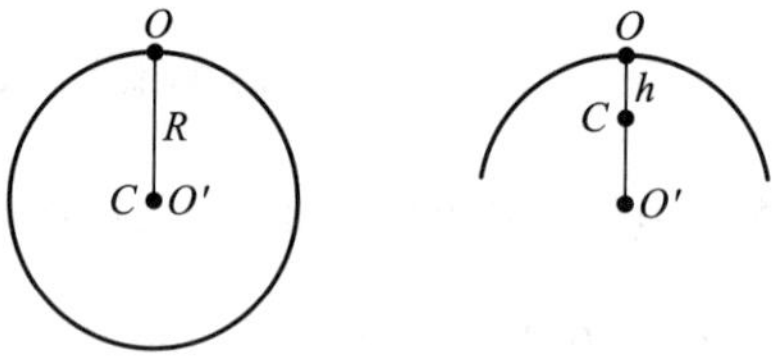

9.2.10 题解图

解：(1) 薄圆环绕 O 轴做微小摆动，为复摆，$\omega_0=\sqrt{\frac{mgh}{I}}$（见习题 9.2.1）.

半径为 R 的薄圆环对 O 轴的转动惯量 $I_{Oz}=I_{Cz}+mR^2=2mR^2$，$h=R$，所以周期

$$T_{\text{环}}=2\pi\sqrt{\frac{I_{Oz}}{mgh}}=2\pi\sqrt{\frac{2mR^2}{mgR}}=2\pi\sqrt{\frac{2R}{g}}$$

(2) 单摆的周期等于 $T_{环}$,即 $2\pi\sqrt{\dfrac{l}{g}}=2\pi\sqrt{\dfrac{2R}{g}}$,所以 $l=2R$.

(3) 把圆环对称于 O 轴地去掉一部分,余下部分如图所示.设剩余圆弧的质量为 m';其质心 C 与 O 的距离为 h,则 C 与圆环环心 O'的距离为 $R-h$.

剩余圆弧对 O'轴的转动惯量 $I_{O'z}=I_{Cz}+m'(R-h)^2$,而 $I_{O'z}=m'R^2$,则 $I_{Cz}=2m'Rh-m'h^2$.

剩余圆弧对 O 轴的转动惯量 $I_{Oz}=I_{Cz}+m'h^2=2m'Rh$.

剩余圆弧绕 O 轴做微小摆动的周期

$$T_{余}=2\pi\sqrt{\frac{I_{Oz}}{m'gh}}=2\pi\sqrt{\frac{2m'Rh}{m'gh}}=2\pi\sqrt{\frac{2R}{g}}=T_{环}$$

所以 $T_{余}:T_{环}=1:1$,而且比值与剩余圆弧的大小无关.

9.2.11 1 m 长的杆绕过其一端的水平轴做微小的摆动而成为物理摆.另一线度极小的物体与杆的质量相等,固定于杆上离转轴为 h 的地方.用 T_0 表示未加小物体时杆子的周期,用 T 表示加上小物体以后的周期.(1) 求当 $h=50$ cm 和 $h=100$ cm 时的比值$\dfrac{T}{T_0}$;(2) 是否存在某一 h 值,可令 $T=T_0$,若有可能,求出 h 值并解释为什么 h 取此值时周期不变.

提示:(1) 物理摆(复摆)的周期 $T=2\pi\sqrt{\dfrac{I}{mgh}}$.杆对水平轴的转动惯量 $I_1=\dfrac{1}{3}ml^2$,杆的质心到水平轴的距离 $h_1=\dfrac{l}{2}$,故未加小物体时杆的周期

$$T_0=2\pi\sqrt{\frac{I_1}{mgh_1}}=2\pi\sqrt{\frac{ml^2/3}{mgl/2}}=2\pi\sqrt{\frac{2l}{3g}}$$

加小物体 m 后,整个系统质心到水平轴的距离 $h_C=\dfrac{mh+ml/2}{2m}=\dfrac{2h+l}{4}$,整个系统对水平轴的转动惯量 $I=I_1+I_2=\dfrac{1}{3}ml^2+mh^2$,因此周期

$$T=2\pi\sqrt{\frac{I}{2mgh_C}}=2\pi\sqrt{\frac{2(l^2+3h^2)}{3g(l+2h)}}$$

所以 $T/T_0=\sqrt{l^2+3h^2}/\sqrt{l(l+2h)}$.

将 $l=1$ m 和 $h=0.5$ m 代入,得 $T/T_0=\sqrt{7/8}$;当 $h=1$ m 时,$T/T_0=\sqrt{4/3}$.

(2) $l=1$ m 时,$T/T_0=\sqrt{1+3h^2}/\sqrt{1+2h}=1$,即 $3h^2-2h=0$,解得 $h=0$ 或 $h=2/3$.

在 $h=0$ 处加小物体,是把物体放在转轴处,对物理摆的摆动毫无影响,故周期不变.由 $T_0=2\pi\sqrt{\dfrac{2l}{3g}}$ 可知,此物理摆的等效单摆摆长为$\dfrac{2}{3}l$,因此在 $h=\dfrac{2}{3}l$ 处加小物体周期不变.

9.2.12 天花板下以 0.9 m 长的轻线悬挂一个质量为 0.9 kg 的小球.最初小球静止,后另有一质量为 0.1 kg 的小球沿水平方向以 1.0 m/s 的速度与它发生完全非弹性碰撞.求两小球碰后的运动学方程.

提示:先研究两小球的完全非弹性碰撞过程,视两小球为质点系,水平方向上不受外力,故水平方向动

量守恒，$m_2v_{20}=(m_1+m_2)v$，由此求得 $v=m_2v_{20}/(m_1+m_2)=0.1$ m/s.

设碰后两小球上升的最大高度为 h，由机械能守恒定律，$\frac{1}{2}(m_1+m_2)v^2=(m_1+m_2)gh$，可以求得 $h=\frac{v^2}{2g}\approx 5.1\times10^{-4}$ m$\ll l=0.9$ m. 可见，两球碰撞后摆动微小，可视为单摆做简谐振动.

由两小球构成单摆的圆频率 $\omega_0=\sqrt{g/l}\approx3.3$ rad/s，振幅 $A\approx\frac{\sqrt{l^2-(l-h)^2}}{l}\approx0.03$ rad. 以碰撞后两小球摆动方向为正方向，以碰撞后两小球运动到摆最大（正最大位移）时为计时起点（$\alpha=0$），则碰撞后两小球的运动学方程为 $\theta=0.03\cos 3.3t$ (rad).

[若取碰撞后瞬时为计时起点，则为 $\theta=0.03\cos\left(3.3t-\frac{\pi}{2}\right)$ rad. 如果没有指定计时起点，可以选取初相位 $\alpha=0$ 时为计时起点.]

9.2.13 求第四章习题 4.6.5 中铅块落入框架后的运动学方程.

解：如图所示，建立坐标系 Ox. 以弹簧下端标志框架位置，a 为弹簧自由伸张位置，b 为悬挂框架后的平衡位置，以悬挂框架和铅块后的平衡位置 O 为原点.

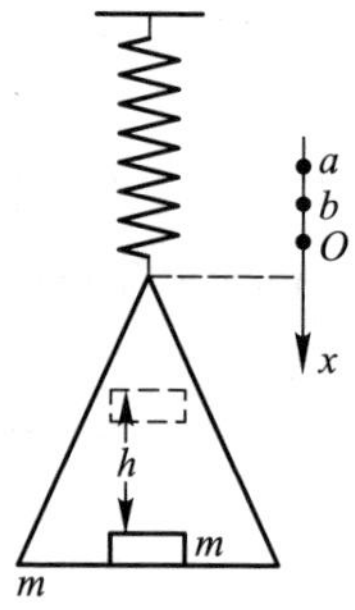

9.2.13 题解图

由 $k\,\overline{ab}=mg$，求得 $k=19.6$ N/m. 因铅块和框架质量相等，知 $\overline{bO}=\overline{ab}=0.10$ m.

先研究铅块与框架的完全非弹性碰撞过程，视铅块与框架为质点系，由于重力远小于碰撞内力，故可用竖直方向动量守恒方程求近似解，由 $m\sqrt{2gh}=(m+m)v$，求得碰撞后铅块与框架的共同速度 $v\approx1.21$ m/s.

铅块落入框架后，构成一竖直悬挂、总质量为 $2m$ 的弹簧振子，圆频率 $\omega_0=\sqrt{\frac{k}{2m}}=\sqrt{\frac{19.6}{2\times0.2}}$ rad/s $=7$ rad/s.

设振子的运动学方程为 $x=A\cos(7t+\alpha)$，则 $v_x=-7A\sin(7t+\alpha)$. 以碰撞后瞬时为计时起点，则初始条件为 $t=0$ 时，$x=-0.1$ m，$v_x=1.21$ m/s. 于是有

$$-0.1=A\cos\alpha,\quad 1.21=-7A\sin\alpha$$

所以 $A=0.2$ m，$\alpha=-\frac{2}{3}\pi$；振子的运动学方程为 $x=0.2\cos\left(7t-\frac{2}{3}\pi\right)$ m.

若选弹簧达最大伸长时为计时起点（$\alpha=0$），则运动学方程为 $x=0.2\cos 7t$ m.

9.2.14 第四章习题 4.6.5 中的框架若与一个由框架下方沿竖直方向飞来的小球发生完全弹性碰撞，碰后框架的运动学方程是怎样的？已知小球质量为 20 g，碰框架前的速度为 10 m/s.

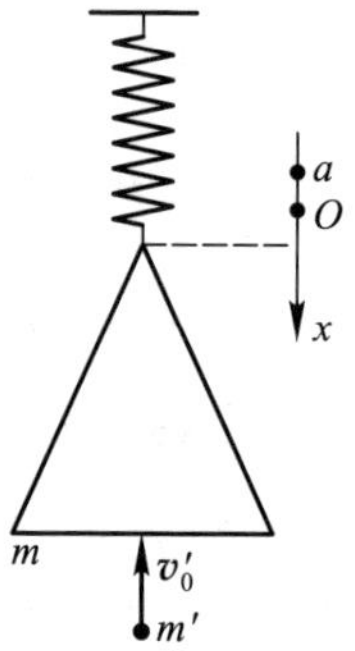

9.2.14 题解图

提示：参见上题，如图所示，建立坐标系 Ox. a 为弹簧自由伸张位置，以悬挂框架后的平衡位置 O 为原点. $k=19.6$ N/m，$\overline{aO}=0.10$ m，振子的圆频率 $\omega_0=\sqrt{k/m}\approx 9.9$ rad/s.

由于碰撞完全弹性，故有

$$-m'v_0'=mv+m'v',\quad e=\frac{v'-v}{0-(-v_0')}=1$$

由以上两式求得框架碰撞后速度 $v=\dfrac{-2m'v_0'}{m+m'}=\dfrac{-2\times0.02\times10}{0.2+0.02}\ \mathrm{m/s}\approx-1.82\ \mathrm{m/s}$.

设 $x=A\cos\ (9.9t+\alpha)$, $v_x=-9.9A\sin\ (9.9t+\alpha)$，以碰撞后瞬时为计时起点，有

$$0=A\cos\alpha,\quad -1.82=-9.9A\sin\alpha$$

所以 $\alpha=\dfrac{\pi}{2}$, $A\approx0.184\ \mathrm{m}$，振子的运动学方程为 $x=0.184\cos\left(9.9t+\dfrac{\pi}{2}\right)\ \mathrm{m}$.

9.2.15 质量为 m 的物体自倾角为 θ 的光滑斜面顶点处由静止开始滑下，滑行了 l 远后与一质量为 m' 的物体发生完全非弹性碰撞．m' 与弹性系数为 k 的轻弹簧相连．碰撞前 m' 静止于斜面上，如图所示．问两物体碰撞后做何种运动，并写出其运动学方程．已知 $m=m'=5\ \mathrm{kg}$, $k=490\ \mathrm{N/m}$, $\theta=30^\circ$, $l=0.2\ \mathrm{m}$.

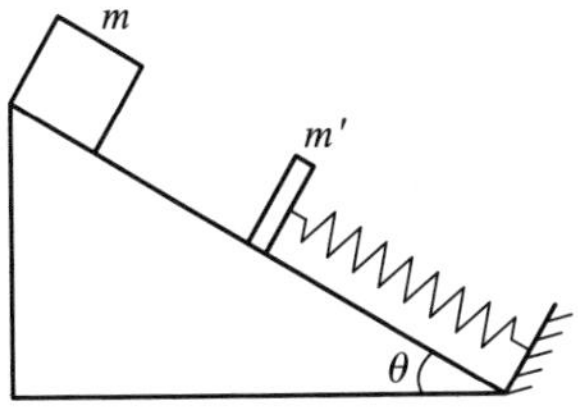

9.2.15 题图

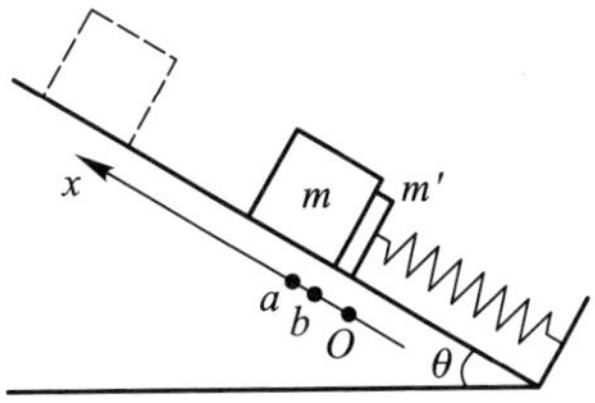

9.2.15 题解图

解：如图所示，建立坐标系 Ox．以 m' 标志振子位置，a 为弹簧自由伸张位置，b 为连接 m' 后的平衡位置，以连接 m' 和 m 后的平衡位置 O 为原点．

由质点 $m+m'$ 的平衡条件，令 $\overline{aO}=\Delta l$，得 $(m+m')g\sin\theta=k\Delta l$；运动微分方程为

$$(m+m')\frac{\mathrm{d}^2x}{\mathrm{d}t^2}=-(m+m')g\sin\theta-k(x-\Delta l)=-kx$$

即

$$\frac{\mathrm{d}^2x}{\mathrm{d}t^2}+\frac{k}{m+m'}x=0$$

可见质点做简谐振动．

m 自开始下滑到与 m' 相碰，此过程只有重力做功，由机械能守恒，$mgl\sin\theta=\dfrac{1}{2}mv_0^2$，解得 m 碰撞前速度 $v_0=\sqrt{2gl\sin\theta}=1.4\ \mathrm{m/s}$.

m 与 m' 做完全非弹性碰撞，由于 m 和 m' 间的冲击力远大于重力及弹簧弹性力，故可用沿 x 轴方向的动量守恒方程求近似解．根据 $mv_0=(m+m')v$，可知 $v=\dfrac{mv_0}{m+m'}=0.7\ \mathrm{m/s}$.

根据碰撞发生地（b 处）质点 m' 的平衡方程 $m'g\sin\theta=k\Delta l_0$，求出 $\Delta l_0=\dfrac{m'g\sin\theta}{k}=0.05\ \mathrm{m}$.

由于 $\overline{aO}=\Delta l=\dfrac{(m+m')g\sin\theta}{k}=0.10\ \mathrm{m}$，可知 b 坐标 $x_b=0.05\ \mathrm{m}$.

碰撞后 m 和 m' 做简谐振动，圆频率 $\omega_0=\sqrt{\dfrac{k}{m+m'}}=7\ \text{rad/s}$，运动学方程为 $x=A\cos(7t+\alpha)$，速度 $v_x=-7A\sin(7t+\alpha)$. 以碰撞后瞬时为计时起点，则初始条件为 $t=0$ 时，$x=0.05\ \text{m}$，$v_x=-0.7\ \text{m/s}$，于是有

$$0.05=A\cos\alpha,\quad -0.7=-7A\sin\alpha$$

解之得 $A\approx0.112\ \text{m}$，$\alpha\approx1.11\ \text{rad}$，振子的运动学方程为 $x=0.112\cos(7t+1.11)\ \text{m}$.

[若 x 轴沿斜面向下，选弹簧压缩最甚时为计时起点，则运动学方程为 $x=0.112\cos 7t\ (\text{m})$.]

9.3.1 1851 年傅科做证明地球自转的实验，摆长 69 m，下悬重球 28 kg. 设其振幅为 5.0°，求其周期和振动的总能量，重球最低处势能为零.

提示： 周期 $T=2\pi\sqrt{\dfrac{l}{g}}=2\pi\sqrt{\dfrac{69}{9.8}}\ \text{s}\approx16.7\ \text{s}$.

$E=mgl(1-\cos\theta_{\max})=28\times9.8\times69\times(1-\cos5^\circ)\ \text{J}\approx72.1\ \text{J}$.

9.3.2 弹簧下面悬挂质量为 50 g 的物体，物体沿竖直方向的运动学方程为 $x=2\sin 10t$，平衡位置为势能零点（时间单位为 s，长度单位为 cm）.（1）求弹簧的弹性系数；（2）求最大动能；（3）求总能.

提示： 由 $x=2\sin 10t=2\cos\left(10t-\dfrac{\pi}{2}\right)$，知 $A=0.02\ \text{m}$，$\omega_0=10\ \text{rad/s}$，$\alpha=-\dfrac{\pi}{2}$.

（1）因 $\omega_0=\sqrt{k/m}$，所以 $k=m\omega_0^2=5\ \text{N/m}$.

（2）因 $v_x=20\cos 10t$，$v_{\max}=0.2\ \text{m/s}$，所以 $E_{\text{k,max}}=\dfrac{1}{2}mv_{\max}^2=1.0\times10^{-3}\ \text{J}$.

（3）因机械能守恒，故振动的总能量等于最大动能，为 $1.0\times10^{-3}\ \text{J}$.

9.3.3 若单摆的振幅为 θ_0，试证明悬线所受的最大拉力等于 $mg(3-2\cos\theta_0)$.

证： 单摆运动学方程为 $\theta=\theta_0\cos(\omega_0t+\alpha)$，角速度 $\omega=\dfrac{d\theta}{dt}=-\omega_0\theta_0\sin(\omega_0t+\alpha)$.

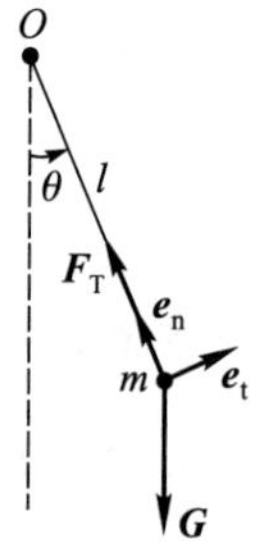

9.3.3 题解图

根据牛顿第二定律，在法线方向（$\boldsymbol{e}_n$）上

$$F_T-mg\cos\theta=m\omega^2l$$

将角速度的表达式代入并整理，得

$$F_T=mg\cos\theta+ml\omega_0^2\theta_0^2\sin^2(\omega_0t+\alpha)$$

因角位移 θ 很小，故 $\cos\theta\approx1$，又 $\omega_0^2=\dfrac{g}{l}$，所以

$$F_{T,\max}=mg+mg\theta_0^2=mg(1+\theta_0^2)$$

因为 $\cos\theta_0\approx1-\dfrac{\theta_0^2}{2}$，$\theta_0^2=2-2\cos\theta_0$，所以 $F_{T,\max}=mg(3-2\cos\theta_0)$.

9.4.1 在电子示波器中，由于互相垂直的电场的作用，使电子在荧光屏上的位移为

$$x=A\cos\omega t$$
$$y=A\cos(\omega t+\alpha)$$

求出 $\alpha=0,\frac{\pi}{3},\frac{\pi}{2}$时的轨迹方程并画图表示.

提示:$\alpha=0$ 时,$x=A\cos\omega t;y=A\cos\omega t$,轨迹方程为 $x=y$(直线).

当 $\alpha=\frac{\pi}{2}$时,$x=A\cos\omega t;y=A\cos\left(\omega t+\frac{\pi}{2}\right)=-A\sin\omega t$,轨迹方程为 $x^2+y^2=A^2$(椭圆).

当 $\alpha=\frac{\pi}{3}$时,$x=A\cos\omega t;y=A\cos\left(\omega t+\frac{\pi}{3}\right)=\frac{1}{2}A\cos\omega t-\frac{\sqrt{3}}{2}A\sin\omega t$,轨迹方程为

$$4x^2-4xy+4y^2=3A^2$$

令 $x=x'\cos 45°-y'\sin 45°,y=x'\sin 45°+y'\cos 45°$,代入上式可得$\frac{2x'^2}{3A^2}+\frac{2y'^2}{A^2}=1$(椭圆).

9.6.1 某阻尼振动的振幅经过一周期后减为原来的$\frac{1}{3}$,问振动频率比振动系统的固有频率少百分之几?(欠阻尼状态)

提示:依题意为欠阻尼状态,质点的运动学方程为 $x=Ae^{-\beta t}\cos(\omega' t+\alpha)$,$\omega'=\sqrt{\omega_0^2-\beta^2}$.由于

$$\frac{Ae^{-\beta t}}{Ae^{-\beta(t+T')}}=e^{\beta T'}=3$$

所以 $T'=\ln 3/\beta$,$\omega'=\sqrt{\omega_0^2-\beta^2}=2\pi/T'=2\pi\beta/\ln 3$,因此 $\omega_0=\sqrt{\omega'^2+\beta^2}=\beta\sqrt{(2\pi/\ln 3)^2+1}$,故

$$\frac{\omega_0-\omega'}{\omega_0}=1-\frac{2\pi/\ln 3}{\sqrt{(2\pi/\ln 3)^2+1}}\approx 1.49\%$$

9.6.2 阻尼振动起初振幅 $A_0=3$ cm,经过 $t=10$ s 后振幅变为 $A_1=1$ cm,问经过多长时间,振幅将变为 $A_2=0.3$ cm?(欠阻尼状态)

提示:依题意为欠阻尼状态,质点的运动学方程为 $x=Ae^{-\beta t}\cos(\omega' t+\alpha)$,$\omega'=\sqrt{\omega_0^2-\beta^2}$.

当 $t=0$ 时,$A_0=A=0.03$ m;$t=10$ s,$A_1=Ae^{-10\beta}=0.01$ m.因 $\ln(A_0/A_1)=10\beta=\ln 3$,所以 $\beta=0.1\ln 3\text{s}^{-1}$.

设 $t=t_2$ 时,振幅 $A_2=Ae^{-\beta t_2}=0.03e^{-\beta t_2}=0.003$,所以 $t_2=(\ln 10)/\beta\approx 21$ s.

9.7.1 原题订正为:某受迫振动的稳定振动状态与驱动力同相位,求驱动力频率.

提示:依受迫振动的稳定振动状态 $x=A_0\cos(\omega t+\varphi)$,已知 $\varphi=0$,根据

$$\tan\varphi=\frac{-2\beta\omega}{\omega_0^2-\omega^2}=0$$

由于 β 为有限值,故 $\omega\to 0$.

第十章　波动和声

思　考　题

10.1　因为波是振动状态的传播，在介质中各体元都将重复波源的振动，所以一旦掌握了波源的振动规律，就可以得到波动规律.对不对？为什么？

提示：波动还包括振动状态传播的快慢（波速），以及不同空间点之间的相位、振幅之间的关系，这些是振动中不涉及的.振动具有时间的周期性，波动具有时间和空间的双重周期性.

10.2　在有振源和无色散介质的条件下传播机械波.(1) 若波源频率增加，问波动的波长、频率和波速哪一个将发生变化？如何变？(2) 波源频率不变但介质改变，波长、频率和波速又如何变化？(3) 在声波波源频率一定的条件下，声波先经过温度较高的空气，后又穿入温度较低的空气，问声波的频率、波长和波速如何变化？

提示：波的频率与波源的频率相同；无色散介质内不同频率的机械波传播速度相同；关系式 $v=\lambda\nu$ 总是成立.所以(1) ν 增大，v 不变，λ 减小；(2) ν 不变，v、λ 的改变由介质性质决定；(3) ν 不变，T 大的空气中 v 大、λ 大，T 小的空气中 v 小、λ 小.

10.3　平面简谐波中体元的振动和前一章所谈质点做简谐振动有什么不同？

提示：简谐波中体元振动的频率由波源决定，体元所受的力不只是线性回复力，不是做简谐振动.

10.4　平面简谐波方程 $y=A\cos\omega\left(t-\dfrac{x}{v}\right)$ 中，x 取作某常量，则方程表示位移 y 做简谐振动；若取 t 等于某常量，也表示位移 y 做简谐振动.这句话对不对？为什么？

提示：$x=x_1$（常量），则 $y=A\cos\left(\omega t-\dfrac{\omega x_1}{v}\right)$，与简谐振动的运动学方程形式相同，$-\dfrac{\omega x_1}{v}$ 可视为 $x=x_1$ 处体元振动的“初相位”.但如上题所述，$x=x_1$ 处体元并非做简谐振动.由于 sin 和 cos 被称为“谐函数”，所以应该说“位移 y 按谐函数规律变化”.

$t=t_1$（常量），则 $y=A\cos\left(\dfrac{\omega}{v}x-\omega t_1\right)$.这时，如果把变量 x 与简谐振动的运动学方程中的 t 对应，则两者形式还是相同，ω/v 对应“圆频率”，$-\omega t_1$ 对应“初相位”.这种理解，有利于类比简谐振动中的 $x-t$ 图，来研究简谐波中的 $y-x$（波形）图.但绝不可以说 y 做简谐振动！然而，还是可以说“位移 y 按谐函数规律变化”.实际上“位移 y 按谐函数规律变化”，正是称这种波为简谐波的原因.

10.5　波动方程 $\dfrac{\partial^2 y}{\partial t^2}=\dfrac{G}{\rho}\dfrac{\partial^2 y}{\partial x^2}$ 的推导过程用到哪些力学基本规律？其适用范围如何？

提示：用了胡克定律和牛顿第二定律，要求小振幅波在均匀、无吸收的介质中传播.

波的小振幅保证胡克定律成立.介质均匀指沿 x 轴性质相同,介质无吸收保证波的振幅不变.

10.6 用手抖动张紧的弹性绳的一端,手抖得越快,幅度越大,波在绳上传播得越快,而又弱又慢的抖动,传播得较慢.对不对?为什么?

提示:抖动的快慢决定波的频率,抖动的强弱决定波的振幅;波在绳上传播的快慢取决于波速,与频率和振幅无关,由绳的性质及其中张力决定.

10.7 波速和介质内体元振动的速度有什么不同?

提示:波速是相位或振动状态的传播速度,介质内质元振动的速度是质元的运动速度,两者完全不同.

10.8 所谓声压即有波传播的介质中的压强,对不对?

提示:声压是有声波传播的介质中的压强与没有声波时压强的差.

10.9 举例说明波的传播的确伴随着能量的传播,并解释波传播能量与粒子携带能量有什么不同?

提示:微波炉就是用电磁波的能量对食物加热的.波(行波)的能量随着振动状态传播,不固定于介质中的某个质元;而粒子的能量是确定的粒子所具有的.

10.10 通过单位面积波的能量就叫能流密度.这种说法是否正确?能流密度和声强有什么区别和联系?

提示:能流密度是矢量,其大小为单位时间内通过与波传播方向垂直的单位面积的波的能量.声强是标量,为声波平均能流密度的大小.

10.11 你能否想出一个测量声压从而测出声强的方法?

提示:参见教材 § 10.4 之(四)(10.4.12)式.

10.12 若两列波不是相干波,则当相遇时相互穿过且互不影响,若为相干波则相互影响.这句话对不对?

提示:此话不对,参见教材 § 10.5 之(一)(二).

10.13 试指出驻波和行波不同的地方.

提示:参见教材 § 10.5 之(三).驻波是一种振动状态的空间分布,不具有“传播”的特征.

10.14 若入射平面波遇到界面而形成反射平面波和透射平面波,问入射波和反射波的振幅是否可能相同?试解释之.

提示:当波在界面发生全反射时,透射波强度为零,入射波和反射波的振幅可能相同(在波传播的过程中没有能量损失的无吸收情况下相同).

10.15 略去.

10.16 为什么用超声波而不是普通声波进行水中探测和医学诊断.

提示:参见教材 § 10.4 之(五).

* **10.17** 群速与相速有什么不同?

提示:参见教材 § 10.5 之(一).

习　题

10.2.1 频率在 20~20 000 Hz 的弹性波能使人耳产生听到声音的感觉.0 ℃时,空气中的声速为 331.5 m/s，求这两种频率声波的波长.

提示：$\lambda_{max}=\frac{331.5}{20}\ m\approx16.58\ m$，$\lambda_{min}=\frac{331.5}{20\ 000}\ m\approx0.016\ 58\ m=16.58\ mm$.

10.2.2 一平面简谐声波的振幅为 0.001 m，频率为 1 483 Hz，在 20 ℃的水中传播，写出其波方程.

提示：查教材 P300 表 10.1 得波速 $v=1\ 483\ m/s$，则

$$y=A\cos\left[\omega\left(t\mp\frac{x}{v}\right)+\varphi\right]=A\cos(\omega t\mp kx+\varphi)$$
$$=0.001\cos(2\ 966\pi t\mp2\pi x+\varphi)\ (m)$$

10.2.3 已知平面简谐波的振幅 $A=0.1$ cm，波长为 1 m，周期为 10^{-2} s，写出波方程（最简形式）.分别距波源 9 m 和 10 m 两波面上的相位差是多少？

提示：$y=A\cos 2\pi\left(\frac{t}{T}\mp\frac{x}{\lambda}\right)=A\cos(\omega t\mp kx)=0.001\cos(200\pi t\mp2\pi x)\ (m)$.

因为 $\Delta x=x_2-x_1=10\ m-9\ m=1\ m=\lambda$，所以两波面相位差为 2π.

10.2.4 写出振幅为 A，频率 $\nu=f$，波速 $v=c$，沿 x 轴正方向传播的平面简谐波方程 $y(x,t)$. 波源在原点 O，且当 $t=0$ 时，波源处质点处于平衡位置 $y=0$，且速度沿 x 轴正方向.

解：由频率 $\nu=f$，求出 $\omega=2\pi f$，则位于原点 O 的质元（波源）振动方程为

$$y(t)=A\cos(\omega t+\varphi)$$

根据 $t=0$ 时，$y=A\cos\varphi=0$ 和 $v_y=dy/dt=-A\omega\sin\varphi>0$，求出 $\varphi=-\pi/2$.所以波方程为

$$y(x,t)=A\cos\left[2\pi f\left(t-\frac{x}{c}\right)-\frac{\pi}{2}\right]$$

10.2.5 已知波源在原点（$x=0$）的平面简谐波方程为

$$y=A\cos(bt-cx)$$

A、b、c 均为常量.（1）求振幅、频率、波速和波长；（2）写出在传播方向上距波源 l 处一点的振动方程式，此质点振动的初相位如何？

提示：（1）由 $y=A\cos(\omega t\mp kx+\varphi)=A\cos(bt-cx)$，可知振幅为 A，$\nu=\frac{b}{2\pi}$，$v=\frac{b}{c}$，$\lambda=\frac{2\pi}{c}$.

（2）$y=A\cos(\omega t+\alpha)=A\cos(bt-cl)$，$\alpha=-cl$.

10.2.6 一平面简谐波沿 x 轴负方向传播，波方程为

$$y=A\cos 2\pi\nu\left(t+\frac{x}{v}+3\right)$$

试利用改变计时起点的方法将波方程化成最简形式.

解：令 $t'=t+3$，即将计时起点提前 3 秒，则波方程 $y=A\cos 2\pi\nu\left(t+\frac{x}{v}+3\right)$ 化为最简形式：

$$y=A\cos 2\pi\nu\left(t'+\frac{x}{v}\right)$$

10.2.7 平面简谐波方程 $y=5\cos 2\pi\left(t+\frac{x}{4}\right)$（国际单位制），试用两种方法画出 $t=\frac{3}{5}$ s 时

的波形图.

[现在研究的简谐波是小振幅波,题目给出 $A=5$ m 数值过于巨大.]

解法 1:把 $t=\dfrac{3}{5}$ s 代入 $y=5\cos 2\pi\left(t+\dfrac{x}{4}\right)$ (m),则得到波形方程

$$y=5\cos\left(\frac{\pi}{2}x+\frac{6}{5}\pi\right)\ (\mathrm{m})$$

令 $x'=x+\dfrac{12}{5}$,即坐标原点向 x 轴负方向移动 $\dfrac{12}{5}$ m $=2.4$ m,则波形方程化为 $y'=y=5\cos\left(\dfrac{\pi}{2}x'\right)$ m.

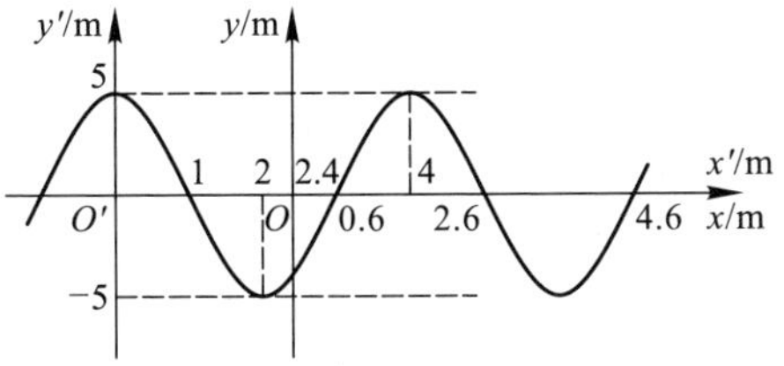

10.2.7 题解图

① 在坐标系 $O'x'y'$ 中画一个余弦曲线;② 在 y' 轴上标出振幅 $A=5$ m,在 x' 轴上方标出波长 $\lambda=4$ m;③ 把 y' 轴向 x' 正方向移动 2.4 m,画出 y 轴(即坐标原点向 x 轴正方向移动 2.4 m),x 轴与 x' 轴重合;④ 在坐标系 Oxy 中,在 x 轴下方标出波长 $\lambda=4$ m(实际标出的是 0.6 m、2.6 m 和 4.6 m).原曲线在坐标系 Oxy 中即为所求波形图.

解法 2:过去可用描点的方法画波形图,现在读者应学习用计算机画函数曲线的方法画波形图.

10.2.8 对于平面简谐波 $S=r\cos 2\pi\left(\dfrac{t}{T}-\dfrac{x}{\lambda}\right)$ 中 $r=0.01$ m,$T=12$ s,$\lambda=0.30$ m,画出 $x=0.20$ m 处体元的位移-时间曲线.分别画出 $t=3$ s、6 s 时的波形图.

提示:参见 10.2.7 提示,请读者自己画图.

10.2.9 两图分别表示向右和向左传播的两列平面简谐波在某一瞬时的波形图,说明此时 x_1、x_2、x_3,以及 ξ_1、ξ_2、ξ_3 各质元的位移和速度为正还是为负?它们的相位如何?(对于 x_2 和 ξ_2 只要求说明其相位在第几象限.)

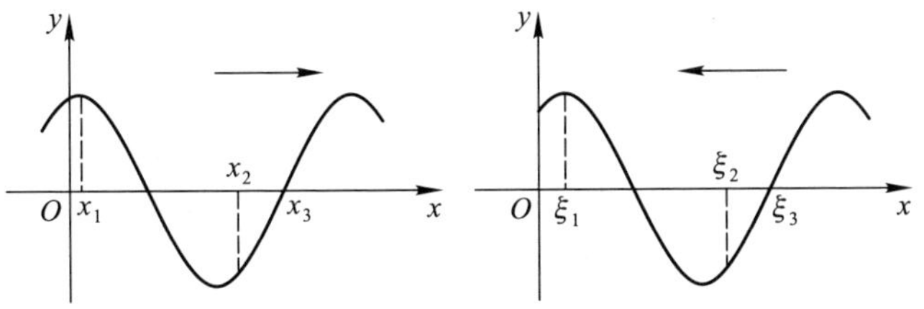

10.2.9 题图

提示：以 10.2.9 题图左图为例，画出 dt 时刻后的波形图，如题解图所示. 可见，x_1 处质元位移为正（最大），速度为零；x_2 处质元位移为负，速度为负；x_3 处质元位移为零，速度为负（最大）. x_1 处质元振动处于位移正最大，故相位为零；x_3 与 x_1 距离为 $3\lambda/4$，x_3 处质元振动相位落后 x_1 处质元 $3\pi/2$，所以 x_3 处质元相位为 $-3\pi/2$；x_2 处质元振动相位处于第二象限.

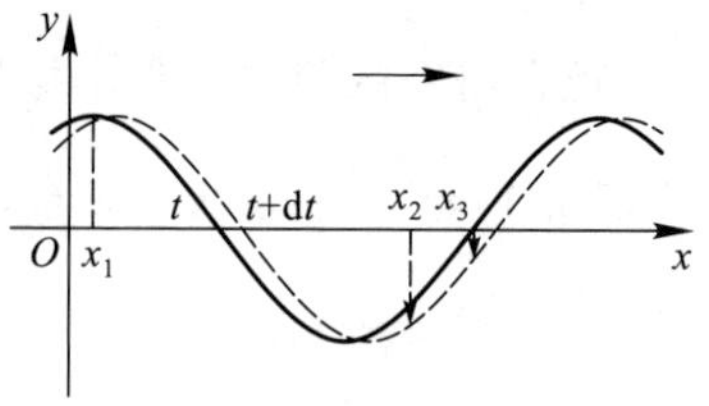

10.2.9 题解图

10.2.9 题图右图：ξ_1 处质元位移为正（最大），速度为零，相位为零；ξ_2 处质元位移为负，速度为正，相位处于第三象限；ξ_3 处质元位移为零，速度为正（最大），相位为 $3\pi/2$.

10.2.10 图（a）（b）分别表示 $t=0$ 和 $t=2$ s 时的某一平面简谐波的波形图. 试写出此平面简谐波波方程.

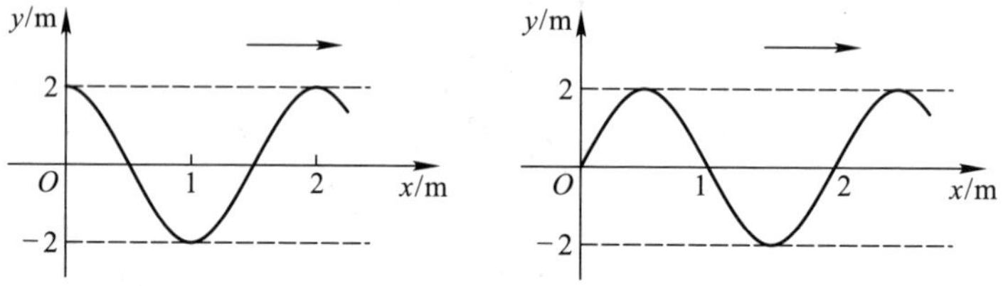

10.2.10 题图

［现在研究的简谐波是小振幅波，题目给出 $A=2$ m 数值过于巨大.］

提示：由图可见 $A=2$ m（此数据过于巨大，不合理），$\lambda=2$ m. 比较（a）、（b）两图，2 s 时间内波传播了 $(n\lambda+0.5)$ m $=(2n+0.5)$ m（n 为整数），可见 $v=\dfrac{2n+0.5}{2}$ m/s $=(n+0.25)$ m/s. 从而 $\omega=(n+0.25)\pi$ rad/s. 由于 $t=0$ 时，原点处质元处于正最大位移，故 $\varphi=0$. 所以

$$y(x,t)=2\cos\left[(n+0.25)\pi\left(t-\frac{x}{n+0.25}\right)\right]\text{(m)}\quad(n=0,1,2,\cdots)$$

10.3.1 有一圆形横截面的铜丝，受张力 1.0 N，横截面积为 1.0 mm^2. 求其中传播纵波和横波时的波速分别是多少？铜的密度为 8.9×10^3 kg/m^3，铜的弹性模量为 12×10^9 N/m^2.

解：弹性体内纵波波速 $v=\sqrt{\dfrac{E}{\rho}}=\sqrt{\dfrac{12\times10^9}{8.9\times10^3}}$ m/s $\approx1.16\times10^3$ m/s，张紧铜丝上的横波波速

$$v=\sqrt{\frac{F_\text{T}}{\rho_{线}}}=\sqrt{\frac{F_\text{T}}{\rho S_{截面}}}=\sqrt{\frac{1}{8.9\times10^3\times1\times10^{-6}}}\text{ m/s}\approx10.6\text{ m/s}.$$

10.3.2 已知某种温度下水中声速为 1.45×10^3 m/s，求水的体积模量.

解：流体中纵波波速 $v=\sqrt{K/\rho}$，$K=v^2\rho=(1.45\times10^3)^2\times1.00\times10^3$ Pa $\approx2.1\times10^9$ Pa.

10.4.1 在直径为 14 cm 管中传播的平面简谐声波，平均能流密度为 9 erg/（s · cm^2），$\nu=300$ Hz，$v=300$ m/s.（1）求最大能量密度和平均能量密度；（2）求相邻同相位波面间的总能量.

提示:(1) $I=\overline{\varepsilon}v=9\ \mathrm{erg/(s\cdot cm^2)}=9\times10^{-7}\ \mathrm{J/(s\cdot 10^{-4}m^2)}=9\times10^{-3}\ \mathrm{W/m^2}$.

因 $I=\overline{\varepsilon}v$,所以 $\overline{\varepsilon}=I/v=3\times10^{-5}\ \mathrm{J/m^3}$.

由于 $\varepsilon=\rho\omega^2A^2\sin^2\omega\left(t-\dfrac{x}{v}\right)$,$\varepsilon_{\max}=\rho\omega^2A^2=2\overline{\varepsilon}$,故 $\varepsilon_{\max}=6\times10^{-5}\ \mathrm{J/m^3}$.

(2) 因为 $\lambda=\dfrac{v}{\nu}=1\ \mathrm{m}$,所以 $E=\overline{\varepsilon}V=\overline{\varepsilon}\dfrac{\pi D^2}{4}\lambda=3\times10^{-5}\times\dfrac{\pi\times0.14^2}{4}\ \mathrm{J}\approx4.6\times10^{-7}\ \mathrm{J}$.

***10.4.2** 空气中声音传播的过程可视作绝热过程,其过程方程式为 $pV^\gamma=$常量.求证声压 $p=p_1-p_0$ 可表示为 $p\approx-\gamma p_0\dfrac{v_1-v_0}{v_0}$,其中 p_0 和 v_0 表示没有声波传播时,一定质量空气的压强和体积,v_1 是有声波时空气的体积.

证:设无声波的态为(p_0,V_0),有声波的态为(p_1,V_1).对绝热过程 $p_1V_1^\gamma=p_0V_0^\gamma$,所以

$$p_1-p_0=\frac{p_0V_0^\gamma}{V_1^\gamma}-p_0=-p_0\left(\frac{V_1^\gamma-V_0^\gamma}{V_1^\gamma}\right)$$

对于 $y=x^\gamma$,有$\dfrac{\mathrm{d}y}{\mathrm{d}x}=\gamma x^{\gamma-1}$.如果 $\Delta x=x_2-x_1$ 足够小,则 $\Delta y=x_2^\gamma-x_1^\gamma\approx\gamma x_1^{\gamma-1}(x_2-x_1)$,即

$$\frac{x_2^\gamma-x_1^\gamma}{x_1^\gamma}\approx\gamma\frac{x_2-x_1}{x_1}$$

由于声压 p 远小于 p_0,V_1 与 V_0 差别很小,所以

$$p=p_1-p_0=-p_0\left(\frac{V_1^\gamma-V_0^\gamma}{V_1^\gamma}\right)\approx-p_0\left(\frac{V_1^\gamma-V_0^\gamma}{V_0^\gamma}\right)\approx-\gamma p_0\frac{V_1-V_0}{V_0}$$

10.4.3 面向街道的窗口面积约 40 $\mathrm{m^2}$,街道上的噪声在窗口的声强级为 60 dB,问有多少声功率传入室内(即单位时间内进入多少声能)?

提示:$L_I=60\ \mathrm{dB}$,$I=10^6I_0=1.0\times10^{-6}\ \mathrm{W/m^2}$,窗面积 $S=40\ \mathrm{m^2}$,则声功率为

$$P=\overline{\varepsilon}vS=IS=4.0\times10^{-5}\ \mathrm{W}$$

10.4.4 距一频率为 1 000 Hz 的点声源 10 m 的地方,声音的声强级为 20 dB.求(1) 距声源 5 m 处的声强级;(2) 距声源多远,就听不见声音了?

提示:(1) 点声源发出球面波,根据单位时间通过任何一个球面波阵面的能量相等,有 $I_1\cdot4\pi r_1^2=I_2\cdot4\pi r_2^2$.已知 $r_1=10\ \mathrm{m}$,$r_2=5\ \mathrm{m}$,$L_{I1}=20\ \mathrm{dB}$,所以 $r_2=5\ \mathrm{m}$ 处声强级为

$$L_{I2}=10\lg\frac{I_2}{I_0}=10\lg\frac{I_1r_1^2}{I_0r_2^2}=10\lg\frac{I_1}{I_0}+10\lg\left(\frac{r_1}{r_2}\right)^2$$
$$=L_{I1}+10\lg 4\mathrm{dB}\approx26\ \mathrm{dB}$$

(2) $L_{I3}=10\lg\dfrac{I_3}{I_0}=10\lg\dfrac{I_1}{I_0}+10\lg\left(\dfrac{r_1}{r_3}\right)^2=20\ \mathrm{dB}+10\lg\left(\dfrac{10}{r_3}\right)^2\ \mathrm{dB}=0$

所以 $r_3=100\ \mathrm{m}$ 处声强级为零.

10.5.1 声音干涉仪用于显示声波的干涉,如图所示.薄膜 S 在电磁铁的作用下振动,D 为声音检测器,SBD 长度可变,SAD 长度固定.声音干涉仪内充满空气.当 B 处于某一位置时,在 D 处听到强度为 100 单位的最小声音,将 B 移动则声音加大,当 B 移动 1.65 cm 时听

到强度为 900 单位的最强音.(1) 求声波的频率;(2) 求到达 D 处时,两列声波振幅之比.已知声速为 342.4 m/s.

[原题订正:(2)求在 D 处两次听到的声波的振幅之比.]

提示:(1) 声波经 A 通道和 B 通道至 D 相遇发生干涉,相干振幅最大时,两通道长度相差为波长 λ 的整数倍,$\Delta l=l_A-l_B=n\lambda$($n$ 为整数);相干振幅最小时,两通道长度相差 $\Delta l=l_A-l_B=n\lambda+\lambda/2$.可见,B 移动的距离 1.65 cm 为 $\lambda/4$,所以 $\lambda=0.066$ m,$\nu=v/\lambda\approx 5\ 188$ Hz.

(2) 声强正比于振幅平方,由 $I_{max}:I_{min}=9:1$,可知 $A_{max}:A_{min}=3:1$.

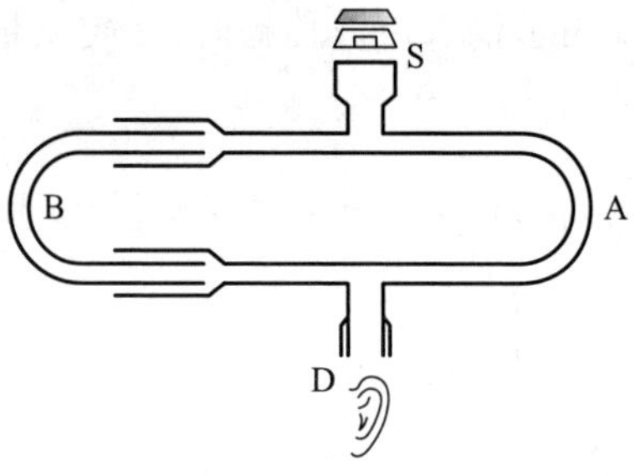

10.5.1 题图

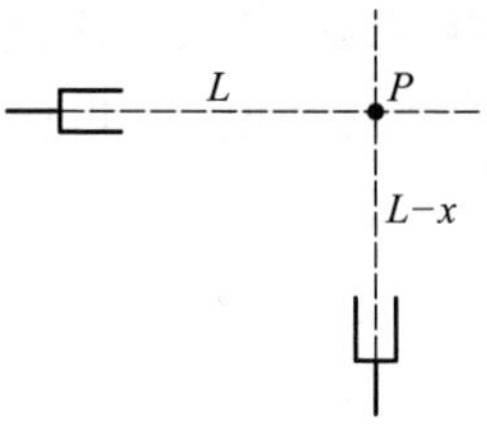

10.5.2 题图

10.5.2 如图所示,两个波源发出横波,振动方向与纸面垂直,两个波源具有相同的相位,波长 0.34 m.(1) 至少求出三个 x 的数值使得在 P 点合振动最强;(2) 求出三个 x 的数值使得在 P 点的合振动最弱.

提示:P 点合振动最强要求 L 和 $L-x$ 相差波长整数倍,即 $x=n\lambda$(n 为整数),所以可以是:$x=0.34$ m,$x=0$ 和 $x=-0.34$ m.P 点合振动最弱要求 $x=n\lambda+\lambda/2$,所以可以是:$x=-0.17$ m、$x=0.17$ m 和 $x=0.51$ m.

10.5.3 试证明两列频率相同、振动方向相同、传播方向相反而振幅大小不同的平面简谐波相叠加可形成一驻波与一行波的叠加.

证:

$$\begin{aligned}
y &= y_1+y_2=A_1\cos(\omega t+kx)+A_2\cos(\omega t-kx)\\
&= A_1(\cos\omega t\cos kx-\sin\omega t\sin kx)+A_2(\cos\omega t\cos kx+\sin\omega t\sin kx)\\
&= (A_1+A_2)\cos\omega t\cos kx+(A_2-A_1)\sin\omega t\sin kx\\
&= (A_1+A_2)\cos\omega t\cos kx+(A_2+A_1)\sin\omega t\sin kx-2A_1\sin\omega t\sin kx\\
&= (A_1+A_2)\cos(\omega t-kx)+2A_1\sin kx\cos(\omega t+\pi/2)
\end{aligned}$$

第一项是振幅为 A_1+A_2 的行波,第二项是驻波.

10.5.4 入射波 $y=10\times10^{-4}\cos\left[2\ 000\pi\left(t-\dfrac{x}{34}\right)\right]$(国际单位制)在固定端反射,坐标原点与固定端相距 0.51 m,写出反射波方程.无振幅损失.

解:由入射波波方程 $y=0.001\cos[2\ 000\pi(t-x/34)]$,知 $\omega=2\ 000\ \pi$rad/s,$v=34$ m/s,进而可求出 $\nu=1\ 000$ Hz、$\lambda=0.034$ m.入射波在坐标原点的初相位为 0,坐标原点与反射点相距 0.51 m.故入射波反射点比坐标原点相位落后 $2\pi\dfrac{0.51}{\lambda}$;有半波损失,在反射点反射波比入射波相位落后 π;反射波坐标原点比反射点相位落后 $2\pi\dfrac{0.51}{\lambda}$;所以反射波在坐标原点的初相

位为

$$\varphi=0-2\pi\frac{0.51}{\lambda}-\pi-2\pi\frac{0.51}{\lambda}=-61\pi$$

因此反射波波方程为

$$y=0.001\cos\left[2\ 000\pi(t+x/34)-\pi\right]$$

10.5.5 入射波方程为 $y=A\cos 2\pi\left(\frac{t}{T}+\frac{x}{\lambda}\right)$，在 $x=0$ 处的自由端反射，求反射波的波方程（无振幅损失）.

提示：由于没有半波损失，所以反射波在坐标原点的初相位依然为零，因此反射波的波方程为

$$y=A\cos 2\pi\left(\frac{t}{T}-\frac{x}{\lambda}\right)$$

10.5.6 题图所示为某一瞬时入射波的波形图，在固定端反射.试画出此瞬时反射波的波形图（无振幅损失）.

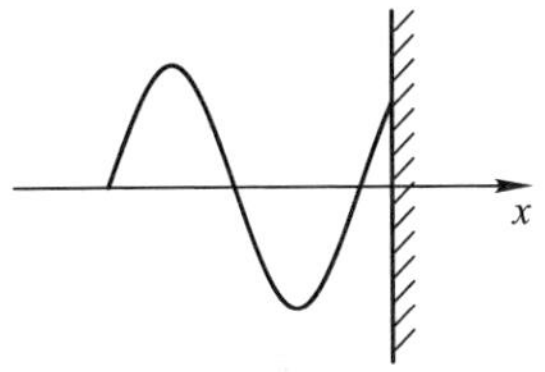

10.5.6 题图

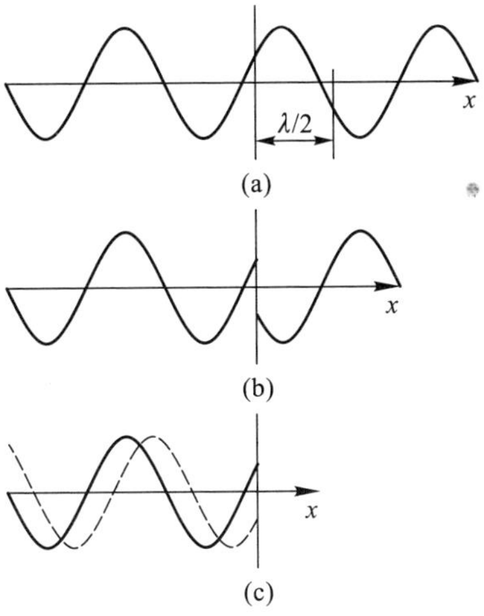

10.5.6 题解图

提示：① 把入射波波形曲线延长，如题解图（a）所示；② 在反射面后去掉半个波长的曲线，如题解图（b）所示；③ 把反射面后的曲线对反射面作镜像对称曲线，如题解图（c）之虚线，此虚线即为反射波的波形图.

10.5.7 若 10.5.6 题图中为自由端反射，试画出反射波的波形图.

提示：① 把入射波波形曲线延长，如图（a）所示；② 把反射面后的曲线对反射面作镜像对称曲线，如图（b）之虚线，此虚线即为反射波的波形图.

10.5.8 一平面简谐波自左向右传播，在波射线上某质元 A 的振动曲线如图所示.后来此波在前进方向上遇一障碍物而反射，并与该入射平面简谐波叠加而成驻波，相邻波节波腹的距离为 3 m，以质元 A 的平衡位置为 y 轴原点，写出该入射波的波方程.

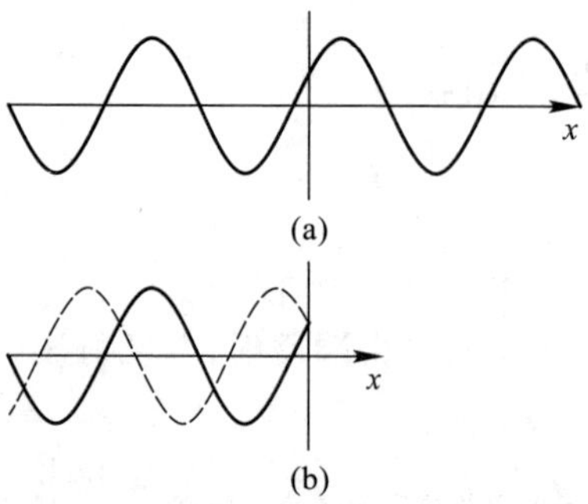

10.5.7 题解图

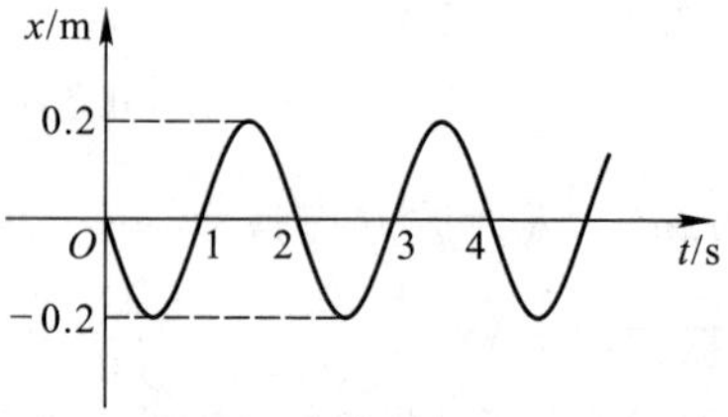

10.5.8 题图

解:由图可知,质元 A 的振幅 $A=0.2$ m,周期 $T=2$ s,初相位 $\varphi=\pi/2$.由于形成的驻波相邻波节波腹相距 3 m,可知 $\lambda=12$ m.设 y 轴指向右侧,则该入射波的波方程为

$$x=0.2\cos\left[2\pi\left(\frac{t}{2}-\frac{y}{12}\right)+\frac{\pi}{2}\right]\text{ (m)}$$

10.5.9 同一介质中有两个平面简谐波波源做同频率、同方向、同振幅的振动.两列波相对传播,波长 8 m.波射线上 A、B 两点相距 20 m. 一波在 A 处为波峰时,另一波在 B 处相位为 $-\frac{\pi}{2}$.求 AB 连线上因干涉而静止的各点的位置.

解:两列波相干叠加后形成驻波,静止点为波节.以 A 为原点,以此时在 A 处为波峰的波的传播方向为 x 轴正向,建立坐标系 Oxy,如图所示.设 C 点坐标为 x,当两波于 C 点的相位差

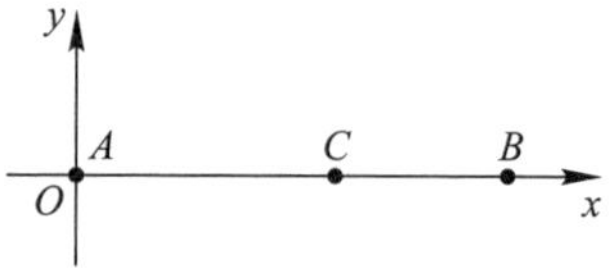

10.5.9 题解图

$$\left(0-2\pi\frac{x}{8}\right)-\left(-\frac{\pi}{2}-2\pi\frac{20-x}{8}\right)=\pi$$

时,C 为波节,由此求出此波节位于 $x=9$ m 处.

因为相邻波节相距 $\lambda/2=4$ m,所以因干涉而静止的点位于 $x=1$ m,5 m,9 m,13 m,17 m 处.

10.5.10 一提琴弦长 50 cm,两端固定.不用手指按时,发出的声音是 A 调:440 Hz.若欲发出 C 调:528 Hz,手指应按在何处?

解:两端固定的弦形成驻波时两端均为波节,最大波长(即决定音调的基频的波长)为弦长的两倍.不同频率波的波速 $v=\lambda\nu$ 不变,所以波长与频率成反比.对应 440 Hz 声音的波长为 $\lambda_A=1$ m;则对应 528 Hz 声音的波长为 $\lambda_C=\frac{440}{528}\lambda_A=\frac{5}{6}\lambda_A=\frac{5}{6}$ m,对应弦长 $\frac{5}{12}$ m $\approx 0.416\ 7$ m.可知手指应按在弦长的 $\frac{5}{6}$ 处.

10.5.11 张紧的提琴弦能发出某一种音调,若欲使它发生的频率比原来提高一倍,问弦内张力应增加多少倍?

提示:弦长不变而频率增大到原来的 2 倍,则波速也需增大到原来的 2 倍.因张紧的弦内横波波速 $v=\sqrt{F_T/\rho_{线}}$,故弦的张力需增大到原来的 4 倍.

10.6.1 火车以速率 v 驶过一个在车站上静止的观察者,火车发出的汽笛声频率为 f.求观察者听到的声音的频率的变化.设声速是 v_0.

提示:火车驶来时 $\nu'_{来}=\frac{v_{声}}{v_{声}-v}f$,火车驶去时 $\nu'_{去}=\frac{v_{声}}{v_{声}+v}f$,所以观察者听到声音的变化为 $\nu'_{来}-\nu'_{去}=\frac{2vv_{声}}{v_{声}^2-v^2}f$.

10.6.2 两个观察者 A 和 B 携带频率均为 1 000 Hz 的声源.如果 A 静止,而 B 以 10 m/s 的速率向 A 运动,那么 A 和 B 听到的拍是多少?设声速为 340 m/s.

解:对观察者 A,观察者静止,声源 B 向自己运动,A 听到 B 的声音的频率 $\nu'=\frac{v}{v-v_{源}}\nu$.由于 A 还同时听到自己的声音,所以拍频

$$\nu_{拍}=|\nu'-\nu|=\frac{v}{v-v_{源}}\nu-\nu=\frac{v_{源}}{v-v_{源}}\nu=\frac{10}{330}\times 1\ 000\ \text{Hz}\approx 30.3\ \text{Hz}$$

对观察者 B,声源 A 静止,自己向声源运动,B 听到 A 的声音的频率 $\nu'=\frac{v+v_{观}}{v}\nu$.由于 B 还同时听到自己的声音,所以拍频

$$\nu_{拍}=|\nu'-\nu|=\frac{v+v_{观}}{v}\nu-\nu=\frac{v_{观}}{v}\nu=\frac{10}{340}\times 1\ 000\ \text{Hz}\approx 29.4\ \text{Hz}$$

10.6.3 一音叉以 $v_s=2.5$ m/s 的速率接近墙壁,观察者在音叉后面听到拍音频率 $\nu=3$ Hz,求音叉振动频率.声速为 340 m/s.

解:观察者在音叉后面可以直接听到音叉的声音,这时观察者静止,声源远离自己运动,观察者听到的频率 $\nu'=\frac{v}{v+v_{源}}\nu$.

墙壁在音叉前面,墙壁可以接收到音叉的声音,这时观察者静止,声源向墙壁运动,墙壁接收到的频率 $\nu''=\frac{v}{v-v_{源}}\nu$.墙壁接收到音叉的声音后以频率 ν'' 振动,又发出频率 ν'' 的声波,观察者在音叉后面还可以听到墙壁反射的声音 $\nu''=\frac{v}{v-v_{源}}\nu$.

所以观察者听到的拍频

$$\nu_{拍}=\nu''-\nu'=\frac{v}{v-v_{源}}\nu-\frac{v}{v+v_{源}}\nu=\frac{2vv_{源}}{v^2-v_{源}^2}\nu$$

$$3\ \text{Hz}=\frac{2\times 340\times 2.5}{340^2-2.5^2}\nu\approx\frac{5}{340}\nu$$

因此 $\nu=204$ Hz.

10.6.4 在医学诊断上用多普勒效应测内脏器壁或血球的运动速度.设将频率为 ν 的超声脉冲垂直射向蠕动的胆囊壁,得到回声频率 $\nu'>\nu$,求胆囊壁的运动速率.设胆内声速为 v_0.

提示:胆囊壁接收到,并发出声波的频率,$\nu''=\frac{v_0\pm v}{v_0}\nu$.作为声源的胆囊壁运动,所以接收到的回声频率

$$\nu'=\frac{v_0}{v_0\mp v}\nu''=\frac{v_0}{v_0\mp v}\frac{v_0\pm v}{v_0}\nu=\frac{v_0\pm v}{v_0\mp v}\nu$$

由于 $\nu'>\nu$,所以 $\nu'=\frac{v_0+v}{v_0-v}\nu$,因此胆囊壁运动速度 $v=\frac{\nu'-\nu}{\nu'+\nu}v_0$.

考虑到多普勒频移 $\Delta\nu=\nu'-\nu$ 远小于 ν,于是 $v=\frac{\Delta\nu}{\nu'+\nu}v_0\approx\frac{\Delta\nu}{2\nu}v_0$.

第十一章　流体力学

思　考　题

11.1　用选取隔离体、利用平衡方程的方法证明主教材图 11.13 中 A 点和 B 点的压强差为 $\rho g h_{AB}$.ρ 是液体密度,g 是重力加速度,h_{AB}是 A、B 两点的高度差.

提示:参见教材 P343,与图 11.13 中隔离体相对静止的参考系是惯性系,在此参考系内就是静止流体的问题.

11.2　如图所示,容器的底面积相同,液面高度相同,液体作用于底面积的总压力是否相同? 若把其中任意两个容器分别放在天平两端托盘中,天平是否保持平衡? 为什么?

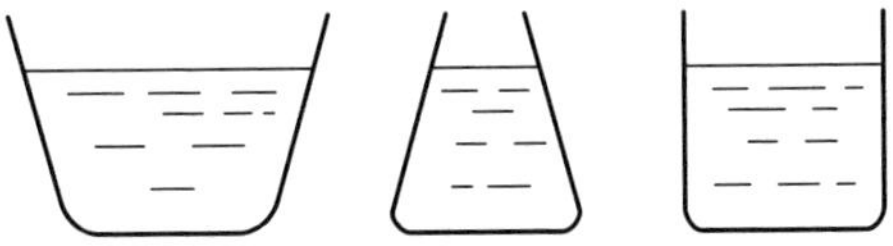

11.2 题图

提示:三容器内液体的液面高度相同,则容器底部液体压强相同;又由于容器底面积相同,所以液体作用于底面积的总压力相同.

任意两容器分别放置天平两侧时,因为各容器内液体的多少不同,故天平不能保持平衡.

液体作用于底面积的总压力的大小不一定等于液体的重量.比如左侧图,容器侧面对液体的力有竖直向上的分量,故液体作用于底面积的总压力的大小小于液体的重量.

11.3　天平的一端放一杯水,另一端放砝码使天平达到平衡.手提下面悬挂铅块的线,令铅块完全没入水中,问天平是否仍然保持平衡? 若不能,需在另一端加多少砝码才能重新达到平衡?

提示:天平不能保持平衡.铅块受到浮力,其反作用力作用于水,因此水杯需要较大的支持力方可平衡.在天平的另一端加上重量等于铅块所受浮力的砝码才能保持平衡.

11.4　天平两个全同的托盘,恰好可以用以密封住两个形状不同的管子使其成为两个容器,如图所示.托盘与管壁间无作用力,管子分别被固定在桌上.在两个容器中分别注入水,使两水面等高,这时天平是否保持平衡? (1) 此后,同时在两容器内各放入一个全同的球,天平是否保持平衡? 为什么? (2) 此后,再同时在两容器中加入同样重量的水,天平是否保持平衡? 为什么?

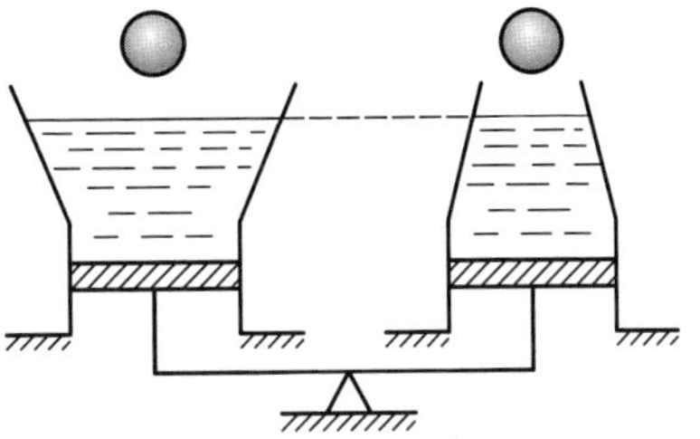

11.4 题图

提示:比较 11.2 题,两题情境不同.液面高度相同、托盘面积相同,所以液体作用于托盘的总压力相同,天平可保持平衡.

(1)和(2),右侧水面升得比左侧水面高,水作用于右侧托盘的总压力较大,不能保持平衡.

11.5 如图所示,互成角度的玻璃管内盛水且可绕竖直轴转动.大小相同黑白两球分别为铁制和木制的.玻璃管静止时,铁球在下木球在上.高速转动时,木球沉底,铁球浮起.为什么?

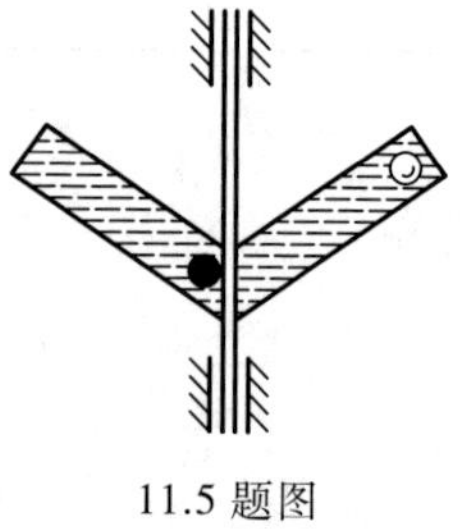
11.5 题图

提示:参见教材 §11.2 之(三)."浮力"是物体在静止液体内受到的液体对其表面压力的合力.

玻璃管高速转动时,在与玻璃管相对静止的匀速转动非惯性参考系内,物体所受惯性离心力远大于重力,惯性离心力起主导作用,这时水中物体所受"浮力"指向转轴.铁球密度比水大,所受惯性离心力大于"浮力",静止于远离转轴的位置.木球密度比水小,所受惯性离心力小于"浮力",静止于转轴附近.

11.6 流迹和流线有什么区别?流体做定常流动,流迹与流线是否重合?流体做不定常流动,流迹与流线是否重合?为什么?

提示:参见教材 §11.3 之(一)(二).

教材 P339 第一段话"由于流线不会相交,因此流管内外的流体都不会具有穿过流管壁面的速度,换句话说,流管内的流体不能穿至管外,管外的流体也不能穿至管内."应修改为"一般情况下,考虑非定常流动,流线不是空间的固定曲线.虽然流线不会相交,流管内外的流体都不会具有穿过流管壁面的速度,但由于流管是随时间变化的,流管内外的流体都可能穿越管壁."

在定常流动情况下,流迹与流线重合,流线是空间的固定曲线,流管也是不随时间变化的"固定的管道".这种情况下,流体不可能穿越流管管壁,只能在"固定的"流管内流动.

11.7 不同流线上的$\frac{1}{2}\rho v^2+\rho gh+p$ 相同否?讨论如下情况:(1) 诸流线水平,但上下流线流速不同;(2) 诸流线围成同心圆,各微团有共同角速度,不计重力.

提示:(1) 不相同,参见教材 P342.

(2) 选用和流体一起以角速度 ω 转动的匀速转动参考系.在流线 1 和 2 之间,作一轴线沿半径方向的底面为 $\mathrm{d}S$ 的圆柱形隔离体,如图所示.再把此隔离体沿半径方向分割成无限多个无限小小体元,图中画出了 r—$r+\mathrm{d}r$ 间的小体元.在选用的非惯性系内,r—$r+\mathrm{d}r$ 间的小体元在半径方向上,受惯性离心力 $\rho\mathrm{d}S\mathrm{d}r\cdot\omega^2 r\boldsymbol{e}_r$ 和两端面所受流体压力 $p\mathrm{d}S\boldsymbol{e}_r$ 和 $-(p+\mathrm{d}p)\mathrm{d}S\boldsymbol{e}_r$,由此三力平衡得

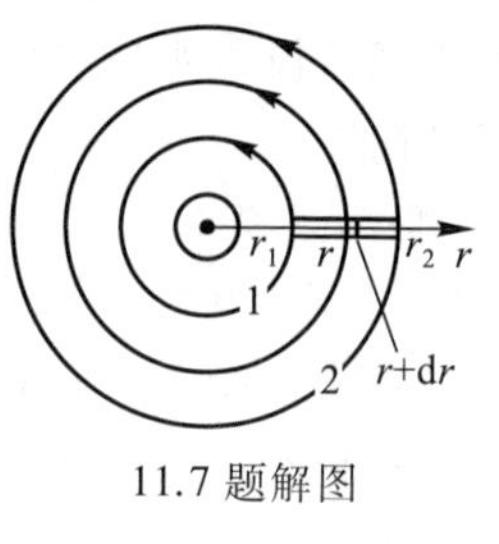

11.7 题解图

$$\rho\mathrm{d}S\mathrm{d}r\cdot\omega^2 r+p\mathrm{d}S-(p+\mathrm{d}p)\mathrm{d}S=0$$

$$\mathrm{d}p=\rho\omega^2 r\mathrm{d}r$$

$$\int_{p_1}^{p_2}\mathrm{d}p=\int_{r_1}^{r_2}\rho\omega^2 r\mathrm{d}r$$

$$p_2-p_1=\frac{1}{2}\rho\omega^2(r_2^2-r_1^2)=\frac{1}{2}\rho v_2^2-\frac{1}{2}\rho v_1^2$$

于是可知,不同流线上伯努利方程的守恒量不相同.

11.8 在关于皮托管例题中,以皮托管为参考系.若飞机上装有皮托管,以地球为参考系,它也是惯性系,可否应用伯努利方程.

提示：参见教材图 11.15，以地面为参考系，皮托管运动，流线发生变化，空气不是做定常流动，所以不能应用伯努利方程.

11.9 图示下面接有不同截面漏管的容器，内装理想流体，下端堵住.某同学这样分析 B、C 两点的压强："过 B、C 两点作一条流线如图所示.根据伯努利方程 $\frac{1}{2}\rho v_B^2+\rho g h_B+p_B=\frac{1}{2}\rho v_C^2+\rho g h_C+p_C$，而 $v_B=v_C=0$，所以 $p_C-p_B=\rho g(h_B-h_C)>0$，即 $p_B<p_C$."他说得对不对？为什么？若去掉下端的塞子，液体流动起来，C 点的压强是否一定高于 B 点的压强？

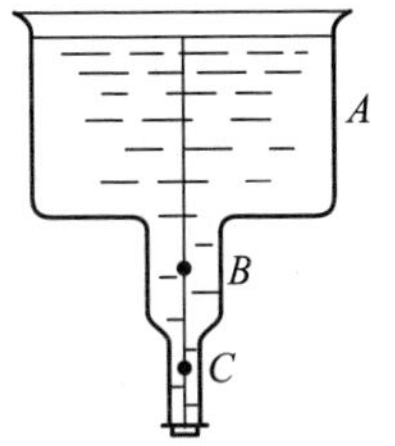

11.9 题图

提示：应用伯努利方程时，必须画出真实可能的流线，并按真实可能的流线计算.静止流体内不存在流线，伯努利方程也不适用于静止流体.

容器下端堵住时，是静止流体，C 点比 B 点距液面深度大，所以 $p_C>p_B$.去掉塞子液体流动后，虽然 C 点比 B 点高度小，但根据连续性方程，C 点比 B 点流速大，所以不一定 $p_C>p_B$.

11.10 从茶壶倒出的水流，越来越粗还是越来越细？为什么？

提示：当水流向高度较低处流动时，流速逐渐增大，根据连续性方程，水流横截面逐渐减小.

11.11 如图所示，虹吸管截面均匀，水自开口处泄出.有人说："1、2 和 3 点因位于同一高度，压强相等，即 $p_1=p_2=p_3$，2、4 两点的压强差为 $\rho g(h_2-h_4)$".此判断是否正确？试着进行分析.

提示：此人按静止流体内的规律判断，$p_1=p_2=p_3$ 是不对的；由伯努利方程可知 $p_1=p_2<p_3$.由于 2、4 两点流速相等，由伯努利方程可得 2、4 两点压强差为 $\rho g(h_2-h_4)$，与此人按静止流体内的规律判断所得结果一致，但此人思路不对.

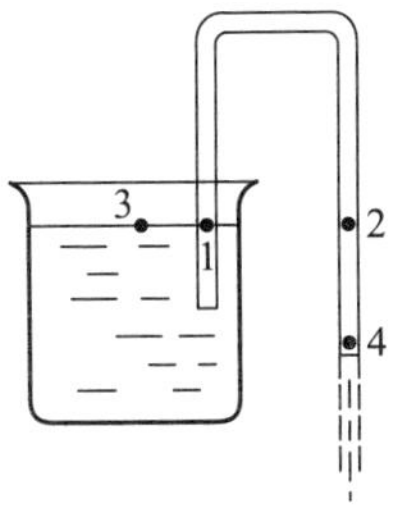

11.11 题图

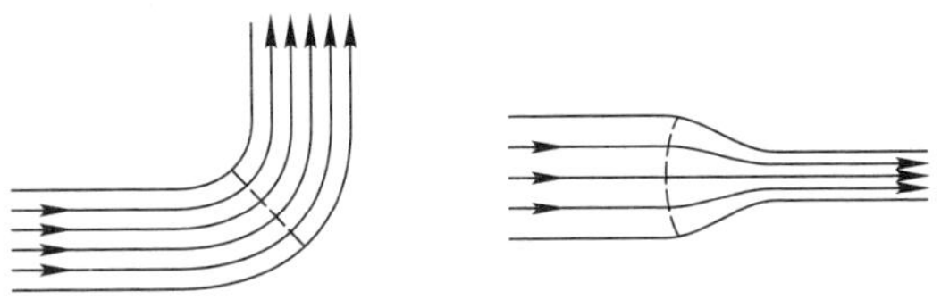
11.12 题图

11.12 图示管道中的理想流体做定常流动.自左方流入时，横截面上各点的流速相同.试问在虚线所示截面上各点的压强和流速是否相同，若不同，说明压强和流速大小的分布情况.

原题说明：设两图均在水平面内，不考虑重力影响.

提示：左图，考虑一位于图中虚线上的小体元，小体元需由所受压力的合力提供做曲线运动的向心力，所以可知沿虚线向右下方压强逐渐增大.因图中流线均来自共同的局域均匀流速场（自左方流入时），各流线上伯努利方程的守恒量相同，于是可知沿虚线向右下方流速逐渐减小.（图中沿虚线向右下方流线间距应逐渐增大.）

右图，虚线上各点压强和流速相同.

11.13 两艘轮船相离很近而并行前进,则可能彼此相撞,试用伯努利方程解释.

提示:设船匀速运动,以船为参考系,水相对船流动.根据连续性方程,两船中间流速大于船外侧流速.两船中间的流线和船外侧流线均来自局域均匀流速场(远离船的地方),各流线上伯努利方程的守恒量相同,所以可知两船中间流速大、压强小,两船可能发生碰撞.

11.14 图示为实验室用喷灯.细孔 A 喷出燃料,能否从周围窗孔 B 吸入空气?为什么?这种装置对燃烧有什么好处?

提示:前面说过:"两流线如均来自共同的局域均匀流速场,则两流线上伯努利方程的守恒量相同."请读者回忆此结论论证过程,既可发现此结论可推广为:"两流线的某一部分如均处于共同的局域均匀流速场中,则两流线上伯努利方程的守恒量相同."在本题的问题中,喷灯管内外的气体均受热向上运动,在远方做均匀流动,亦符合推广后的条件.经分析可知(参见 11.13 题),喷灯管内气体的流速较大、压强较小,气体会从孔 B 流入.

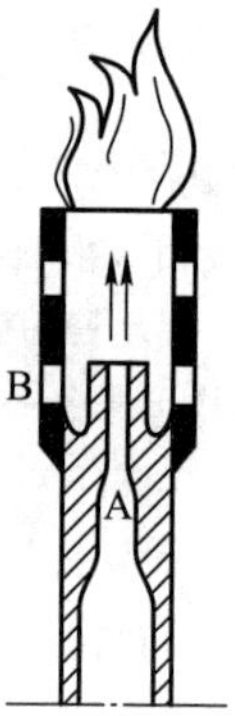

11.14 题图

11.15 有些化学反应需在低气压下进行.图中 R 管通化学反应容器,P 为压强计,由 W 引入水流,通过细颈可将气抽出,为什么?

提示:由 W 引入的水流,经细喷口形成细水流快速由上而下流动.气体因具有黏性而被水流带动,由上而下进入下接水管中.气体不断被水流带走,左方容器中的气体不断流过来补充,左方容器容积不变,压强则不断降低.

11.16 在如图所示的演示实验中,右侧大桶内装满染了颜色的水,大桶下部连通一左侧带开关的水平管.水平管中部横截面较小,它的两侧横截面相等,三处各与一竖直细管相通.最初,关闭开关,三个竖直细管内液面高度相等.然后打开开关,水由左侧橡皮管流出,三个竖直细管内液面高度变成如图所示.你能解释上述实验现象吗?

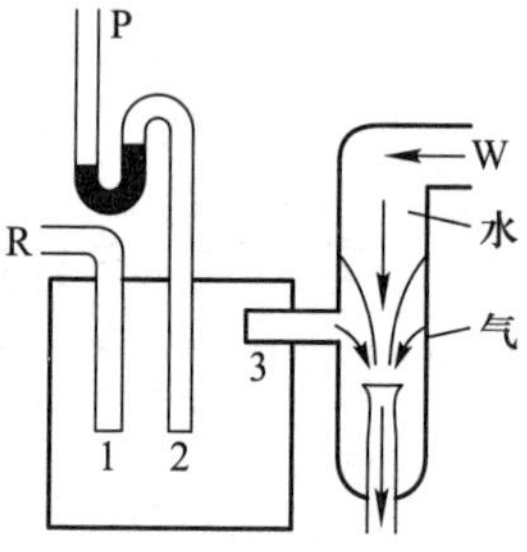

11.15 题图

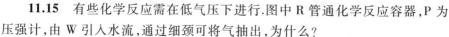

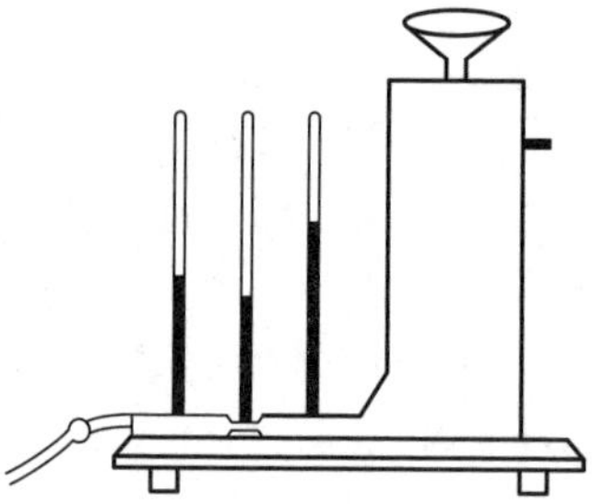

11.16 题图

提示:关闭开关时为静止流体,大桶和三个细管为连通器,水面高度相等.

打开开关水流稳定后,从大桶水面到左侧橡皮管出口做一流线,即可使用伯努利方程研究水的流动.由连续性方程可知,左侧水平管内中间横截面较小处的流速较大.水平管内流线高度不变,中间横截面较小处的流速较大,则压强较小.如不计流体黏性,水平管内两侧横截面较大处的压强相等.实际水具有黏性,伯努力方程应修正为主教材的(11.6.6)式,所以水平管内,等横截面部分的压强会沿水流方向逐渐降低.在水平管内水流稳定的情况下,三竖直细管内流体静止,竖直细管犹如压强计,细管内水面的高低则反映了细管下方水平管内压强的大小.

11.17 足球、乒乓球等的侧旋球或弧圈球之所以沿弧线运动是由于马格努斯(H.G.Magnus)于 1852 年发现的马格努斯效应,它指出黏性不可压缩流体中转动的圆柱受到升力的现象.试用流体因黏性随圆柱转动与圆柱体整体运动导致气体对圆柱体速度的叠加解释马格努斯效应.

提示:设圆柱向左匀速运动,以圆柱为参考系,则为气流向右流动,如图(a)所示.

如果圆柱转动,如图(b)所示;由于气体具有黏性,圆柱的转动会带动气体转动.

实际上气流一边向右流动,一边如图(b)转动,两种运动叠加后,圆柱上方气体流速较大(流线较密集),圆柱下方气体流速较小(流线间距较大),如图(c)所示.

根据伯努利方程,圆柱上方气体流速较大、压强较小,所以圆柱受到向上的升力.

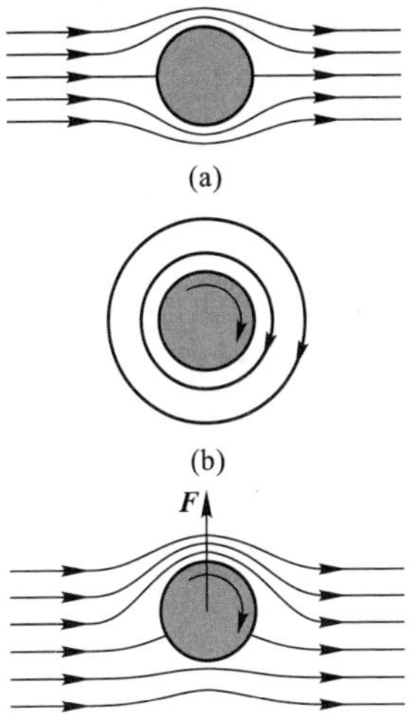

11.17 题解图

习　　题

11.2.1 若被测容器 A 内水的压强比大气压强大很多时,可用图中的水银压强计.

(1) 此压强计的优点是什么?

(2) 如何读出压强? 设 $\Delta h_1 = 50\ \text{cm}$, $\Delta h_2 = 45\ \text{cm}$, $\Delta h_3 = 60\ \text{cm}$, $\Delta h_4 = 30\ \text{cm}$.求容器内的压强是多少?

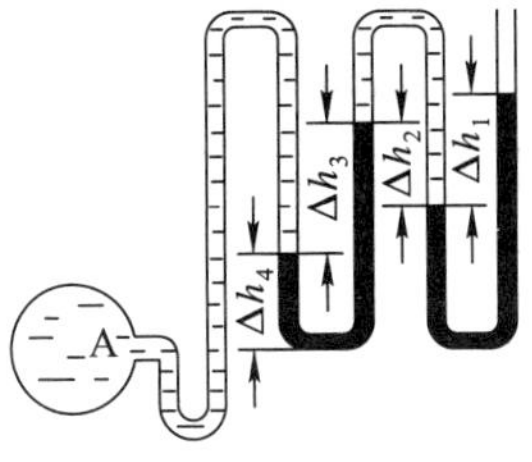

11.2.1 题图

提示:(1) 相当于两个简单压强计串联,可测量高压.

(2) $p_A = p_0 + \rho g\Delta h_1 - \rho_水 g\Delta h_2 + \rho g\Delta h_3 + \rho_水 g\Delta h_4$

$$= p_0 + \frac{1}{76\ \text{cm}}\left[\Delta h_1 + \Delta h_3 + \frac{\rho_水}{\rho}(\Delta h_4 - \Delta h_2)\right]$$

$$= p_0 + \frac{1}{76}\left[50 + 60 + \frac{1}{13.6}(30 - 45)\right] \approx 2.45\times10^5\ \text{Pa}$$

11.2.2 A、B 两容器内的压强都很大,现欲测它们之间的压强差,可用图中装置.$\Delta h = 50\ \text{cm}$,问 A、B 内的压强差是多少帕(1 cm 水银柱产生的压强约为 1 333 Pa).这个压强计的优点是什么?

原题说明:两容器内均为气体,中间为水银压强计.

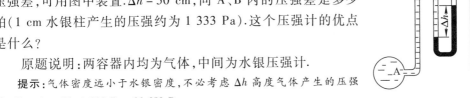

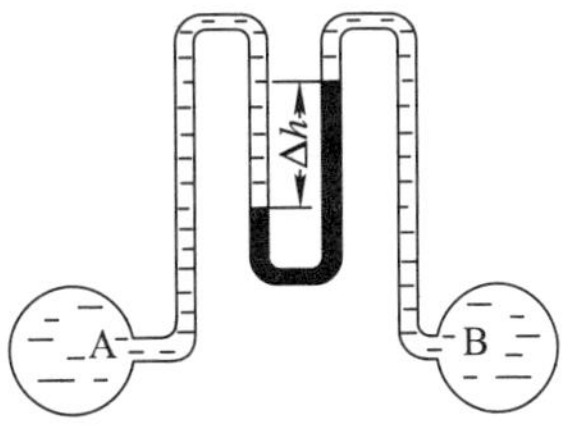

11.2.2 题图

提示:气体密度远小于水银密度,不必考虑 Δh 高度气体产生的压强差,所以 $\Delta p = 50\times1\ 333\ \text{Pa} = 66\ 650\ \text{Pa}$.

此压强计利于测量压强差不大的两个高压容器的压强差.

11.2.3 游泳池长 50 m,宽 25 m,设各处水深相等且等于 1.50 m,求游泳池各侧壁上的总压力.不考虑大气压.

提示:水面下压强与深度 h 的关系为 $p=\rho gh$,可见游泳池内水按深度的平均压强为

$$\bar{p}=\frac{1}{2}\rho gh=\frac{1}{2}\times 1\ 000\times 9.8\times 1.5\ \mathrm{Pa}=7\ 350\ \mathrm{Pa}$$

所以游泳池各侧壁的总压力为

$$F=\bar{p}S=7\ 350\times 2\times(50+25)\times 1.5\ \mathrm{N}\approx 1.65\times 10^6\ \mathrm{N}$$

11.2.4 所谓流体内的真空度,指该流体内的压强与大气压的差.水银真空计如图所示,设 $h=50$ cm,问容器 B 内的真空度是多少帕?

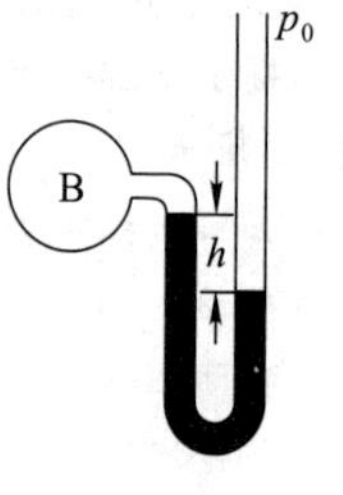

11.2.4 题图

提示:容器内的真空度 $=\rho gh=13\ 600\times 9.8\times 0.5\ \mathrm{Pa}\approx 6.66\times 10^4\ \mathrm{Pa}$.

11.2.5 (1) 海水的密度为 $\rho=1.03\ \mathrm{g/cm^3}$,求海平面以下 300 m 处的压强.(2) 求海平面以上 10 km 高处的压强.参考 § 11.2 例题 1 数据.

提示:(1) $p=p_0+\rho gh=1.013\times 10^5\ \mathrm{Pa}+1.03\times 10^3\times 9.8\times 300\ \mathrm{Pa}\approx 3.13\times 10^6\ \mathrm{Pa}$.

(2) $p=p_0\mathrm{e}^{-\alpha y}=p_0\mathrm{e}^{-0.117\ \mathrm{km}^{-1}\times 10\ \mathrm{km}}=1.013\times 10^5\times \mathrm{e}^{-1.17}\ \mathrm{Pa}\approx 0.314\times 10^5\ \mathrm{Pa}$.

11.2.6 (1) 盛有液体的容器以重力加速度自由下落,求液体内各点的压强;(2) 若容器以竖直向上的加速度 a 上升,求压强随深度的分布;(3) 若容器以竖直向下的加速度 $a(a<g)$ 下落,求液内压强随深度的分布.

提示:设容器以竖直向下的加速度 $a(a\leqslant g)$ 下落,以容器为参考系(非惯性系).物体受向下的重力 mg 和向上的惯性力 ma;此二力的合力向下,合力大小为 $m(g-a)$.此合力除大小与重力 mg 不同外,其他特性与重力相同,所以在容器参考系中可认为存在一个"等效重力"场,重力场内公式 $p=p_0+\rho gh$ 则成为 $p=p_0+\rho(g-a)h$;如 $a=g$,容器自由下落,则 $p=p_0$.

若容器以竖直向上的加速度 a 上升,则等效重力为 $m(g+a)$,有 $p=p_0+\rho(g+a)h$.

11.2.7 河床的一部分为长度等于 b、半径为 a 的四分之一柱面,柱面的上沿深度为 h,如图所示.求水作用于柱面的总压力的大小、方向和在柱面上的作用点.

解:设水作用于柱面的总压力为 $\boldsymbol{F}$,建立坐标系 $Oxyz$,如图所示.把圆柱面用平行于 z 轴的直线分割成无限多个长条形小面元,图中画出了对应角度 θ—$\theta+\mathrm{d}\theta$ 的小面元,此小面元受水的压力 $\mathrm{d}\boldsymbol{F}$ 的作用线过 O 点.由于所有小面元所受压力的作用线均过 O 点,所以其合力,即总压力 $\boldsymbol{F}$ 的作用点为圆柱面中心 O 点.

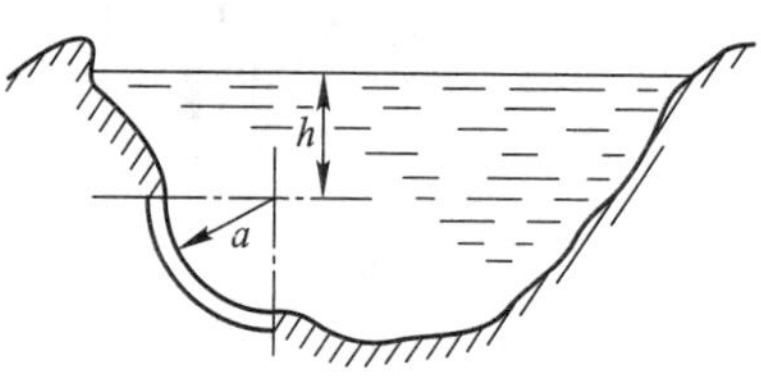

11.2.7 题图

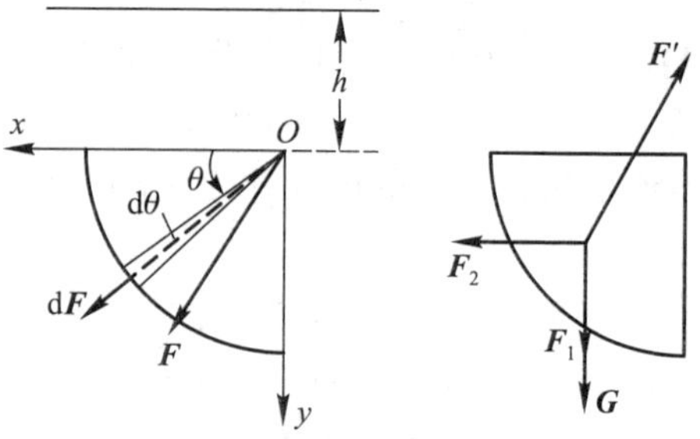

11.2.7 题解图

在水中用假想截面围出隔离体如右侧图所示,隔离体上方假想截面水平,右方假想截面

竖直，左方为圆柱面.此隔离体在重力 $\boldsymbol{G}=\rho\cdot\frac{1}{4}\pi a^2b\cdot g\boldsymbol{j}$，$\boldsymbol{F}$ 的反作用力 $\boldsymbol{F}'$，及另外两假想截面所受压力 $\boldsymbol{F}_1$、$\boldsymbol{F}_2$ 的作用下平衡，所以(参见 11.2.3 提示)

$$F'_x=-F_2=-\left[p_0+\rho g\left(h+\frac{1}{2}a\right)\right]ab=-p_0ab-\rho gab\left(h+\frac{1}{2}a\right)$$

$$F'_y=-F_1-G=-(p_0+\rho gh)ab-\frac{1}{4}\pi\rho a^2bg=-p_0ab-\rho gab\left(h+\frac{1}{4}\pi a\right)$$

所以，水作用于柱面的总压力 $\boldsymbol{F}$ 的分力 $F_x=p_0ab+\rho gab\left(h+\frac{1}{2}a\right)$，$F_y=p_0ab+\rho gab\left(h+\frac{1}{4}\pi a\right)$，

$\boldsymbol{F}$ 与水平方向夹角 $\alpha=\arctan\dfrac{p_0+\rho g\left(h+\frac{1}{4}\pi a\right)}{p_0+\rho g\left(h+\frac{1}{2}a\right)}$.

11.2.8 如图所示，船的底舱处开一窗，可借此观察鱼群.窗为长为 1 m、半径为 $R=0.6$ m 的四分之一圆柱面，水面距窗的上沿 $h=0.5$ m.求水作用于窗面上总压力的大小、方向和作用点.

提示：参见 11.2.7 解.先用微元法判断水作用于窗面上的总压力的作用点位于圆柱面中心.再在水中用假想截面围出隔离体如图所示，由隔离体受力平衡，得

$$F'_x=F_2=\left[p_0+\rho g\left(h+\frac{1}{2}R\right)\right]RL=p_0RL+\rho gRL\left(h+\frac{1}{2}R\right)$$

$$F'_y=F_1+G=[p_0+\rho g(h+R)]RL-\rho\left(R^2-\frac{1}{4}\pi R^2\right)Lg$$

$$=p_0RL+\rho gRL\left(h+\frac{1}{4}\pi R\right)$$

水作用于窗面上的总压力的分力 $F_x=-F'_x$，$F_y=-F'_y$；代入数据可得 $F_x\approx-6.548\ 4\times10^4$ N，$F_y\approx-6.648\ 9\times10^4$ N，总压力与水平方向夹角 $\alpha=\arctan\dfrac{F_y}{F_x}\approx45°26'$.

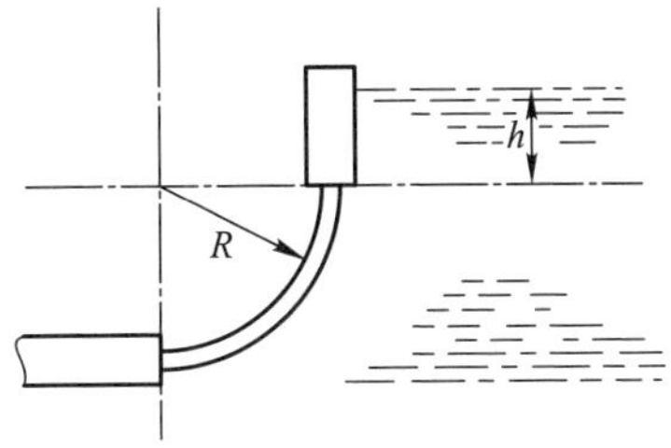

11.2.8 题图

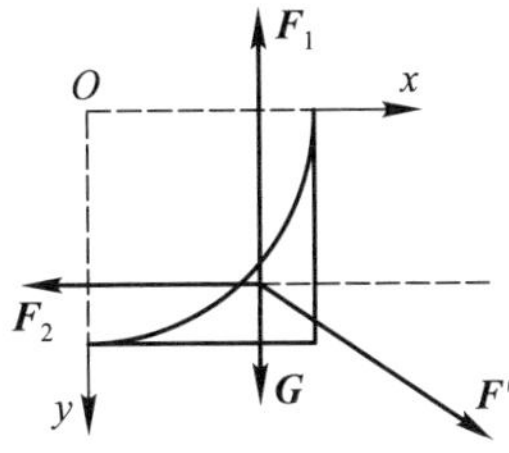

11.2.8 题解图

11.2.9 如题图所示，一船质量为 m，由于某种原因，使船发生一初始下沉，然后沿竖直方向振动，设船在吃水线附近的截面积为 S，海水比重为 γ，证明船做简谐振动并求周期.不计阻力.

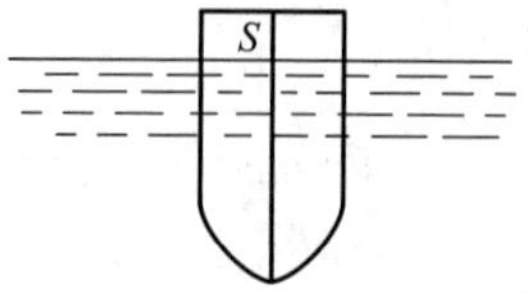

11.2.9 题图

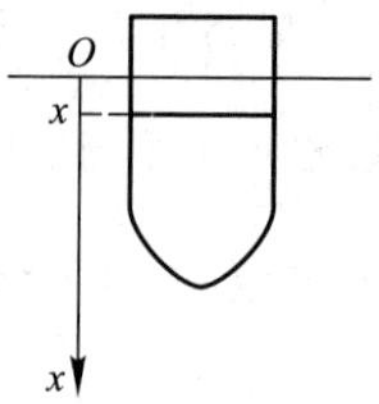

11.2.9 题解图

提示:如题解图所示,以水面为原点,建立坐标系 Ox 竖直向下,以船静止时的吃水线标志船的位置.由牛顿第二定律,得

$$m\frac{\mathrm{d}^2x}{\mathrm{d}t^2}=-\gamma Sx \quad 即 \quad \frac{\mathrm{d}^2x}{\mathrm{d}t^2}+\frac{\gamma S}{m}x=0$$

所以船做简谐振动,$T=\dfrac{2\pi}{\omega_0}=\dfrac{2\pi}{\sqrt{\gamma S/m}}=2\pi\sqrt{\dfrac{m}{\gamma S}}$.

11.2.10 西藏布达拉宫的海拔高度为 3 756.5 m,试求该处的大气压强,并问为海平面大气压的几分之几.

提示:参见教材 § 11.2 的例题 1,$p=p_0\mathrm{e}^{-0.117\ \mathrm{km}^{-1}\times 3.756\ 5\ \mathrm{km}}\approx p_0\mathrm{e}^{-0.439\ 5}\approx 0.64p_0\approx 6.48\times 10^4\ \mathrm{Pa}$.

11.4.1 如题图所示,容器内水的高度为 h_0,水自离自由表面 h 深的小孔流出.(1) 求水流达到地面的水平射程 x;(2) 在水面以下多深的地方另开一孔可使水流的水平射程与前者相等?

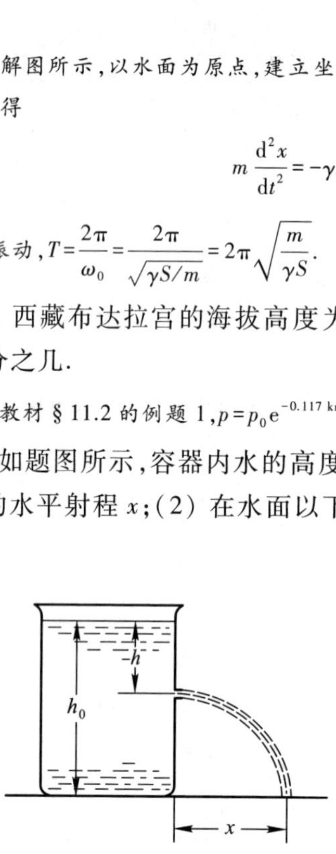

11.4.1 题图

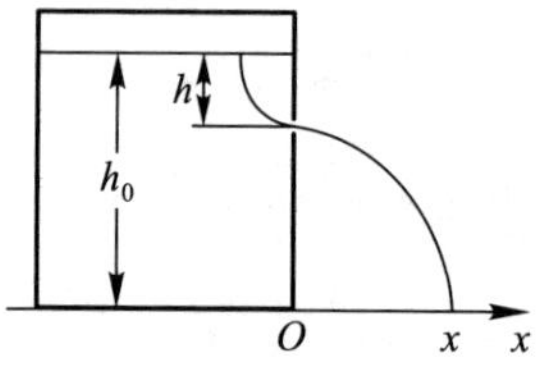

11.4.1 题解图

解:由于容器横截面积远大于小孔面积,水流稳定(定常)后可认为容器中水面高度不变,认为水是理想流体.如题解图所示,水流稳定后,取一条从容器中水的自由表面到小孔的流线,以容器底为重力势能零点,水自由表面的流速可认为是零,由伯努利方程得

$$\rho gh_0+p_0=\rho g(h_0-h)+\frac{1}{2}\rho v^2+p_0$$

所以小孔流速 $v=\sqrt{2gh}$.结果表明,小孔处流速和物体自高度 h 处自由下落的速度是相同的。

(1) 流体微团从出小孔到落地降落高度 $h_0-h=\dfrac{1}{2}gt^2$,可知降落时间 $t=\sqrt{\dfrac{2(h_0-h)}{g}}$,因

此水平射程 $x=vt=2\sqrt{(h_0-h)h}$.

(2) 在水面以下 h'深处另开一孔而水平射程相同,则由

$$2\sqrt{h(h_0-h)}=2\sqrt{h'(h_0-h')}$$

可求出 $h'=h_0-h$ 或 $h'=h$.

[应注意伯努利方程的适用条件,条件满足时方可使用.]

11.4.2 参阅 11.4.1 题图,水的深度为 h_0.(1) 在多深的地方开孔,可使水流具有最大的水平射程;(2) 最大的水平射程等于多少?

提示:11.4.1 题得 $x=2\sqrt{(h_0-h)h}$.

(1) 由 $\dfrac{dx}{dh}=\dfrac{2(h_0-2h)}{2\sqrt{h(h_0-h)}}=0$,有唯一极值点 $h=\dfrac{1}{2}h_0$ 使水流具有最大射程.

(2) $h=\dfrac{1}{2}h_0$ 时 $x=x_{\max}=h_0$.

11.4.3 如图所示,在关于流动流体的吸力的研究.若在管中细颈处开一小孔,用细管接入容器 A 中液内,流动液体不但不漏出,而且 A 中液体可以被吸上去.为研究这个现象,做如下计算:设左上方容器很大,流体流动时,液面无显著下降,液面与出液孔高度差为 h.S_1 和 S_2 表示管横截面,用 ρ 表示液体密度,液体为理想流体,试证:

$$p_1-p_0=\rho gh\left(1-\frac{S_2^2}{S_1^2}\right)<0$$

即 S_1 处有一定真空度,因此可将 A 内液体吸入.

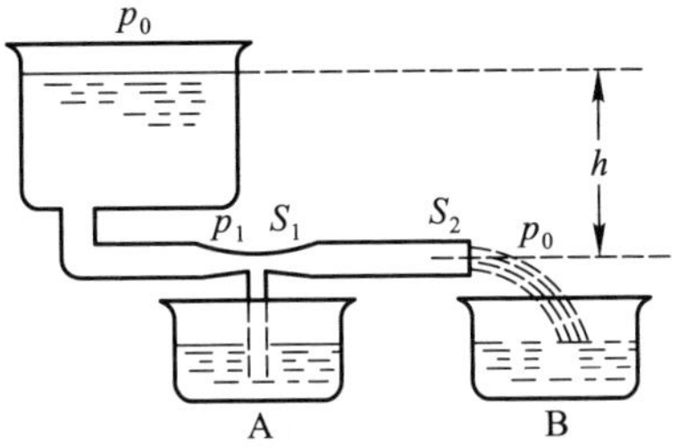

11.4.3 题图

提示:从左上方容器液体自由表面起,经水平管至其出口作一流线.根据伯努利方程,对左上方容器液体自由表面、水平管细颈处 1 和水平管出口处 2,有

$$\rho gh+p_0=\frac{1}{2}\rho v_1^2+p_1=\frac{1}{2}\rho v_2^2+p_0$$

由连续性方程有 $v_1S_1=v_2S_2$,代入上式,得

$$p_1-p_0=\frac{1}{2}\rho v_2^2-\frac{1}{2}\rho v_1^2=\frac{1}{2}\rho v_2^2\left(1-\frac{S_2^2}{S_1^2}\right)=\rho gh\left(1-\frac{S_2^2}{S_1^2}\right)$$

由于 $S_1<S_2$,所以 $p_1-p_0<0$.

11.4.4 如图所示,容器 A 和 B 中装有同种液体,可视为理想流体.水平管横截面 $S_C=$

$\frac{1}{2}S_D$，容器 A 的横截面 $S_A \gg S_D$.求 E 管中的液柱高度($\rho_{液} \gg \rho_{空气}$).

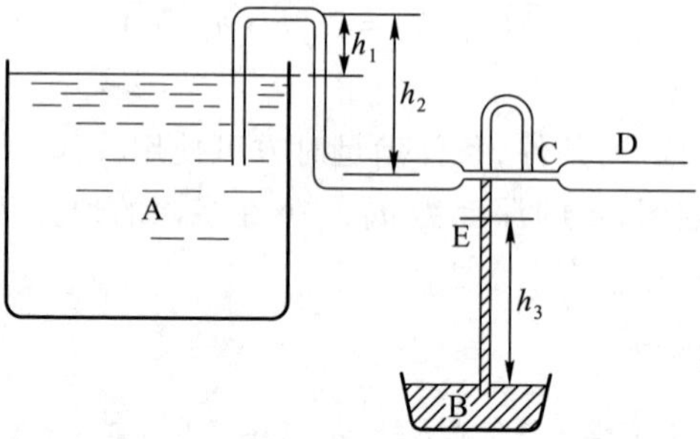

11.4.4 题图

原题说明：11.4.4 题图中 D 应标在出口处，E 管内 h_3 高度以上无液体.

解：由于容器 A 横截面积远大于管道横截面积，水流稳定后可认为容器中水面高度不变，液体是理想流体.水流稳定后，取一条从容器中液体自由表面，经管道至出口的流线，以管道中心线为重力势能零点.根据伯努利方程，对容器中液体自由表面、管道 C 处和管道出口 D 处，有

$$\rho g(h_2-h_1)+p_0=\frac{1}{2}\rho v_C^2+p_C=\frac{1}{2}\rho v_D^2+p_0$$

可得 $v_D=\sqrt{2g(h_2-h_1)}$.由连续性方程 $v_C S_C=v_D S_D$ 可知

$$v_C=\frac{S_D v_D}{S_C}=2v_D$$

把上式代入伯努利方程表达式，则得到

$$p_0-p_C=\frac{1}{2}\rho v_C^2-\frac{1}{2}\rho v_D^2=\frac{3}{2}\rho v_D^2=3\rho g(h_2-h_1)$$

E 管内为静止流体，则

$$p_C+\rho g h_3=p_0$$

所以 $h_3=\frac{p_0-p_C}{\rho g}=\frac{3\rho g(h_2-h_1)}{\rho g}=3(h_2-h_1)$.

11.4.5 装置如图所示，出水口堵塞时，竖直管内和容器内的水面在同一高度.打开塞子后，水即流出，视水为理想流体，等截面的水平管直径比筒径小很多，求直管内的液面高度.

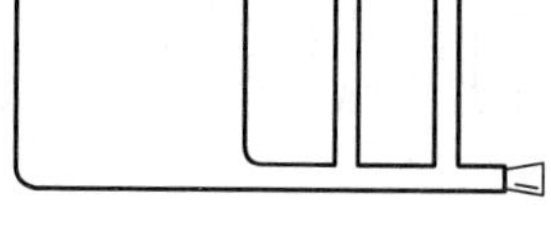

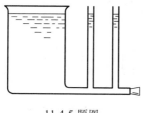

11.4.5 题图

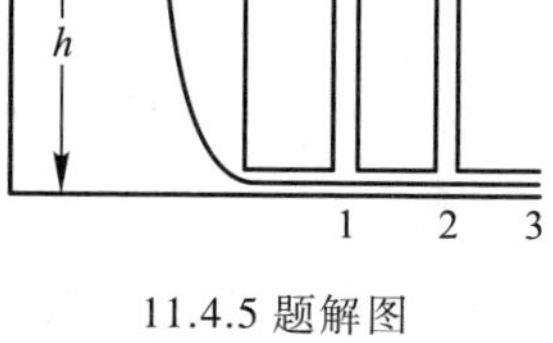

11.4.5 题解图

提示：作流线如图所示，根据伯努利方程，对流线上的0、1、2、3处，有

$$\rho gh+p_0=\frac{1}{2}\rho v_1^2+p_1=\frac{1}{2}\rho v_2^2+p_2=\frac{1}{2}\rho v_3^2+p_0$$

由连续性方程知 $v_1=v_2=v_3$，所以 $p_1=p_2=p_0$，因此两竖直细管内液面高度均为零.

11.5.1 如题图所示，研究射流对挡壁的压力.射流流速为 v，流量为 Q，流体密度等于 ρ，求图中(a)(b)两种情况下射流作用于挡壁的压力.

解：以 $\mathrm{d}t$ 时间内射到挡板并改变运动方向的那部分流体（质点系）为研究对象，系统质量为 $\rho Q\mathrm{d}t$.设系统受到挡板沿法线 $\boldsymbol{e}_{\mathrm{n}}$ 方向的力 $\boldsymbol{F}_{\mathrm{n}}$ 作用，流体射到挡板后沿挡板运动，根据法线 $\boldsymbol{e}_{\mathrm{n}}$ 方向的质点系动量定理，对题解图(a)情况，有

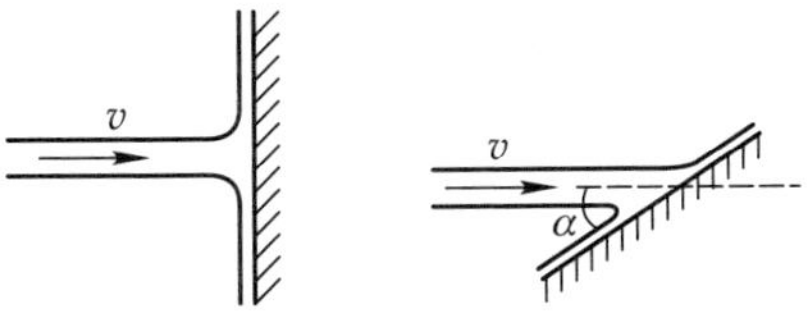

(a) (b)

11.5.1 题图

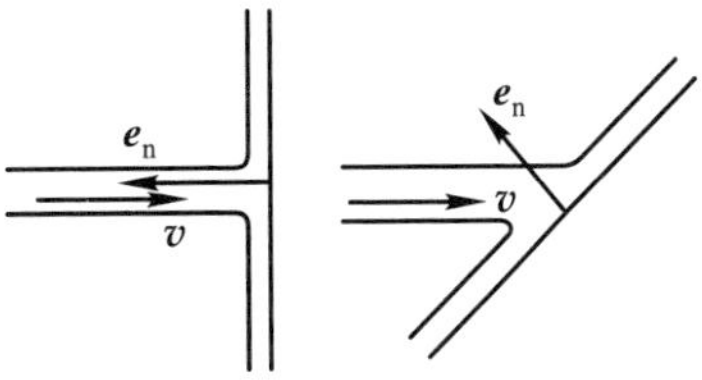

(a) (b)

11.5.1 题解图

$$\rho Q\mathrm{d}t[0-(-v)]=F_{\mathrm{n}}\mathrm{d}t$$

所以 $F_{\mathrm{n}}=\rho Qv$；对题解图(b)情况，有

$$\rho Q\mathrm{d}t[0-(-v\sin\alpha)]=F_{\mathrm{n}}\mathrm{d}t$$

所以 $F_{\mathrm{n}}=\rho Qv\sin\alpha$.

力 $\boldsymbol{F}_{\mathrm{n}}$ 的反作用力 $\boldsymbol{F}'_{\mathrm{n}}$ 即为射流作用于挡板的压力，$\boldsymbol{F}'_{\mathrm{n}}$ 沿 $-\boldsymbol{e}_{\mathrm{n}}$ 方向，对题解图(a)，$F'_{\mathrm{n}}=\rho Qv$；对图(b)，$F'_{\mathrm{n}}=\rho Qv\sin\alpha$.

如果不考虑流体黏性，则流体在与 $\boldsymbol{e}_{\mathrm{n}}$ 垂直的方向上，与挡板间不存在相互作用力.

11.6.1 设血液的密度为 $1.05\times10^3\ \mathrm{kg/m^3}$，其黏度为 $2.7\times10^{-3}\ \mathrm{Pa\cdot s}$.问当血液流过直径为0.2 cm的动脉时，估计流速多大则变为湍流.视血管为光滑金属圆管，不计其变形.

提示：光滑金属圆管内流体的雷诺数大于临界雷诺数 $Re_{临}=2\,000\sim2\,300$ 时，出现湍流：

$$Re=\frac{\rho v_{临}L}{\eta}\geqslant Re_{临}$$

$$v_{临}\geqslant\frac{Re_{临}\,\eta}{\rho L}=\frac{2.7\times10^{-3}\ \mathrm{Pa\cdot s}}{1.05\times10^3\ \mathrm{kg/m^3}\times0.2\times10^{-2}\ \mathrm{m}}Re_{临}\approx2.57\sim2.96\ \mathrm{m/s}$$

11.6.2 容器盛有某种不可压缩黏性流体，流动后各管内液柱高如题图所示，液体密度为1 $\mathrm{g/cm^3}$，不计大容器内能量损失，水平管截面积相同.求出口流速.

提示：取流线如题解图所示，对流线上0、2、3、4处，根据不可压缩黏性流体做定常流动的功能关系式，有

$$\rho gh_1+p_0=\frac{1}{2}\rho v_2^2+p_2+w_{12}=\frac{1}{2}\rho v_3^2+p_3+w_{12}+w_{23}$$

$$=\frac{1}{2}\rho v^2+p_0+w_{12}+w_{23}+w_{34}$$

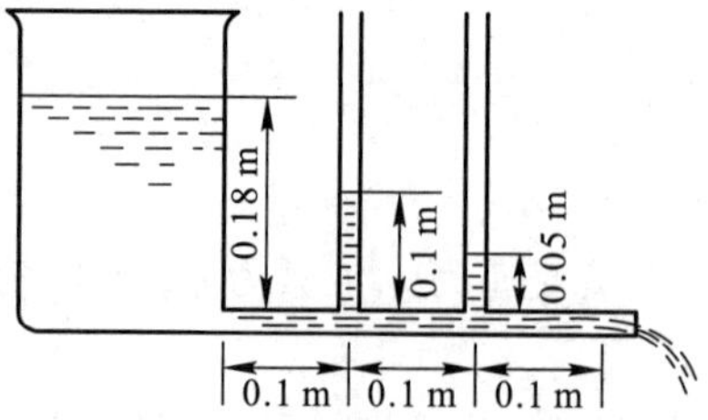

11.6.2 题图

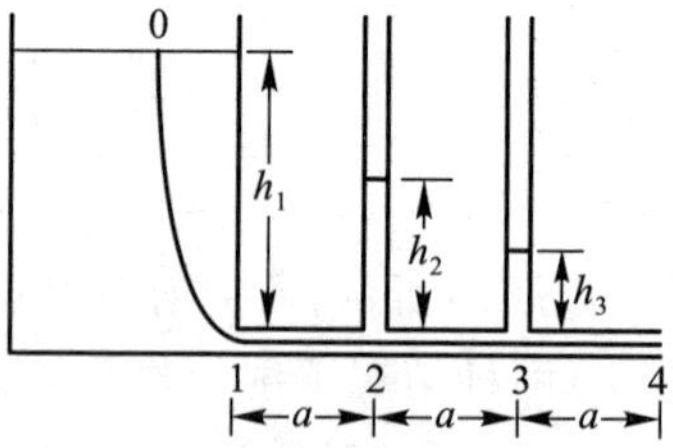

11.6.2 题解图

因水平管截面积相同，所以 $v_2=v_3=v$，$w_{12}=w_{23}=w_{34}=w$；再利用竖直细管内静止流体的压强分布关系，$p_0+\rho gh_2=p_2$，$p_0+\rho gh_3=p_3$；上式化为

$$\rho gh_1=\frac{1}{2}\rho v^2+\rho gh_2+w=\frac{1}{2}\rho v^2+\rho gh_3+2w=\frac{1}{2}\rho v^2+3w$$

代入数据即可求出 $w=\rho gh_3=\rho g(h_2-h_3)$，及

$$v=\sqrt{2g(h_1-h_2-h_3)}=\sqrt{2\times9.8\times0.03}\ \text{m/s}\approx0.767\ \text{m/s}$$

* **11.6.3** 过去用水塔供水，如今用水泵.水泵的泵水能力亦可用相当于多高水塔水面高度说明.将水龙头拧开至流量最大时，设想水流在管道中能量损失一半，设法做实验和计算，估计水塔水面高度.

提示：取流线自水塔内水的自由表面到水龙头出口，设水龙头出水流速为 v，根据不可压缩黏性流体做定常流动的功能关系式，有

$$\rho gh+p_0=\frac{1}{2}\rho v^2+p_0+w$$

已假设 $w=\frac{1}{2}(\rho gh+p_0)$，所以 $h=\frac{\rho v^2+p_0}{\rho g}$.

知道 $\rho=10^3\ \text{kg/m}^3$，$g=10\ \text{m/s}^2$，$p_0=1.0\times10^5\ \text{Pa}$，只要测出 v，即可估算出 h.

* **11.7.1** 设想你按 4.2.1 题骑车.自己设计实验估计传动能量损失（可支起后轮用砝码测克服多大阻力矩才能让轮转起来以估计能量损失）.设车匀速行驶，问受多大空气阻力？估计你的迎风横截面积并估算（11.7.6）式中的系数 C_D［参考主教材 §7.5（五）］（如无砝码可设链传动机械效率为 0.9）.

提示：参见习题 7.5.10 提示，测得空气阻力 F 后，根据 $F=\frac{1}{2}C_D\rho Sv^2$，先估算你的迎风横截面积 S，再估算出 C_D.

本题给出了另一种估算能量传递损失的方法，两种方法各有优劣：习题 7.5.10 提示的方法，考虑了轮胎滚动摩擦等综合因素，但空气阻力影响不能完全排除；本题的方法，可完全排除空气阻力影响，但未考虑滚动摩擦等其他因素.

第十二章　相对论简介

思　考　题

12.1　迈克耳孙-莫雷实验结果说明什么问题？

提示：参见主教材 § 12.1 之（二）.

12.2　狭义相对论的基本假设是什么？为什么在光速不变原理中强调真空中的光速？洛伦兹变换与伽利略变换有什么不同？

提示：参见主教材 § 12.2 之（一）（二）.

在不同的惯性参考系中，介质内的光速是不同的.

12.3　在 S′系中 $O'x'y'$坐标面内置一圆盘，在另一惯性参考系 S 系中的观察者是否也测到一圆盘？

提示：“运动的杆缩短”（动尺收缩）只在两参考系相对运动的方向（$\boldsymbol{u}$ 的方向）上发生.在与 $\boldsymbol{u}$ 垂直的方向上，两参考系中观察者测得的杆长是相同的.所以，S 系相对 S′系沿 x'轴以$-\boldsymbol{u}$ 运动，S′系中 $O'x'y'$面内的圆盘，由 S 系中的观察者测量，盘沿 x 轴方向直径长度缩短，沿 y 轴方向直径长度不变.

12.4　有两个静长度相等的杆分别置于 S 系和 S′系中且处于静止.从 S 系观察，哪根杆较长？从 S′系观察的结果又如何？它们的观测结果是否相同？如果不相同，究竟谁正确？

提示：在两根杆相互平行，两参考系相对运动的方向（$\boldsymbol{u}$ 的方向）也与两杆平行的条件下，两参考系中的观察者都测得自己所处参考系内的尺较长，另一参考系内的尺缩短了（而且，两参考系中的观察者测得缩短的比例也是一样的）.这就是“运动的杆缩短”（动尺收缩）的“相对性”.“运动的时钟变慢”（动钟变慢）也具有同样的“相对性”.

12.5　在相对论中对于两事件同时的理解和在经典力学中有什么不同？

提示：参见主教材的 § 12.2 之（三）之 1.

在经典力学中，同时是绝对的.在狭义相对论中，同地的同时是绝对的，异地的同时是相对的.

12.6　相对论的质量-速率关系为 $m=\dfrac{m_0}{\sqrt{1-\beta^2}}$.它是否违背质量守恒？

提示：在狭义相对论中，质量守恒等同于能量守恒，质量守恒指“相对论质量 m”守恒，静止质量 m_0 不守恒.

12.7　你如何理解 $E=E_k+m_0c^2$ 的物理意义？如何理解相对论质量-能量关系？“在相对论中，质点的动能亦可写作$\dfrac{1}{2}mv^2$，只是其中 $m=\dfrac{m_0}{\sqrt{1-\dfrac{v^2}{c^2}}}$.”这是否正确？

提示:参见主教材 § 12.4 之(二).

在狭义相对论中,质点的动能不能写作$\frac{1}{2}mv^2$($m=\frac{m_0}{\sqrt{1-v^2/c^2}}$),应由 $E_k=mc^2-m_0c^2$ 计算.

如果 $v=0.9c$,请读者自己算一下用$\frac{1}{2}mv^2$ 计算会引起多大的误差;再令 $v=0.1c$ 算一下.

12.8 什么是四维动量?

提示:参见主教材 § 12.4 之(一).

12.9 什么是伽利略相对性原理、狭义相对性原理及广义相对性原理?你如何从对称性来理解它们?

提示:伽利略相对性原理(又称为力学相对性原理)为:对于力学规律,所有惯性系都是等价的.也可以表述为:力学规律经伽利略变换后形式不变.比如,牛顿第二定律经伽利略变换后形式就保持不变;对此也可以说:牛顿第二定律对伽利略变换是对称的;还可以说:对于牛顿第二定律,伽利略变换是对称变换.(但不是所有定理和结论都满足力学相对性原理,比如角动量定理就不满足力学相对性原理,读者对此不必深究.)

参见主教材 § 3.2 之(四)、§ 12.1 之(三)、§ 12.2 之(一)、§ 12.5 之(二).

12.10 学习本章后,你对引力及惯性力有什么新认识?

提示:参见主教材 § 12.5 之(一)(二).

12.11 学习本章后,你对惯性系有什么新认识?

提示:参见主教材 § 12.5 之(一)(二).

惯性系是经典力学中的重要概念,惯性系由牛顿第一定律定义,牛顿第二定律仅在惯性系中成立.虽然真正的惯性系从来没有被找到过,只有不同精度的、近似的惯性系可供人们选用;但经典力学的这个缺陷,对经典力学已有的成就和未来的发展,以及在高新技术(航空、航天等)中的支柱作用并无影响.

在经典力学适用范围内,可根据研究问题的尺度和精度的要求,选日心-恒星参考系或地心-恒星参考系为惯性系,以致经常可选用地面为惯性系;而自由降落的爱因斯坦舱是非惯性系,这没有任何问题;不要与广义相对论中的看法混淆.

习　题

12.2.1 若某量经洛伦兹变换不发生变化,则称该量为洛伦兹不变量.试证明 $x^2-c^2t^2$ 为洛伦兹不变量,即

$$x^2-c^2t^2=x'^2-c^2t'^2$$

证:由洛伦兹变换

$$x'=\frac{x-ut}{\sqrt{1-u^2/c^2}},\quad t'=\frac{t-ux/c^2}{\sqrt{1-u^2/c^2}}$$

得

$$
\begin{aligned}
x'^2-c^2t'^2 &= \left(\frac{x-ut}{\sqrt{1-u^2/c^2}}\right)^2-c^2\left(\frac{t-ux/c^2}{\sqrt{1-u^2/c^2}}\right)^2\\
&=\frac{x^2-2xut+(ut)^2-c^2t^2+2tux-u^2x^2/c^2}{1-u^2/c^2}\\
&=\frac{x^2(1-u^2/c^2)-c^2t^2(1-u^2/c^2)}{1-u^2/c^2}=x^2-c^2t^2
\end{aligned}
$$

12.2.2 μ 子静止时的平均寿命 $\tau\approx 2\times10^{-6}$ s.宇宙射线与大气因发生核反应产生的 μ 子以 $0.99c$ 向下运动并衰变，到 t 时刻剩余的粒子数为 $N(\tau)=N(0)\mathrm{e}^{-t/\tau}$.(1) 若能到达地面的 μ 子为原来的 1%，求原来相对于地球的高度；(2) 求在与 μ 子相对静止的参考系中测得的高度.

解：以地面为 S 系，μ 子为 S′系.

［洛伦兹变换要求 $u<c$.可视为质点的宏观物体和任何实物粒子均可作为参考系，它们的运动速率都小于 c.光子速率为 c，光子不能作为参考系.］

在 μ 子 S′系中，根据 $N(t)=N(0)\mathrm{e}^{-t/\tau}$，由 $\frac{N(t)}{N(0)}=\mathrm{e}^{-t/\tau}=1\%$，求出 μ 子衰变为原来 1%的时间 $t'=(\ln 100)\tau$.

在地面 S 系中，由动钟变慢公式

$$\Delta t=\frac{\Delta t'}{\sqrt{1-u^2/c^2}}$$

可知 μ 子衰变为原来 1%的时间为 $t=\frac{(\ln 100)\tau}{\sqrt{1-u^2/c^2}}$.

［只有当 $\Delta t'$是固有时间时，才可使用动钟变慢公式.］

在地面 S 系中 μ 子速率为 $u=0.99c$，所以 μ 子原来相对地面的高度为

$$
\begin{aligned}
h&=\frac{(\ln 100)\tau}{\sqrt{1-u^2/c^2}}u\\
&=\frac{(\ln 100)\times2\times10^{-6}\times0.99\times3\times10^{8}}{\sqrt{1-0.99^2}}\ \mathrm{m}\approx1.94\times10^4\ \mathrm{m}
\end{aligned}
$$

在地面 S 系中 h 为静尺长度（静止杆的长度），根据动尺收缩（运动的杆缩短）公式可求出在 μ 子 S′系中

$$h'=h\sqrt{1-u^2/c^2}\approx2.74\times10^3\ \mathrm{m}$$

（在 μ 子 S′系中，地面以速率 $0.99c$ 向 μ 子运动，所以在 $t'=(\ln 100)\tau$ 时间内地面运动的距离为 $h'=(\ln 100)\tau\times0.99c\approx2.74\times10^3$ m.）

12.2.3 设在 S′系中静止立方体的体积为 L_0^3，立方体各边与坐标轴平行.求证在 S 系测得其体积为 $L_0^3\sqrt{1-\beta^2}$.

提示：设 S′系相对 S 系沿 x 轴以 v 运动，则仅 x 轴方向发生动尺收缩.在 S 系中测得立方体沿 x 轴方向

的边长缩短为原长的 $\sqrt{1-\beta^2}$ 倍，沿 y 轴和 z 轴方向边长不变，所以体积为 $L_0^3\sqrt{1-\beta^2}$.

12.2.4 一人在地球上观察另一同龄人到半人马座 α 星去旅行.该恒星距地球 4.3 l.y.（光年），火箭速率为 0.8c.当他到达该星时，地球上的观察者发现他的年龄增长为自己年龄的几分之几？（设地球参考系中的人可直接观测宇宙飞船上的钟，并设出发时两人均为 20 岁）.

提示：以地球为 S 系，火箭为 S′系.在地球 S 系测得火箭飞行时间为 Δt，在火箭 S′系测得火箭飞行时间为 $\Delta t'$，$\Delta t'$为固有时间，由动钟变慢公式

$$\Delta t=\frac{\Delta t'}{\sqrt{1-u^2/c^2}}=\frac{\Delta t'}{\sqrt{1-0.8^2}}=\frac{\Delta t'}{0.6}$$

所以 $\Delta t'=\frac{3}{5}\Delta t$，即地球观察者测得飞船同龄人年龄增长为自己年龄增长的 $\frac{3}{5}$.

地球观察者测得飞船飞行时间为 $\Delta t=\frac{4.3\ \text{l.y.}}{0.8c}\approx 5.4$ 年，飞船到达 α 星时，地球观察者25.4 岁，飞船同龄人年龄增长 $5.4\times\frac{3}{5}=3.24$（岁），故地球观察者测得飞船同龄人年龄增长为自己年龄的 $\frac{3.24}{25.4}=\frac{81}{635}$.

12.3.1 杆的静长度为 l_0，在 S 系中平行于 x 轴且以速率 u 沿 x 轴正向运动.求相对于 S 系沿 x 轴正向以速率 v 运动的 S′系中观测者测得的棒长.

提示：由速度变换公式，S 系中杆的速度 $v_x=u$（原公式中的 u 现在为 v），S′系中杆的速度

$$v_x'=\frac{u-v}{1-uv/c^2}$$

根据动尺收缩公式，在 S′系中测得杆长

$$l=l_0\sqrt{1-\left(\frac{v_x'}{c}\right)^2}=l_0\sqrt{1-\frac{(u-v)^2c^2}{(c^2-uv)^2}}$$

$$=\frac{l_0\sqrt{c^4-c^2(v^2+u^2)+u^2v^2}}{c^2-uv}=\frac{l_0\sqrt{(c^2-v^2)(c^2-u^2)}}{c^2-uv}$$

12.3.2 试证明若质点在 S′系中的速度为

$$v_x'=c\cos\theta,\quad v_y'=c\sin\theta$$

则在 S 系中有

$$v_x^2+v_y^2=c^2$$

证：由速度变换公式 $v_x=\frac{v_x'+u}{1+uv_x'/c^2}$，$v_y=\frac{\sqrt{1-\beta^2}}{1+uv_x'/c^2}v_y'$，利用 $v_x'=c\cos\theta$ 和 $v_y'=c\sin\theta$，则

$$v_x^2+v_y^2=\left(\frac{v_x'+u}{1+uv_x'/c^2}\right)^2+\left(\frac{\sqrt{1-\beta^2}}{1+uv_x'/c^2}v_y'\right)^2$$

$$=\frac{v_x'^2+2v_x'u+u^2+v_y'^2-\frac{u^2}{c^2}v_y'^2}{(1+uv_x'/c^2)^2}=\frac{c^2+2v_x'u+u^2-\frac{u^2}{c^2}v_y'^2}{(1+uv_x'/c^2)^2}$$

$$=\frac{c^2+2v_x'u+u^2(1-\sin^2\theta)}{(1+uv_x'/c^2)^2}=\frac{c^2+2v_x'u+u^2\left(\frac{v_x'^2}{c^2}\right)}{(1+uv_x'/c^2)^2}$$

$$=\frac{c^2\left[1+\frac{2v_x'u}{c^2}+\left(\frac{uv_x'}{c^2}\right)^2\right]}{(1+uv_x'/c^2)^2}=\frac{c^2(1+uv_x'/c^2)^2}{(1+uv_x'/c^2)^2}=c^2$$

12.3.3 处于恒星际站上的观察者测得两宇宙火箭以 $0.99c$ 的速率沿相反方向离去,问自一火箭测得另一火箭的速率.

提示:以恒星际站为 S 系,沿 x 轴正向运动的火箭为 S′系.由速度变换公式 $v_x'=\frac{v_x-u}{1-uv_x/c^2}$,式中 $v_x=-0.99c$,$u=0.99c$,所以在 S′系内测得另一火箭速度为

$$v_x'=\frac{-0.99c-0.99c}{1+\frac{0.99c\times0.99c}{c^2}}\approx-0.999\ 95c$$

12.4.1 (1) 冥王星绕太阳公转的线速率为 4.83×10^3 m/s.求其静质量为运动质量的百分之几.(2) 星际火箭以 $0.8c$ 的速率飞行,其运动质量为静止质量的多少倍?

提示:$m=\frac{m_0}{\sqrt{1-v^2/c^2}}$

(1) $v=4.83\times10^3$ m/s,$\frac{m_0}{m}=\sqrt{1-\frac{v^2}{c^2}}=\sqrt{1-0.000\ 016\ 1^2}\approx1.000\ 000\ 000$.

(2) $v=0.8c$,$\sqrt{1-\beta^2}=0.6$,$\frac{m}{m_0}=\frac{1}{0.6}=\frac{5}{3}$.

12.4.2 质子、Σ^+超子和Π^+介子的静质量各为 938.3 MeV、1 189 MeV 和 139.6 MeV,各相当于多少千克.

提示:1 MeV $=1.602\times10^{-13}$ J,$\frac{1\ \text{MeV}}{c^2}\approx0.178\times10^{-29}$ kg.

质子:$m_0=938.3\times0.178\times10^{-29}$ kg $\approx1.67\times10^{-27}$ kg,

Σ^+超子:$m_0=1\ 189\times0.178\times10^{-29}$ kg $\approx2.12\times10^{-27}$ kg,

Π^+介子:$m_0=139.6\times0.178\times10^{-29}$ kg $\approx2.485\times10^{-28}$ kg.

12.4.3 伯克利的回旋加速器可使质子获得 5.4×10^{-11} J 的动能.其质量可达其静质量的多少倍?质子的速度可达多少?

提示:$E=mc^2=E_k+m_0c^2$.因 $E_k=(m-m_0)c^2=5.4\times10^{-11}$ J,故 $m-m_0=0.60\times10^{-27}$ kg.由于 $m_0=m_p=1.67\times10^{-27}$ kg,所以 $\frac{m}{m_0}=\frac{1.67+0.60}{1.67}\approx1.36$.

$m=\frac{m_0}{\sqrt{1-v^2/c^2}}$,因此 $v=c\sqrt{1-\frac{m_0^2}{m^2}}\approx2.03\times10^8$ m/s.

12.4.4 质量为 1 u 的粒子的等价能量是多少兆电子伏?

提示：$\dfrac{1\ \mathrm{MeV}}{c^2}=1.783\times10^{-30}$ kg.1 u $=1.66\times10^{-27}$ kg，等价能量为 931 MeV.

12.4.5 四维动量为

$$(p^0,p^1,p^2,p^3)=\left(\gamma m_0 v_x,\gamma m_0 v_y,\gamma m_0 v_z,\frac{\mathrm{i}}{c}\gamma m_0 c^2\right)$$

式中 $\gamma=(\sqrt{1-\beta^2})^{-1}$.试证对任何两个惯性系有

$$(p^0)^2+(p^1)^2+(p^2)^2+(p^3)^2=(p^{0'})^2+(p^{1'})^2+(p^{2'})^2+(p^{3'})^2$$

即四维动量的模方为不变量.

提示：$v_x'=\dfrac{v_x-u}{1-uv_x/c^2}$，$v_y'=\dfrac{\sqrt{1-\beta^2}}{1-uv_x/c^2}v_y$，$v_z'=\dfrac{\sqrt{1-\beta^2}}{1-uv_x/c^2}v_z$. $\sqrt{1-\beta^2}=\sqrt{1-u^2/c^2}$.

$$v'^2=v_x'^2+v_y'^2+v_z'^2=\frac{(v_x-u)^2+(v^2-v_x^2)\left(1-\dfrac{u^2}{c^2}\right)}{(1-uv_x/c^2)^2}$$

$$\sqrt{1-\frac{v'^2}{c^2}}=\sqrt{1-\frac{(v_x-u)^2+(v^2-v_x^2)\left(1-\dfrac{u^2}{c^2}\right)}{c^2(1-uv_x/c^2)^2}}$$

$$=\sqrt{\frac{c^2-u^2-v^2+\dfrac{v^2u^2}{c^2}}{c^2(1-uv_x/c^2)^2}}=\frac{\sqrt{1-\beta^2}}{1-uv_x/c^2}\sqrt{1-\frac{v^2}{c^2}}$$

在 S 系中 $m=\dfrac{m_0}{\sqrt{1-\dfrac{v^2}{c^2}}}$，$\boldsymbol{p}=m\boldsymbol{v}$；在 S′ 系中 $m'=\dfrac{m_0}{\sqrt{1-\dfrac{v'^2}{c^2}}}$，$\boldsymbol{p}'=m'\boldsymbol{v}'$.

$$(p^0)^2+(p^1)^2+(p^2)^2+(p^3)^2=(mv_x)^2+(mv_y)^2+(mv_z)^2+\left(\frac{\mathrm{i}}{c}mc^2\right)^2$$

$$p^{0'}=m'v_x'=\frac{m_0}{\sqrt{1-\dfrac{v'^2}{c^2}}}\frac{v_x-u}{1-\dfrac{uv_x}{c^2}}=m_0\frac{v_x-u}{\sqrt{1-\beta^2}\sqrt{1-\dfrac{v^2}{c^2}}}=m\frac{v_x-u}{\sqrt{1-\beta^2}}$$

$$p^{1'}=m'v_y'=\frac{m_0}{\sqrt{1-\dfrac{v'^2}{c^2}}}\frac{\sqrt{1-\beta^2}}{1-\dfrac{uv_x}{c^2}}v_y=\frac{m_0v_y}{\sqrt{1-\dfrac{v^2}{c^2}}}=mv_y=p^1$$

同理 $p^{2'}=p^2$.

$$p^{3'}=\frac{\mathrm{i}}{c}m'c^2=\frac{\mathrm{i}}{c}\frac{m_0}{\sqrt{1-\dfrac{v'^2}{c^2}}}c^2=\frac{\mathrm{i}}{c}m_0c^2\frac{1-\dfrac{uv_x}{c^2}}{\sqrt{1-\beta^2}\sqrt{1-\dfrac{v^2}{c^2}}}$$

$$=\frac{\mathrm{i}}{c}\frac{m_0}{\sqrt{1-\dfrac{v^2}{c^2}}}c^2\frac{1-\dfrac{uv_x}{c^2}}{\sqrt{1-\beta^2}}=\frac{\mathrm{i}}{c}mc^2\frac{1-\dfrac{uv_x}{c^2}}{\sqrt{1-\beta^2}}$$

$$(p^{0'})^2+(p^{3'})^2=\left(mv_x\frac{1-\dfrac{u}{v_x}}{\sqrt{1-\beta^2}}\right)^2+\left(\frac{\mathrm{i}}{c}mc^2\frac{1-\dfrac{uv_x}{c^2}}{\sqrt{1-\beta^2}}\right)^2$$

$$=(mv_x)^2\frac{\left(1-\dfrac{u}{v_x}\right)^2}{1-\beta^2}+\left(\frac{\mathrm{i}}{c}mc^2\right)^2\frac{\left(1-\dfrac{uv_x}{c^2}\right)^2}{1-\beta^2}$$

$$=\frac{\left(1-\dfrac{2u}{v_x}+\dfrac{u^2}{v_x^2}\right)(m^2v_x^2)+\left(1-\dfrac{2uv_x}{c^2}+\dfrac{u^2v_x^2}{c^4}\right)(-m^2c^2)}{1-\beta^2}$$

$$=\frac{(m^2v_x^2-m^2c^2)-\dfrac{u^2}{c^2}(m^2v_x^2-m^2c^2)}{1-\beta^2}=(m^2v_x^2-m^2c^2)=(p^0)^2+(p^3)^2$$

考虑到 $p^{1'}=p^1$ 和 $p^{2'}=p^2$，所以

$$(p^{0'})^2+(p^{1'})^2+(p^{2'})^2+(p^{3'})^2=(p^0)^2+(p^1)^2+(p^2)^2+(p^3)^2$$

读者意见反馈

为收集对教材的意见建议,进一步完善教材编写并做好服务工作,读者可将对本教材的意见建议通过如下渠道反馈至我社。

咨询电话 400-810-0598

反馈邮箱 hepsci@pub.hep.cn

通信地址 北京市朝阳区惠新东街4号富盛大厦1座
高等教育出版社理科事业部

邮政编码 100029